高职高专规划教材

样品采集与处理技术

YANGPIN CAIJI YU CHULI JISHU

夏德强　主编
甘黎明　冷宝林　副主编

·北京·

本书为适应高职高专教学改革的要求，根据教育部规划教材建设思路及模块教学法教改成果，依据相关专业的人才培养方案、课程标准及样品采集的国家标准、行业标准进行编写。

全书共分为七个学习情境，内容涵盖样品的采集及处理技术的地位、目的、原则，样品的采集与处理技术、水样的采集与处理技术、空气样品的采集与处理技术、固体废物及土壤样品的采集与处理技术、油品的采集与处理技术、食品样品的采集与处理技术及煤样的采集与处理技术。为了便于读者巩固所学到的知识，提高应用能力，拓宽知识面，各章之后均附有大量的思考与练习题及阅读材料。

本书既可作为高职高专院校工业分析与检验、油品分析、环境监测、石油化工生产技术、煤化工生产技术等相关专业的教学用书，也可供从事工业分析工作的人员参考。

图书在版编目（CIP）数据

样品采集与处理技术/夏德强主编．—北京：化学工业出版社，2015.11（2025.7重印）
高职高专规划教材
ISBN 978-7-122-25381-1

Ⅰ.①样… Ⅱ.①夏… Ⅲ.①化学分析-采样-高等职业教育-教材 Ⅳ.①O652

中国版本图书馆CIP数据核字（2015）第237796号

责任编辑：窦　臻　刘心怡　　　　　　装帧设计：王晓宇
责任校对：边　涛

出版发行：化学工业出版社（北京市东城区青年湖南街13号　邮政编码100011）
印　　装：北京天宇星印刷厂
787mm×1092mm　1/16　印张15½　字数412千字　2025年7月北京第1版第7次印刷

购书咨询：010-64518888　　　　　售后服务：010-64518899
网　　址：http://www.cip.com.cn
凡购买本书，如有缺损质量问题，本社销售中心负责调换。

定　价：39.00元　　　　　　　　　　　　　　　　　版权所有　违者必究

前言 FOREWORD

样品采集与处理技术是分析检验工作中最重要的技术之一。分析检验过程主要由样品采集、样品预处理、样品测定、数据分析和结果报告五个环节组成，其中的每一个环节都是非常重要的，为了获得准确的分析结果，样品采集和样品预处理过程的设计与实验是不容忽视的。我们试图编写本教材，并让学生通过对《样品采集与处理技术》的学习，能够对检测对象做正确评价，根据检测对象的性质和检测指标的要求，合理地进行采样点的设计，能正确地进行现场采样，掌握样品的保存与转送技术，掌握样品前处理技术，为后继样品的检测提供可靠保障。

本教材根据教育部规划教材建设思路及模块教学法教改成果，依据相关专业的人才培养方案、课程标准及样品采集相关的国家标准、行业标准进行编写。强调以创新型教学改革为先导，以科学性、先进性、适用性为方针，突出我国高职高专学生培养特色，贯彻以技术为主线、按工作对象将教学内容模块化的指导原则，系统地围绕样品采集及处理技术的基本工作内容及相关技术要求进行了阐述。教材在内容选择上以就业为导向，紧扣实际，力求简明、实用，体现了职业教育的特色。本教材既可作为高职高专院校工业分析与检验、油品分析、环境监测、石油化工生产技术、煤化工生产技术等相关专业学生的教材，也可作为从事工业分析工作人员的参考书。

全书共分为七个学习情境。学习情境一为样品的采集与处理技术，阐述了样品采集及处理技术的地位、目的、原则，介绍了样品制备及前处理的基本方法；学习情境二为水样的采集与处理技术，阐述了水质污染与监测、制订水质监测方案、水样的采集与保存、水样采集过程中的质量控制、水样的预处理技术；学习情境三论述了空气样品的采集与处理技术；学习情境四以固体废物及土壤的概念为切入点，阐述了固体废物及土壤样品的采集与处理技术；学习情境五和学习情境六则分别介绍了油品采集与处理、食品样品采集与处理的相关知识；学习情境七介绍了煤样的采集与处理技术。

本书的前言、学习情境一、学习情境二、学习情境三、学习情境七由夏德强编写，学习情境四由冷宝林编写，学习情境五由甘黎明编写，学习情境六和附录部分由汪永丽编写。全书由夏德强统稿。本书由夏德强任主编，甘黎明、冷宝林任副主编。

本教材的编写参考了大量的相关教材、论文、规范和标准等资料，在此，对本书所引用成果的单位和个人表示衷心感谢！

由于编者的知识和能力水平有限，书中不足在所难免，恳请广大师生、读者、专家批评指正，以便今后进一步修订。

编者
2015 年 6 月

目 录 CONTENTS

Chapter 1 学习情境一 样品的采集与处理技术 …………………………… 1
工作任务一 样品采集及制备 ……………………………………… 1
一、样品采集的概念、原则及目的 ……………………………… 1
二、样品采集的基本方法 ………………………………………… 3
三、样品的制备 …………………………………………………… 5
四、样品采集的质量保证与质量控制 …………………………… 8
工作任务二 样品的前处理技术 …………………………………… 10
一、样品前处理技术的分类及在分析化学中的地位 ………… 10
二、样品前处理技术的目的 …………………………………… 10
三、样品前处理方法的评价标准 ……………………………… 11
四、传统的样品前处理方法及其缺点 ………………………… 11
五、样品前处理技术的发展 …………………………………… 12
本章小结 ……………………………………………………………… 16
思考与练习 …………………………………………………………… 16

Chapter 2 学习情境二 水样的采集与处理技术 ………………………… 17
工作任务一 水质污染与监测 ……………………………………… 18
一、水资源及水质污染 ………………………………………… 18
二、水质监测的对象和目的 …………………………………… 19
三、监测项目（monitoring items） …………………………… 19
四、水质监测分析方法 ………………………………………… 21
工作任务二 水质监测方案的制订 ………………………………… 23
一、地表水水质监测方案的制订 ……………………………… 23
二、地下水水质监测方案的制订 ……………………………… 27
三、水污染源监测方案的制订 ………………………………… 29
工作任务三 水样的采集与保存 …………………………………… 30
一、水样的类型 ………………………………………………… 30
二、地表水样的采集 …………………………………………… 32
三、地下水样的采集 …………………………………………… 34
四、废（污）水样的采集 ……………………………………… 40
五、水样采集注意事项和安全保护 …………………………… 40
六、水样的保存和运输 ………………………………………… 41
七、流量的测定 ………………………………………………… 45
工作任务四 水样采集过程中的质量控制 ………………………… 46
一、水质采样技术标准中有关质量保证措施 ………………… 46

  二、采样标识和记录 …… 48
 工作任务五 水样的预处理技术 …… 49
  一、水样的消解 …… 49
  二、富集与分离 …… 50
 工作任务六 池塘水质监测布点、采样与样品保存实训 …… 57
  一、实验目的 …… 57
  二、实验原理 …… 58
  三、实验步骤 …… 58
  四、报告 …… 58
本章小结 …… 60
思考与练习 …… 61

Chapter 3 学习情境三 空气样品的采集与处理技术 …… 65
 工作任务一 了解空气污染及空气样品的类型 …… 66
  一、空气污染 …… 66
  二、空气检测物存在形态 …… 68
  三、空气检测物浓度的表示方法 …… 69
 工作任务二 大气采样方案的设计 …… 70
  一、大气样品采样点的选择 …… 70
  二、工作场所采样点的选择 …… 75
  三、室内空气样品采样点的选择 …… 77
 工作任务三 空气样品的采集 …… 77
  一、采样方法 …… 77
  二、采样仪器 …… 90
 工作任务四 空气样品采集质量控制 …… 96
  一、最小采气量 …… 96
  二、采样效率及其评价方法 …… 97
  三、空气样品采样记录 …… 98
 工作任务五 空气样品采集实训 …… 99
  一、实验目的 …… 99
  二、实验原理 …… 99
  三、仪器与试剂 …… 99
  四、实验步骤 …… 99
  五、数据记录与处理 …… 100
本章小结 …… 104
思考与练习 …… 104

Chapter 4 学习情境四 固体废物及土壤样品的采集与处理技术 …… 108
 工作任务一 固体废物及土壤样品 …… 109
  一、固体废物的定义和分类 …… 109
  二、危险废物的定义和鉴别 …… 109
  三、土壤污染的来源及危害 …… 113
 工作任务二 固体废物及土壤样品采集方案的制订 …… 115
  一、固体废物采样方案的制订 …… 115

二、土壤样品采样方案的制订 …………………………………………… 118
　工作任务三　固体废物及土壤样品的采集 …………………………………… 120
　　一、固体废物样品的采集 ………………………………………………… 120
　　二、土壤样品的采集 ……………………………………………………… 126
　工作任务四　固体废物及土壤样品的制备与预处理 ………………………… 127
　　一、固体废物样品的制备及保存 ………………………………………… 127
　　二、土壤样品的制备与保存 ……………………………………………… 128
　　三、土壤样品的预处理方法 ……………………………………………… 130
　工作任务五　固体废物及土壤样品采集过程中的质量控制 ………………… 131
　　一、固体废物采样中的质量控制 ………………………………………… 131
　　二、土壤样品采集中的质量控制 ………………………………………… 132
　工作任务六　土壤样品的采集与预处理实训 ………………………………… 134
　　一、实验目的和要求 ……………………………………………………… 134
　　二、实验内容与原理 ……………………………………………………… 135
　　三、实验仪器 ……………………………………………………………… 135
　　四、操作方法与实验步骤 ………………………………………………… 135
　　五、报告 …………………………………………………………………… 137
　本章小结 …………………………………………………………………………… 138
　思考与练习 ………………………………………………………………………… 138

Chapter 5　学习情境五　油品的采集与处理技术 …………………………… 142
　工作任务一　油品试样分类 …………………………………………………… 142
　　一、按油品性状分类 ……………………………………………………… 142
　　二、按取样位置和方法分类 ……………………………………………… 143
　工作任务二　石油和液体石油产品取样 ……………………………………… 144
　　一、执行标准的适用范围和取样原则 …………………………………… 144
　　二、取样工具和取样操作方法 …………………………………………… 144
　　三、样品处理 ……………………………………………………………… 149
　　四、试样的保存 …………………………………………………………… 149
　　五、取样注意事项 ………………………………………………………… 149
　工作任务三　其他油品取样 …………………………………………………… 150
　　一、固体和半固体油品的取样 …………………………………………… 150
　　二、石油沥青取样 ………………………………………………………… 151
　　三、液化石油气取样 ……………………………………………………… 152
　　四、天然气取样 …………………………………………………………… 153
　工作任务四　油品取样实训 …………………………………………………… 157
　　一、实验目的 ……………………………………………………………… 157
　　二、仪器与试剂 …………………………………………………………… 157
　　三、准备工作 ……………………………………………………………… 157
　　四、实验步骤 ……………………………………………………………… 157
　　五、实验注意事项 ………………………………………………………… 157
　　六、报告 …………………………………………………………………… 158
　本章小结 …………………………………………………………………………… 160
　思考与练习 ………………………………………………………………………… 160

Chapter 6

学习情境六　食品样品的采集与处理技术 …………………… 163

工作任务一　食品样品的采集及制备 …………………… 163
一、样品的采集 …………………… 163
二、样品的制备 …………………… 168
三、样品的保存 …………………… 168

工作任务二　食品样品的预处理技术 …………………… 169
一、食品样品的常规处理 …………………… 169
二、无机化处理法 …………………… 170
三、蒸馏法 …………………… 173
四、溶剂提取法 …………………… 173
五、盐析法 …………………… 175
六、化学分离法 …………………… 175
七、色层分离法 …………………… 176
八、浓缩法 …………………… 177

工作任务三　食品样品检验方法的选择 …………………… 177
一、正确选择检验方法的重要性 …………………… 177
二、选择检验方法应考虑的因素 …………………… 178

工作任务四　食品样品的采集与保存实训 …………………… 178
一、实验目的 …………………… 178
二、实验原理 …………………… 179
三、仪器及材料 …………………… 179
四、实验准备 …………………… 179
五、实验步骤 …………………… 180
六、实验结果与分析 …………………… 181
七、思考题 …………………… 181

本章小结 …………………… 183
思考与练习 …………………… 183

Chapter 7

学习情境七　煤样的采集与处理技术 …………………… 187

工作任务一　煤的组成及性质 …………………… 187
一、煤的组成及各组分的重要性质 …………………… 187
二、煤的分析方法 …………………… 188

工作任务二　煤样的采集 …………………… 189
一、煤样采集常用名词术语及其说明 …………………… 189
二、商品煤样人工采取方法 …………………… 191
三、生产煤样采取方法 …………………… 200
四、煤层煤样采取方法 …………………… 200

工作任务三　煤样的制备与保存 …………………… 205
一、制样的基本概念 …………………… 205
二、制样技术要点 …………………… 206
三、制样室与制样设备 …………………… 209
四、制样操作中的注意问题 …………………… 212
五、测定全水分煤样的制备 …………………… 213
六、测定空干基水分煤样的制备 …………………… 214

  七、存查样品的制取 …………………………………………………… 215
  八、煤样的接收、送检、包装和保存 …………………………………… 215
 本章小结 ……………………………………………………………………… 219
 思考与练习 …………………………………………………………………… 219

附录　环境质量标准 ………………………………………………………… 225
 附录1　地表水环境质量标准（GB 3838—2002） ……………………… 225
 附录2　地下水环境质量标准（GB/T 14848—93） ……………………… 227
 附录3　城镇污水处理厂污染物排放标准（GB 18918—2002） ………… 229
 附录4　污水综合排放标准（GB 8978—1996） ………………………… 230
 附录5　石油炼制工业污染物排放标准（GB 13570—2015） …………… 234
 附录6　环境空气质量标准（GB 3095—2012） ………………………… 236
 附录7　室内空气质量标准（GB/T 18883—2002） ……………………… 237
 附录8　土壤环境质量标准（GB 15618—1995） ………………………… 238

参考文献 ……………………………………………………………………… 240

学习情境一
样品的采集与处理技术

知识目标

- 了解样品采集在工业分析中的原则、目的和基本方法
- 掌握样品预处理的目的及评价标准
- 了解样品预处理方法及其特点

能力目标

- 能够正确处理有关取样操作中的技术和安全问题
- 能够正确进行样品采集过程中的质量控制
- 能够正确选择样品预处理方法

分析过程主要由样品采集、样品预处理、样品测定、数据分析和结果报告五个环节组成。其中的每一个环节都是非常重要的。在实际应用中,绝大多数样品需要进行预处理,将样品转化为可以测定的形态以及将被测组分与干扰组分分离。由于实际的分析对象往往比较复杂,在测定某一组分时,除了采样外,分析过程中最大的误差来源于样品预处理过程。因此,为了获得准确的分析结果,样品采集和样品预处理过程的设计与实验是不容忽视的。同时,在整个分析过程中,样品测定步骤日趋自动化,而样品预处理往往是很费时的步骤。所以,必须设计合理的预处理方案以及争取实现预处理的自动化。

工作任务一
样品采集及制备

一、样品采集的概念、原则及目的

分析检验的第一步就是样品的采集,从大量的分析对象中抽取有代表性的一部分作为分析材料(分析样品),这项工作称为样品的采集,简称采样(又称检样、捡样、取样、抽样等)。

采样是一种困难而且需要非常谨慎的操作过程。要从一大批被测产品中,采集到能代表整批被测物质的小质量样品,必须遵守一定的规则,掌握适当的方法,并防止在采样过程中,造成某种成分的损失或外来成分的污染。在实际工作中,要化验的物料常常是大量的,其组成有的比较均匀,有的却很不均匀。化验时所取的分析试样只需几克、几十毫克、甚至更少,而分析结果必须能代表全部物料的平均组成。因此,必须正确地采取具有足够代表性的"平均试样",并将其制备成分析试样。若所采集的样品组成没有代表性,那么以下的分析过程再准确也是无用的,甚至可能导致错误的结论,给生产或科研带来很大的损失。被检物品可能有不同形态,如固态、液态、气态或二者混合态等。固态的可能因颗粒大小、堆放位置不同而带来差异,液态的可能因混合不均匀或分层而导致差异,采样时都应予以注意。

1. 采样原则

正确采样必须遵循的原则如下。

第一,采集的样品必须具有充分的代表性,这也是采样的基本原则;当采样的费用(如物料费用、作业费用等)较高,在设计采样方案时可以适当兼顾采样误差和费用,但应满足对采样误差的要求。

第二,采样方法必须与分析目的保持一致。

第三,采样及样品制备过程中设法保持原有的理化指标,避免待测组分发生化学变化或丢失。

第四,要防止和避免待测组分的沾污。

第五,样品的处理过程尽可能简单易行,所用样品处理装置尺寸应当与处理的样品量相适应。

采样之前,对样品的环境和现场进行充分的调查是必要的,需要弄清的问题有:采样的地点和现场条件如何?样品中的主要组分是什么,含量范围如何?采样完成后要做哪些分析测定项目?样品中可能会存在的物质组成是什么?

2. 采样目的

采样的基本目的是从被检的总体物料中取得有代表性的样品,通过对样品的检测,得到在容许误差内的数据,从而求得被检物料的某一或某些特性的平均值及其变异性。

采样的具体目的可分为下列几方面,目的不同,要求各异,在设计具体采样方案之前,必须明确具体的采样目的和要求。

(1) 技术方面的目的　主要包括:①为了确定原材料、半成品及成品的质量;②为了控制生产工艺过程;③为了鉴定未知物;④为了确定污染的性质、程度和来源;⑤为了验证物料的特性或特性值;⑥为了测定物料随时间、环境的变化;⑦为了鉴定物料的来源等。

(2) 商业方面的目的　主要包括:①为了确定销售价格;②为了验证是否符合合同的规定;③为了保证产品销售质量满足用户的要求等。

(3) 法律方面的目的　主要包括:①为了检查物料是否符合法令要求;②为了检查生产过程中泄漏的有害物质是否超过允许极限;③为了法庭调查;④为了确定法律责任;⑤为了进行仲裁等。

(4) 安全方面的目的　主要包括:①为了确定物料是否安全或危险程度;②为了分析发生事故的原因;③为了按危险性进行物料的分类等。

3. 采样误差

(1) 采样随机误差　采样随机误差是在采样过程中由一些无法控制的偶然因素所引起的偏差,这是无法避免的。增加采样的重复次数可以缩小这个误差。

(2) 采样系统误差　由于采样方案、采样设备、操作者以及环境等因素,均可引起采样的系统误差。系统误差的偏差是定向的，应极力避免。增加采样的重复次数不能缩小这类误差。

注意，采得的样品都可能包含采样的随机误差和系统误差，因此在通过检测样品求得的特性值数据的差异中，既包括采样误差、也包括试验误差。后者也因试验方法本身或操作技术等的影响而有其随机误差和系统误差。所以在应用样品的检测数据来研究采样误差时，应考虑试验误差的影响。

二、样品采集的基本方法

采样方法是以数理统计学和概率论为理论基础建立起来的。一般情况下，经常使用随机采样和计数采样的方法。不同行业的分析对象是各不相同的，例如有金属、矿石、土壤、石油、化工产品、天然气、工业用水、药品、食品、饲料等等，若按物料的形态则可分为固态、液态和气态三种。而从各组分在试样中的分布情况看，则不外乎有分布得比较均匀和分布得不均匀两种。显然对于不同的分析对象和分析要求，分析前试样的采集及制备也是不同的。因此采样及制备样品的具体步骤应根据分析的要求、试样的性质、均匀程度、数量多少等等来决定。这些步骤和细节在有关产品的国家标准和部颁标准中都有详细规定，例如《水质 采样技术指导》（HJ 494—2009）、《工作场所空气中有害物质监测的采样规范》（GBZ 159—2004）以及《石油液体手工取样法》（GB/T 4756—1998）等。这里仅就一些采样的基本原则和方法作些简要说明，本书后续章节还要详细介绍水样、空气样品、固体废物及土壤样品、油品、食品的取样方法。

1. 组成比较均匀的物料

一般来说，化工产品、金属试样、粮食、油料、水样、气态试样等组成比较均匀，任意采取一部分，或稍加混合后取一部分，即成为具有代表性的分析试样。

（1）固态物料　金属或合金组成比较均匀的材料取样时，可根据具体条件，采用刨取法、车取法、铰取法、钻取法、剪取法等不同方法。在切削或钻取时，转速不宜太快，以免高温氧化，影响碳、硫等元素的分析结果。金属材料在浇铸、轧制、冷却过程中会产生元素的偏析，使元素分布产生一定的差异。因此，取样时应先将表面处理，然后用钢钻在不同部位和深度钻取碎屑。一定要注意取样部位和切削粒度，以提高试样的均匀性和代表性。

粮食、食糖、食盐、水泥、化肥以及化工产品等组成比较均匀，可按产品的批量大小、包装、存放方式，采取不同的取样方法。例如大量粮食、油料若按仓房采样，则可根据堆形和面积大小分区设点，每区面积不超过 $50m^2$，各区设中心和四角五个点，区数在两个和两个以上的，两区界线上的两个点为共有点，料堆边缘的点设在距边缘约 50cm 处。然后按料堆高度分层：堆高在 2m 以下的，分上、下两层；堆高在 2~3m 的，分上、中、下三层，上层应在料堆下 10~20cm 处，中层在料堆中间，下层在距底部 20cm 处；如遇料堆更高时，可酌情增加层数。这样按区按点，先上后下逐层采样，最后汇总混合作为分析试样。对动态物料的采样，可根据被检物料数量和机械传送速度，定出采样次数，间隔时间和每次应采数量，然后定时在横断面采取样品，最后混合作为分析试样。若按包装采样，则可根据一定的比例（如按总包数的3%、5%等），在相应数量的包装中，采样点分布均匀地各取一定数量的样品，混匀后，即可作为分析试样。

（2）液态物料　液态物料如植物油脂、酒、石油、化学溶剂等组成均匀，可根据包装情况采用不同的取样方法。对贮存在大容器内的物料，可分区分层采取小样，再将各小样汇总混合。如果物料贮存在小容器内，可将密封容器旋转摇荡，颠倒容器，或采用搅和器等方法使液体均匀，任意取一部分即可作为试样。对分装在小容器里的物料，可按预先确定的百分比，从相应数量的容器里分别取样，然后混匀，作为分析试样。也可按公式 $S=\sqrt{N/2}$，即

从总件数 N 中随机抽取数件 S。从抽取的 S 个容器内采取部分试样混匀即得分析试样。对易氧化物料，取样和混匀时，要尽量避免与空气接触。对浓硫酸、某些无水液态产品，由于它们具有强烈的吸水性，表层和内部的成分会有所不同，应分别从不同深度取样，混匀后作为分析试样。对含有易挥发性组成的物料也应同样处理。

(3) 气态物料 气体由于扩散作用，其组成比较均匀，但不同存在形式的气体取样方法和取样装置有所不同。采集静态气体的试样时，可在气体容器上装一取样管，用橡皮管与吸气瓶或吸气管等盛气体试样的容器相连接，或直接与气体分析仪相连。采集动态气体的试样，即从气体管道中采取试样时，要注意气体在管道中流动不是完全均匀的。位于管中心的流速较大，接近管壁处流速较小。为了取得均匀的试样，可使气体通过采样器的时间延长，在不同位置和不同时间多采集一些试样。对于负压气体，要连接抽气泵取样，对于高压气体，可用预先抽真空的容器抽取试样。如果气体压力过高，在取样管与容器间接一缓冲器。如果取样管不能直接与气体分析仪连接，可把气样收集于取样吸气瓶、吸气管或球胆内。如采集少量气样，也可以用注射器抽取。

如要分析气样中微量组分，应采集较大量气体，用吸收瓶捕集欲测组分，流量计记录采样的体积。取样时要注意防止混入杂质。

2. 组成不均匀的物料

对一些粒度大小不均匀，成分混杂不整齐，组成很不均匀的试样，如矿石、煤炭、土壤等，欲采集具有代表性的均匀试样，的确是一项较为复杂的工作。为此，必须按照一定的程序，根据物料总样的多少、存放情况，自物料的各个不同部位采取一定数量粒度不同的样品。取出的份数越多，试样的组成与被分析物料的平均组成越接近，例如煤炭、矿石等样品的采集。

煤炭、天然矿石组分分布通常很不均匀，取样时要根据堆放情况，从不同的部位和深度选取多个采样点。如为堆放物料，以堆积量 100~200t 作为一个取样单位分点采样，每点不少于 1.5kg，作为原始样品。

若在车、船、仓库中采样，应从料仓的四角及中心底部采样，混合后即为原始平均样品。如试样为袋装，应从每 10、20 或 50 袋中选取一袋，再从选定的各袋中的不同部位各取少量，合并即为一个原始平均试样。确定抽样比时，应根据物料的总量、粒度大小、均匀程度、价值、来源等因素而定。

根据经验，矿石试样采取量可用下列采样公式计算。

$$Q=Kd^{\alpha} \tag{1-1}$$

式中 Q——采取试样的最小质量，kg；

d——试样中最大颗粒的直径，mm；

K，α——与被检验物料的均匀程度和易破碎程度有关的经验常数，通常缩分系数 K 值为 0.02~0.2，α 值为 1.8~2.5。地质部门规定 α 值为 2。各类矿石的缩分系数 K 见表 1-1。

表 1-1 各类矿石的缩分系数参考值

矿石种类	K	矿石种类	K
铁、锰	0.1~0.2	铅、锌、锡	0.2
铜、钼、钨	0.1~0.5	锑、汞	≥0.1~0.2
镍(硫化物)、钴	0.2~0.5	菱镁矿、石灰石、白云岩	0.05~0.1
镍(硅酸盐)、铝土矿(均一的)	0.1~0.3	磷灰石、萤石、黄铁矿、高岭土、黏土、石英岩	0.1~0.2
铬	≤0.25~0.3	明矾、石膏、硼砂	0.2

【例1-1】 有试样20kg，粉碎后最大颗粒粒径为6mm左右，设K值为0.2，问可缩分几次？如缩分后，再破碎至全部通过10号筛，问可再缩分几次？

解 $d=6$mm，$K=0.2$ 时，最少试样量为 $Q=Kd^2=0.2\times6^2=7.2$（kg）。

缩分一次后余下的量为 $Q=20\times1/2=10>Kd^2$。

若再缩分一次则 $Q=10\times1/2=5<Kd^2$，因此只能缩分一次，留下的试样量为10kg。

破碎过10号筛后，$d=2$mm，$Q=Kd^2=0.2\times2^2=0.80$（kg），即保留的试样量最少为0.80kg。

$10\times(1/2)^n\geqslant0.80$，$n=3$。因此，可以再缩分三次。

3. 采样注意事项

（1）采样前，应调查物料的货主、来源、种类、批次、生产日期、总量、包装堆积形式、运输情况、贮存条件、贮存时间、可能存在的成分逸散和污染情况，以及其他一切能揭示物料发生变化的材料。

（2）采样器械可分为电动的、机械的和手工的三种类型。采样时，根据需要选择不与样品发生化学反应的材料制成的采样器。采样器应便于使用和清洗，而且坚固耐用。采样时应保持采样器清洁、干燥。

（3）盛样容器应使用不与样品发生化学反应、不被样品溶解、不使样品质量发生变化的材料制成。当检验微量元素时，对容器要进行预处理。例如检验铅含量时，容器在盛样前应先进行去铅处理；检验铬锌含量时，不能使用镀铬、镀锌的工具和容器；检验铁含量时，应避免与铁制工具和铁容器接触；检验3,4-苯并芘时，样品不能用蜡纸包，并防止太阳光照射；检验黄曲霉素时，样品应避免阳光、紫外光的照射。

如果采样或采样某阶段需要较长时间，则样品或中间样品要用气密容器保存。采集挥发性物质（如烃类）的样品，不宜使用塑料和气密性差的容器。对易吸潮的试样，应放在洁净、干燥、密闭、防潮的容器中。例如水泥试样，应放在防潮且不易破损的金属容器中。

样品容器应清洁、干燥，坚固耐用，密闭性能要好。通常盛样容器有如下几种类型。①无色透明或棕色的具有磨口塞的可密封玻璃瓶；②可密封的聚乙烯瓶；③内衬塑料袋、外用布袋或牛皮纸袋；④稠密的纺织布、聚乙烯塑料或金属材料的容器。

总之，盛样容器要依分析项目和被检物料的性质而定。

（4）采样后要及时记录样品名称、规格型号、批号、等级、产地、采样基数、采样部位、采样人、采样地点、日期、天气、生产厂家名称及详细通信地址等内容。采样单上填写的字迹要清晰，并能长期保留不褪色。

采集的样品包装后，应将标有样品编号、采样人单位印章、采样日期的标签贴在样品容器上。再贴上有样品编号、加盖有采样单位和受检单位公章以及采样人印章的封条。

采集的样品应由专人妥善保管，并尽快送达指定地点，且要注意防潮、防损、防丢失和防污染。样品的交接一定要有文字记录，手续要清楚。

若发现被采物的包装容器受损、腐蚀或渗漏等可疑或异常现象，应及时请示报告，不要进行检验。

三、样品的制备

1. 样品制备方法的选择原则

从样品的采集到将样品转化成能够用于直接分析（包括化学分析和仪器分析）的澄清均一的溶液称为样品的制备，它包括很多步骤：样品的采集、样品的干燥、成分的浸出、萃取或者基底的消化和分离、溶剂的清除以及样品的富集。

样品制备步骤必须能够为样品测定提供如下条件或实现如下目标：
① 样品溶于合适的溶剂（对于测定液体样品的分析方法）；
② 基底干扰被除掉或者大部分被除掉；
③ 最终待测样品溶液的浓度范围应适合于所选定的分析方法；
④ 方法符合环保要求；
⑤ 方法容易自动化。

选择样品制备方法的一个指导原则是，所制得的样品中的被分析物要达到定量回收，也就是说，被测组分在分离过程中的损失要小到可以忽略不计。常用被测组分的回收率 R 来衡量，

$$回收率 R = \frac{分离后所得的待测组分质量}{试样原来所含待测组分质量} \times 100\% \tag{1-2}$$

即在整个分析过程中，被回收的标准物质的量相当于加入量的百分比。

回收率越高越好。在实际工作中因被测组分的含量不同，对回收率有不同的要求。对于主要组分，回收率应大于 99.9%；对于含量在 1% 以上的组分，回收率应大于 99%；对于微量组分，回收率应在 95%～105% 之间。如果回收率小于 80%，则需要改进方法以提高回收率。

另一个指导原则是，在分离过程中要尽可能地消除干扰。被测组分与干扰组分分离效果的好坏一般用分离因数 S 表示，其定义为在分离过程中，干扰物与被分析物质的回收率的比值。

$$S_{B/A} = \frac{R_B}{R_A} \tag{1-3}$$

理想的分离效果是 $R_A=1$，$R_B=0$，因而 $S_{B/A}=0$。通常，对于有大量干扰存在下的痕量物质的分离，$S_{B/A}$ 应为 10^{-7}；对于分析物和干扰物存在的量相当的情况，$S_{B/A}$ 应为 10^{-3}。

2. 样品的制备技术

采集的原始平均试样，对一整批物料来说应具有足够的代表性。对组分不均匀的物料，必须经过一定程序的加工处理，才能制备成供分析用的分析试样。

（1）样品的制备　样品制备的目的，在于得到十分均匀的样品，使样品在拣取任何部分进行检验时，都能代表全部样品的成分，以取得正确的结果。

粒度较大的固体样品（如矿石）的试样加工程序一般如图 1-1 所示。

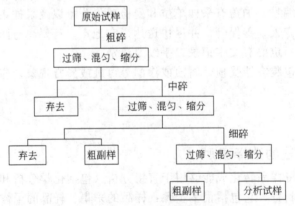

图 1-1　分析试样制备程序示意图

① 样品破碎和过筛。用机械或人工方法把样品逐步破碎,大致可分为粗碎、中碎和细碎等阶段。

a. 粗碎。用颚式破碎机把大颗粒试样压碎至通过4~6网目筛。

b. 中碎。用盘式粉碎机把粗碎后的试样磨碎至通过20网目筛。

c. 细碎。用盘式粉碎机进一步磨碎,必要时再用研钵研磨,直至通过所要求的筛孔为止。

由于同一物料中难破碎的粗粒与易破碎的细粒的成分往往不同,故每次破碎后过筛时应将未通过筛孔的粗粒进一步破碎,直至全部通过筛子为止。绝不可将未通过筛的粗粒随意丢弃。过筛时采用标准筛,见表1-2。

表1-2 标准筛的筛号

筛号(网目)	3	6	10	20	40	60	80	100	120	140	200
筛孔直径/mm	6.72	3.36	2.00	0.83	0.42	0.25	0.177	0.149	0.125	0.105	0.074

② 样品混合均匀。样品破碎过筛后,经过混合使样品达到均匀。混合样品可采用下列方法。

a. 手工混合。样品连续通过二分器三次,每次通过后将两部分样品合并;小粒度样品(<1mm)可用手工三次堆转混合。

b. 机械混合。样品破碎至一定粒度(如<10mm)后可用双锥混合器或V型混合器混合。

③ 样品缩分。由于没有必要把原始试样全部加工成分析试样,因此在制样过程中要多次进行缩分。可用人工或机械(分样器)进行缩分。

人工缩分常用"四分法"。先将已破碎的样品充分混匀,堆成圆锥形,将锥顶压平(也可压成圆饼状或平面正方形),通过平顶的中心按十字形切成四等份,弃去任意对角的两份,保留另两份,混匀。由于样品中不同粒度、不同相对密度的颗粒大体上分布均匀,留下的样品数量虽然仅为原样的一半,但仍能代表原样的成分。

缩分的次数不是随意的,每次缩分后试样粒度与保留的试样量之间,都应符合采样公式。否则应进一步破碎后,再缩分。通常留下200~500g,送化验室作为分析试样。试样最后的细度应便于溶解。对于较难溶解的试样,要研磨至能通过100~200目细筛。

机械缩分常用机械缩分器,它按照缩分的方法可分为以下两种。

a. 定比缩分法。使得到的缩分样的质量正比于缩分前样品的质量。常用的有旋转容器缩分机、旋转圆锥缩分机和回转式缩分器等。

b. 定量缩分法。使得到的质量基本一致(即质量差异小于20%,以变异系数CV表示)的缩分样品的方法。此法不考虑缩分前样品的质量差异。常用的有转换溜槽式、切割式缩分机。

(2) 样品的保存 对检验结果有怀疑或争议时,可根据具体情况,进行复检。贸易双方在交货时,对某产品的质量是否符合合同中的规定产生分歧,也须要进行复检。如果双方争执较大,还可由双方一起采样检验,或将样品委托权威公正的第三者检验。所以对某些样品应当封好保存一段时间。保存时间的长短,可根据物料种类、检验项目、保存条件及合同中的规定而定。例如水样采集后要及时进行分析,保存时间越短,分析结果越可靠。对于容易腐烂变质的食品样品,往往需要在较低的温度中保存,或采取冷冻干燥的方法保存。

(3) 制样注意事项

① 制样时所用工具不仅要求洁净干燥，而且使用前应用待处理的试样"洗"2～3次。样品制备过程中要防止引入污物、灰尘或其他杂质。制样场所须保持清洁。制备金属试样时，应先除去金属表面的锈、垢、涂层、氧化层等。含水分样品应防止水分变化。

② 潮湿的样品应先风干或烘干，这样既便于破碎，又可防止堵塞筛孔。

③ 过筛时，应在正常摇动下使样品自然通过筛孔，不得拍、压，以免损坏筛孔。

④ 分析试样应置于恰当的容器中保存，且要标明样品名称、来源、分析项目、编号、日期等项。复检样品和保留样品均应妥善保存，并按规定保存一定时期，以备复查。

在整个采样、制样过程中应注意安全操作。采样人员必须熟悉被采样品的特性和安全操作的有关知识及处理方法。采样时必须采取预防措施，严防爆炸、中毒、燃烧、腐蚀等事故的发生。

四、样品采集的质量保证与质量控制

采样的质量保证包括采样、样品处理、样品运输和样品贮存的质量控制。要确保采集的样品在空间、时间及环境条件上具有合理性和代表性，符合真实情况。采样过程质量保证最根本的是保证样品真实性，既满足时空要求，又保证样品在分析之前不发生物理化学性质的变化。

1. 采样过程质量保证的基本要求

采样过程一般包括试样采集、试样处理、试样运输及试样贮存等主要步骤，要求如下：

① 应具有有关的样品采集的文件化程序和相应的统计技术。

② 要切实加强采样技术管理，严格执行样品采集规范和统一的采样方法。

③ 应建立并保证切实贯彻执行的有关样品采集管理的规章制度，严格执行试样采集规范和统一的采样方法。

④ 采样人员切实掌握和熟练运用采样技术、样品保存、处理和贮运等技术，保证采样质量。

⑤ 建立采样质量保证责任制度和措施，确保样品不变质、不损坏、不混淆，保证其真实、可靠、准确和有代表性。

2. 采样过程质量保证的控制措施

采样过程中的质量保证一般采用现场空白、运输空白、现场平行样和现场加标样或质控样及设备、材料空白等方法对采样进行跟踪控制。现场采样质量保证作为质量保证的一部分，它与实验室分析和数据管理质量保证一起，共同确保分析数据具有一定的可信度。

现以环境水样品的采集为例，说明采样过程中的质量保证措施。

(1) 现场空白　指在采样现场以纯水作试样，按照测定项目的采样方法和要求，与试样相同条件下装瓶、保存、运输，直至送交实验室分析。通过将现场空白与室内空白测定结果相对照，可以掌握采样过程中操作步骤和环境条件对试样质量影响的状况，如图1-2（a）所示。

(2) 运输空白　以纯水作试样，从实验室到采样现场又返回实验室。每批试样至少有一个运输空白样。可以用来测定试样运输、现场处理和贮存期间或容器带来的总沾污，如图1-2（b）所示。

(3) 现场平行样　是指在控制采样操作和条件一致的情况下，采集平行双样送实验室分析测定结果可以反映采样与实验室测定的精密度。现场平行样的数量，一般控制在样品总量的10%左右，但每批样品不少于2个，如图1-2（c）所示。

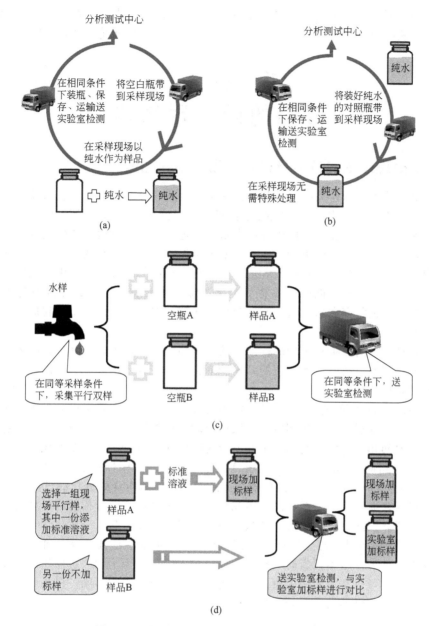

图 1-2 水样采集过程中的质量保证措施示意图

(4) 现场加标样 取一组现场平行样,将实验室配制的一定浓度的被测物质的标准溶液,等量加入到其中一份已知体积的水样中,另一份不加标,然后按试样要求进行处理,送实验室分析。通过将测定结果与实验室加标样的结果进行对比,可以掌握测定对象在采样、运输过程中准确度的变化状况,如图 1-2(d)所示。

(5) 现场质控样 将标样与试样基体组分接近的标准控制样带到采样现场,按试样要求处理后与试样一起送实验室分析。现场加标样或质控样的数量,一般控制在样品总量的 10% 左右,但每批样品不少于 2 个。

(6) 采样设备、材料空白 用纯水浸泡采样设备及材料作为试样可以用来检验采样设备、材料的沾污状况。

(7) 防污染措施 采样器、试样瓶等按规定的洗涤方法洗净;用于分装有机化合物的试样容器，洗涤后用 Teflon 或铝箔盖内衬；采样人员的手必须保持清洁，采样时不能用手或手套接触试样瓶的内壁和瓶盖；试样瓶须置于清洁环境中，以防尘、防污、防烟雾。

工作任务二
样品的前处理技术

一、样品前处理技术的分类及在分析化学中的地位

样品前处理技术是指样品的制备和对样品采用合适的分解和溶解方法以及对待测组分进行提取、净化和浓缩的过程，使被测组分转变成可以测定的形式，从而进行定量和定性分析。由于待测组分受其共存组分的干扰或者由于测定方法本身灵敏度的限制以及对待测组分状态的要求，绝大多数化学检测和分析方法要求事先对试样进行有效的、合理的处理，即在进行分析测定前应对试样进行物理或者化学的处理，将待测组分从样品中提取出来，排除其他组分对待测组分的干扰。同时还要将待测组分稀释或浓缩或转变成分析测定所要求的状态，使待测组分的量及存在形式适应所选分析方法的要求，从而使测定顺利进行，并保证分析测定结果的准确性和可靠性。

样品前处理技术的分类有不同的标准，按照样品的形态，可以将其分为固体、液体和气体样品的前处理技术。按照待测物质的结构和理化性质，可以将其分为无机污染物和有机污染物的样品前处理技术。

一个完整的样品分析过程，从采样开始到写出分析报告，大致可以分为 4 个步骤：①样品采集；②样品前处理；③分析测定；④数据处理与报告结果。统计结果表明，这 4 个步骤中各步所需的时间相差很大，它们占全部分析时间的比例分别为：样品采集 6.0%，样品前处理 61.0%，分析测定 6.0%，数据处理与报告 27.0%。其中样品前处理所需的时间最长，约占整个分析时间的 2/3。花在样品前处理上的时间比样品本身的分析测试所需的时间几乎多了一个数量级。通常分析一个样品只需几分钟至几十分钟，而分析前的样品处理却要几小时甚至几十小时。因此，样品前处理方法与技术的研究已经引起了分析化学家的关注，各种新技术与新方法的探索与研究已成为当代分析化学的重要课题与发展方向之一。快速、简便、自动化的前处理技术不仅省时、省力，而且可以减少由于不同人员操作及样品多次转移带来的误差，同时可以避免使用大量的有机溶剂并减少对环境的污染。样品前处理技术的深入研究必将对分析化学的发展起到积极的推动作用。

二、样品前处理技术的目的

气体、液体或固体样品几乎都不能未经处理直接进行分析测定。特别是许多复杂样品以多相非均一态的形式存在，如大气中所含的气溶胶与飘尘，废水中含的乳液、固体微粒与悬浮物，土壤中含的水分、微生物、沙砾及石块等。所以，复杂样品必须经过前处理后才能进行分析测定。样品前处理的目的如下。

① 浓缩痕量的被测组分，提高方法的灵敏度，降低检出限。

② 去除样品中的基体与其他干扰物。

③ 通过衍生化与其他反应，使被测物转化为检测灵敏度更高的物质或转化为与样品中干扰组分能分离的物质，提高方法的灵敏度与选择性。

④ 缩减样品的质量与体积，便于运输与保存，提高样品的稳定性，使之不受时空的影响。

⑤ 保护分析仪器及测试系统，以免影响仪器的性能及使用寿命。

对样品进行前处理，首先可以起到浓缩被测痕量组分的作用，从而提高方法的灵敏度，降低检测限。因为样品中待测组分的浓度往往很低，难以直接测定，经过前处理富集后，就很容易用各种仪器分析测定，从而降低了测定方法的检测限。其次可以消除基体对测定的干扰，提高方法的灵敏度。否则基体产生的信号将部分或完全掩盖痕量被测物的信号，不但对选择分析方法最佳操作条件的要求有所提高，而且增加了测定的难度，容易带来较大的测量误差。通过衍生化的前处理方法，可使一些在通常检测器上没有响应或响应值较低的化合物转化为响应值高的化合物。衍生化通常还用于改变被测物质的性质，提高被测物与基体或其他干扰物质的分离度，从而达到改善方法灵敏度与选择性的目的。此外，样品经前处理后容易保存或运输，而且可以使被测组分保持相对稳定，不易发生变化。

最后，通过样品前处理可以除去对仪器或分析系统有害的物质，如强酸性或强碱性物质、生物大分子等，从而延长仪器的使用寿命，使分析测定能长期保持在稳定、可靠的状态下进行。

三、样品前处理方法的评价标准

有人说"选择一种合适的样品前处理方法，等于完成了分析工作的一半"，这恰如其分地道出了样品前处理的重要性。对于一个具体样品，如何从众多的方法中去选择合适的呢？迄今为止，没有同一种样品前处理方法能完全适合不同的样品或不同的被测对象。即使同一种被测物，所处的样品与条件不同，可能要采用的前处理方法也不同。所以对于不同样品中的分析对象要进行具体分析，确定最佳方案。

一般来说，评价样品前处理方法选择是否合理，下列各项准则是必须考虑的。

① 是否能最大限度地除去影响测定的干扰物。这是衡量前处理方法是否有效的重要指标，否则即使方法简单、快速也无济于事。

② 被测组分的回收率是否高。回收率不高通常伴随着测定结果的重复性较差，不但影响到方法的灵敏度和准确度，而且最终使低浓度的样品无法测定，因为浓度越低，回收率往往也越差。

③ 操作是否简便、省时。前处理方法的步骤越多，多次转移引起的样品损失就越大，最终的误差也越大。

④ 成本是否低廉。尽量避免使用昂贵的仪器与试剂。当然，对于目前发展的一些新型高效、快速、简便、可靠而且自动化程度很高的样品前处理技术，尽管有些仪器的价格较为昂贵，但是与其所产生的效益相比，这种投资还是值得的。

⑤ 是否影响人体健康及环境。应尽量少用或不用污染环境或影响人体健康的试剂，即使不可避免，必须使用时也要回收循环利用，将其危害降至最低限度。

⑥ 应用范围尽可能广泛。尽量适合各种分析测试方法，甚至联机操作，便于过程自动化。

⑦ 是否适用于野外或现场操作。

四、传统的样品前处理方法及其缺点

传统的样品前处理方法有液-液萃取、索氏提取、色谱分离、蒸馏、吸附、离心、过滤等几十种，用得较多的也有十几种。表1-3列出了几种主要的传统样品前处理方法的原理及适用对象。

表 1-3 几种主要的传统样品前处理方法

传统的样品前处理方法	原理	应用范围
分步吸附法	吸附能力的强弱	气体、液体及可溶性固体
离心法	分子量或密度的不同	不同相态或相对分子质量相差较大的物质
透析法	渗透压的不同	分子与离子或渗透压不同的物质
蒸馏法	沸点或蒸气压不同	各种液体
过滤法	颗粒或分子大小差别	液固分离
液-液萃取法	物质在两种液体中的分配系数不同	在两种液相中溶解度差别很大的物质
冷冻干燥法	蒸气压不同	在常温下易失去生物活性的各种物质
柱色谱法	与固定相作用力的不同	气体、液体及可溶解的物质
沉淀法	物质在不同溶剂中的溶度积不同	各种不同溶剂中溶度积不同的物质
索氏提取法	在不同溶剂中的溶解度不同	从固体或黏稠态物质中提取目标物
真空升华法	蒸气压不同	从固体中分离挥发性物质
超声振荡法	在不同溶剂中的溶解度不同	从固体中分离可溶性物质
衍生化法	改变被测物的性质,从而提高灵敏度或选择性	能与衍生化试剂发生反应的物质

传统的样品前处理方法的主要缺点是：①劳动强度大,许多操作需要反复多次进行,因而十分枯燥；②时间周期长；③手工操作居多,容易损失样品,重复性差,引进误差的机会多；④对复杂样品需要多种方法配合处理,因此操作步骤多,各步间的转移过程中也容易损失样品,造成重复性差、误差也较大；⑤多数传统的样品前处理方法往往要用大量溶剂,如液-液萃取、索氏提取等。特别是含卤素的有机溶剂的使用,不但对操作人员的健康有一定影响,而且会造成环境污染。这些问题的存在,使样品前处理工作成为整个分析测定过程中最费时、费力,也最容易引进误差的一个环节。分析过程中产生的误差至少有 1/3 来自样品前处理。因此,研究高效、快速、自动化的样品制备与前处理技术已成为当今分析化学中最活跃的前沿课题之一。特别是为了解决传统样品前处理方法中有机溶剂带来的不良影响,各种溶剂用量少、尤其是无溶剂的样品制备与前处理技术得到了迅速的发展。

五、样品前处理技术的发展

近年来发展较快的样品前处理技术有超临界流体萃取法、固相微萃取法、液膜萃取法、微波辅助萃取法等。特别是为了解决传统分析中溶剂带来的不良影响,无溶剂或少溶剂样品前处理方法发展较快。

样品的无溶剂制备与前处理技术是指那些在样品制备与处理过程中不用或少用有机溶剂的方法与技术,包括气相萃取、超临界流体萃取、膜萃取、固相萃取以及固相微萃取等,如图 1-3 所示。表 1-4 列出了几种有代表性的无溶剂或少溶剂样品前处理方法。这些技术中尽管很多仍处于初始发展阶段,但它们独特的优越性已显示出强大的生命力,对现代分析化学的发展及其广泛的应用起了积极的推动作用。因此,进一步提高与完善这些方法将有重要的学术意义与应用前景。

样品制备与前处理至今仍是多数分析测定过程中不可缺少的也是最薄弱的环节。因此,高效、快速、无污染的样品制备与前处理技术的研究无疑是现代分析化学的一个重要方向。

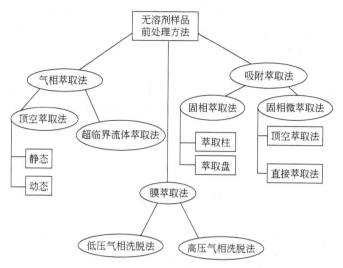

图 1-3 无溶剂样品前处理方法的种类

表 1-4 几种有代表性的无溶剂或少溶剂样品前处理方法

前处理方法	原理	分析方法	分析对象	萃取相	缺点
顶空法（静态顶空、吹扫捕集法）	利用待测物的挥发性	直接抽取样品顶空气体进行色谱分析,利用载气尽量吹出样品中的待测物后,用冷冻捕集或吸附剂捕集的方法收集被测物	挥发性有机物	气体	静态顶空法不能浓缩样品,定量需要校正,吹扫捕集法易形成泡沫,使仪器超载
超临界流体萃取	利用超临界流体密度高、黏度小、对压力变化敏感的特性	在超临界状态下萃取待测样品,通过减压、降温或吸附收集后分析	烃类、非极性化合物及部分中等极性化合物	CO_2、氨、乙烷、乙烯、丙烯、水等	萃取装置昂贵,不适用于水样分析
膜萃取	膜对待测物质的吸附作用	由高分子膜萃取样品中的待测物,再用气体或液体萃取出膜中的待测物	挥发、半挥发性物质,支撑液膜萃取在不同pH值下能离子化的化合物	高分子膜、中空纤维	膜对待测物浓度变化有滞后性,待测物受膜变化大
固相萃取	固相吸附剂对待测物的吸附作用	先用吸附剂吸附,再用溶剂洗脱待测物	各种气体、液体及可溶性的固体	盘状膜、过滤片、固相萃取剂	回收率低,固体吸附剂容易被堵塞
固相微萃取	待测物在样品及萃取涂层之间的分配平衡	将萃取纤维暴露在样品或其顶空中萃取	挥发、半挥发性的有机物	具有选择吸附性的涂层	萃取涂层易磨损,使用寿命有限
液相微萃取	待测物在两种不混溶的溶剂中的溶解度和分配比的不同	悬挂的溶剂液滴暴露在样品或其顶空中萃取	各种挥发、半挥发性的有机物,液体及可溶性固体	有机溶剂、酸、碱	稳定性差,导致精密度低

与分析测定的在线联用是样品制备与前处理技术发展的另一动向,不但可减轻劳动强度,节省人力,更主要的是可以防止人工操作无法避免的由于个体差异所产生的误差,提高分析测试的灵敏度、准确度与重现性。SPME、MAE、SFE等样品前处理技术实现了样品的无溶剂或少溶剂处理,大大缩短了前处理时间,降低了分析成本,减少了对人体的危害,已被广大分析者使用。进一步研究这些技术与其他分析仪器的联用,对减少测定误差、提高方法的精密度以及实现分析的自动化等将有重要的意义。

应用智能机械实现操作自动化是样品前处理技术发展的必然趋势，只有这样才能使分析测定的全过程真正达到自动化，并最大限度地降低人为因素对分析结果的影响，使不同国家和地区的不同实验室之间可以进行分析方法的确认和比较。这对全球范围内的科技合作，尤其是在生命科学和生态环境研究领域十分重要。

随着科学技术的发展，需要分析的样品种类越来越多，分析物的含量越来越低，这就对分析样品的前处理提出了新的挑战。传统样品分离浓缩方法已经得到了改进，新的样品前处理技术也不断出现，国内外都有相关内容的专题学术会议及许多研究论文和专著发表。

样品前处理在线技术

一、顶空进样

顶空进样气相色谱分析是将密封的样品瓶内的气相部分导入到气相色谱的进样口，然后通过气相色谱进行定性和定量分析。通常样品瓶内放的是液体（也可以放固体），故也称为顶空分析，其分析对象就是液体或固体中可挥发性的有机组分。顶空分析可满足定性和定量分析的要求，而且更多的是进行定量分析，且具有快速、高重现性和高精度的特点，因而在制剂原料、片剂中的残留溶剂，中药中的挥发物，血液中的乙醇，尿中的安非它明，食品中的残留农药，咖啡、牙膏、洗涤剂中的香味物质，啤酒、奶酪中的游离脂肪酸等的定量分析中得到了很好的应用。

取样方法主要是：采用气体注射器法、多通路气体进样阀加定量管法、压力平衡进样法等将样品瓶中顶空分析物导入到气相色谱的进样口，其中以压力平衡进样法最为合适。因压力平衡进样法避免了使用气体注射器法因注射针压力的变化而引起分馏现象，也避免了定量管的吸附效应和定量管的死体积对分析的影响。这类进样系统的原理如图1-4所示。样品加热平衡时，取样针头位于加热套中[图1-4（a）]。载气大部分进入GC，只有一小部分通过加热套，以避免其被污染。取样针采用"O"形环密封。样品气液平衡后，取样针头穿过密封垫插入样品瓶，此时载气分为三路[图1-4（b）]：一路为低流速，由出口针型阀控制，继续吹扫加热套，另外两路分别进入GC和样品瓶，对样品瓶进行加压，直到样品瓶的压力与GC柱前压相等为止（使之达到压力平衡）。然后，关闭载气阀[图1-4（c）]，切断载气流。由于样品瓶中的压力与柱前压相等，故此时样品瓶中的气体将自动膨胀，载气与样品气体的混合气就通过加热的输送管进入了GC柱，控制此过程的时间就可以控制进样量。压力平衡进样装置与GC共用一路载气，操作简单，如PE公司的HS-100型顶空进样器就是采用这种设计。采用这种装置时，必须控制平衡时样品瓶中的压力低于GC柱前压，否则，针尖一旦插入样品瓶，顶空气体就会在载气切断之前进入GC，造成分析结果的不准确。

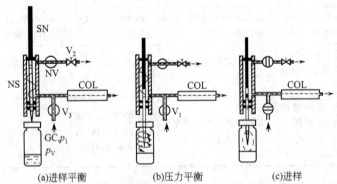

(a)进样平衡　　　　(b)压力平衡　　　　(c)进样

图1-4　顶空分析的压力平衡进样技术装置

GC—载气；$V_1 \sim V_3$—电磁开关阀；SN—可移动进样针；NS—针管；NV—针型阀；
COL—色谱柱；p_1—柱前压；p_V—样品瓶中原来的顶空压力

二、吹扫捕集进样

分析水中挥发性有机物（如工业废水、生活污水、饮用水等）常规的预处理方法是使用二氯甲烷萃取，然后将浓缩液进行GC或GC/MS分析。对于挥发性有机物的分析，最为成熟的方法是吹扫捕集。它的原理是将气流吹入被分析的水样中,由气流带出的挥发性有机物被吸附管中的吸附剂所捕集,然后将吸附管放到 GC 或 GC/MS 的气路中,通过对吸附管的加热使挥发性有机物质解吸,然后再次被液氮制冷的阱中捕集,最后以闪蒸的方法将阱中捕集的挥发性有机物送入 GC 或 GC/MS。

吹扫捕集进样法也可能遇到少量水在冷阱中结冰堵塞的问题。针对这一问题,O-I-Analytical 公司采用专利的水管理器,其工作过程是:在吹扫阶段,含有少量水的挥发性有机物在气路中先通过水管理器,然后进入到阱中。水管理器的温度设置在 10℃,而阱的温度为室温,这就意味着带有少量水的挥发性有机物均捕集于阱内,在阱内样品的解吸阶段,以闪蒸的速度加热阱(升温速率最高达 1000℃/min),并以气相色谱的柱头压将挥发性有机物从阱开始经水管理器,再经导管送入 GC 的进样口。此时阱温 180℃,而水管理器的温度为室温,气流很快通过水管理器,水留在水管理器中而挥发性的有机物则经导管进入 GC 的进样口。水管理器可以去掉气流中 80%~90% 的水分,剩下的水对分析不会造成很大影响。水管理器的另一个功能是由于它在样品进入 GC 进样口前造成了一个空间,在进样时依赖 GC 的柱头压将样品以受压缩的方式送入 GC 进样口,样品只在很短的时间范围内导入,保证了峰的宽度在 20s 左右。一个预加热且无气流通过阱的阶段,使阱的加热提前于阱气路所施加柱头压过程,这是有利于减小峰宽并凸显了水管理器这一空间的"压缩"优点。这种水管理器对极性化合物如水、甲醇等去除效果很好。图 1-5 为 O-I-Analytical 公司 4660 Eclipse 吹扫-捕集仪示意图。

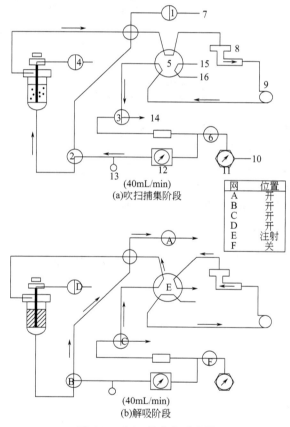

图 1-5 吹扫-捕集仪示意图

1—烘烤阀;2—干燥吹扫阀;3—反吹阀;4—排水阀;5—六通阀;6—压力开关阀;7—烘烤放空;
8—水管理器;9—阱;10—氮气入口处;11—压力调节阀;12—流量控制器;13—压力传感器;
14—吹扫放空;15—进入 GC;16—来自 GC 柱头压

本章小结

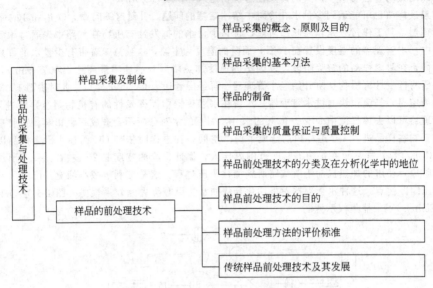

思考与练习

1. 什么是样品采集？样品采集的原则有哪些？目的如何？
2. 简述均匀样品的采集方法。
3. 简答样品制备的指导原则及其程序。
4. 采样过程中质量的控制措施有哪些？
5. 简述样品前处理的目的及前处理方法的评价标准。
6. 已知铅锌矿的 K 值为 0.1，若矿石的最大颗粒直径为 30mm。问最少应采取试样多少千克才有代表性？
7. 采取锰矿试样 15kg，经粉碎后矿石的最大颗粒直径为 2mm，设 K 值为 0.3，问可缩分至多少克？

学习情境二

水样的采集与处理技术

知识目标

- 了解水资源情况及水体主要污染物的分类情况
- 掌握水质采样方案的制订方法
- 掌握水质的布点、采样、保存方法
- 了解水样的一般预处理方法

能力目标

- 能够根据水质样品取样标准方法进行取样操作
- 能够正确处理有关取样操作中的技术和安全问题
- 能够正确处理和保存样品
- 能够正确进行水样的一般预处理

  环境样品测定中采集最多的是水样。环境水样可分为自然水（雨雪水、河流水、湖泊水、海水等）、工业废水及生活污水。自然界中的水含有复杂的多种成分，包括有机胶体、细菌和藻类，无机固体包括金属氧化物、氢氧化物、碳酸盐和黏土等，要正确地反映水样的污染程度、范围和动态变化的情况，必须正确采集水样。

  水样的采集原则是根据水质检验目的和检验项目，采集具有代表性的样品，以保证水质分析结果的真实性和可靠性。为此，采样前对于样品的用途应该有清楚的了解，以确定采样点、采样时间和采样频率；要选择合适的采样方法和采样量；正确使用采样仪器，要建立相应的水质采样质量保证体系；在采样过程中尽量避免采样误差；在样品的采集、运输、贮存、处理和分析等过程中，要确保样品待测组分稳定、不变质、不受污染；保证采集到足够的样品量，以满足分析方法的要求。

工作任务一
水质污染与监测

一、水资源及水质污染

1. 水资源（water resources）

水是人类社会的宝贵资源，分布于由海洋、江、河、湖和地下水、大气水分及冰川共同构成的地球水圈中。据估计，地球上存在的总水量大约为 $1.37 \times 10^9 \, \text{km}^3$，其中，海水约占 97.3%，淡水仅占 2.7%。淡水不但占的比例小，而且大部分存在于地球南北极的冰川、冰盖中，可利用的淡水资源只有河流、淡水湖和地下水的一部分，总计不到总量的 1%，其分布情况见表 2-1。

表 2-1 地球上水量分布比

总水量分布比/%		淡水量分布比/%	
海水	97.3	冰盖、冰川	77.2
淡水	2.7	地下水、土壤水	22.4
		湖泊、沼泽	0.35
		大气	0.04
		河流	0.01

2. 水循环（water cycle）

水循环的动力是太阳辐射，海洋、河流、湖泊中的水不断蒸发而进入大气，植物体的水分通过叶的表面蒸腾作用进入大气；大气中的水分遇冷，形成雨、雪、雹等重返地面；一部分直接落入海、河、湖等水域，一部分经土壤渗入地下，形成地下径流，再供植物根系吸收，一部分形成地表径流，流入海洋、河流和湖泊，如图 2-1 所示。

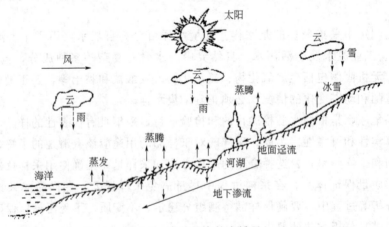

图 2-1 自然界中的水循环

3. 水质污染（water pollution）

虽然我国的水资源总量丰富，年径流量 $2.71 \times 10^{12} \, \text{m}^3$，居世界第六位，但是由于人口众多，人均占有量仅 $2262 \, \text{m}^3$，约为世界平均量的四分之一，是世界缺水国家之一。在我国，由于水污染控制的相对滞后，受污染的水体逐年增加，又加剧了水资源的短缺。而中国迅速进行的工业化、城市化建设，不可避免地加快了水污染速度。水质污染分为化学型污染、物理型污染和生物型污染三种主要类型。化学型污染是指随废水及其他废弃物排入水体的无机和有机污染物造成的水体污染。物理型污染包括色度和浊度物质污染、悬浮固体污染、热污染和放射性污染。色度和浊度物质来源于植物的叶、根、腐殖质、可溶性矿物质、泥沙及有色废水等；悬浮固体污染是由于生活污水、垃圾和一些工农业生产排放的废物泄入水体或农田水土流失引起的；热污染是由于将高于常温的废水、冷却水排入水体造成的；放射性污染是由于开采、使用放射性物质，进行核试验等过程中产生的废水、沉降物泄入水体造成的。生物型污染是由于将生活污水、医院污水等排入水体，随之引入某些病原微生物造成的。

4. 水体自净（self-purification of water body）

当污染物进入水体后，首先被大量水稀释，随后进行一系列复杂的物理、化学变化和生物转化。这些变化包括挥发、絮凝、水解、络合、氧化还原及微生物降解等，其结果使污染物浓度降低，并发生质的变化，该过程称为水体自净。但是，当污染物不断地排入，超过水体的自净能力时，就会造成污染物积累，导致水质日趋恶化。

二、水质监测的对象和目的

1. 对象

水质监测可分为环境水体监测和水污染源监测。环境水体包括地表水（江、河、湖、库、海水）和地下水，水污染源包括生活污水、医院污水及各种工业废水。

2. 目的

① 对进入江、河、湖泊、水库、海洋等地表水体的污染物质及渗透到地下水中的污染物质进行经常性的监测，以掌握水质现状及其发展趋势。

② 对生产过程、生活设施及其他排放源排放的各类废水进行监视性监测，为污染源管理和排污收费提供依据。

③ 对水环境污染事故进行应急监测，为分析判断事故原因、危害及采取对策提供依据。

④ 为国家政府部门制订环境保护法规、标准和规划，全面开展环境保护管理工作提供有关数据和资料。

⑤ 为开展水环境质量评价、预测预报及进行环境科学研究提供基础数据和手段。

三、监测项目（monitoring items）

监测项目依据水体功能和污染源的类型不同而异，其数量繁多，但受人力、物力、经费等各种条件的限制，不可能也没有必要一一监测，而应根据实际情况，选择环境标准中要求控制的危害大、影响范围广，并已建立可靠分析测定方法的项目。根据该原则，发达国家相继提出优先监测的污染物。例如，美国环境保护局（EPA）在"清洁水法"（CWA）中规定了129种优先监测的污染物；前苏联卫生部公布了561种有机污染物在水中的极限允许浓度；我国环境监测总站提出了68种水环境优先监测污染物黑名单，其中优先控制的有毒有机化合物有12类58种，占总数85.29%，包括10种卤代（烷、烯）烃类、6种苯系物、4种氯代苯类、1种多氯联苯、7种酚类、6种硝基苯、4种苯胺类、7种多环芳烃、3种钛酸酯、8种农药、丙烯腈和2种亚硝胺。

下面介绍我国《地表水和污水监测技术规范（HJ/T 91—2002）》中对地面水和废水规定的监测项目。

1. 地面水监测项目

地面水监测项目见表2-2。

表2-2 地面水监测项目

	必测项目	选测项目
河流①	水温、pH、溶解氧、高锰酸盐指数、化学需氧量、BOD_5、氨氮、总氮、总磷、铜、锌、氟化物、硒、砷、汞、镉、铬(六价)、铅、氰化物、挥发酚、石油类、阴离子表面活性剂、硫化物和粪大肠菌群	总有机碳、甲基汞,其它项目参照表2-3,根据纳污情况由各级相关环境保护主管部门确定
集中式饮用水源地	水温、pH、溶解氧、悬浮物②、高锰酸盐指数、化学需氧量、BOD_5、氨氮、总氮、总磷、铜、锌、氟化物、铁、锰、硒、砷、汞、镉、铬(六价)、铅、氰化物、挥发酚、石油类、阴离子表面活性剂、硫化物、硫酸盐、氯化物、硝酸盐和粪大肠菌群	三氯甲烷、四氯化碳、三溴甲烷、二氯甲烷、1,2-二氯乙烷、环氧氯丙烷、氯乙烯、1,1-二氯乙烯、1,2-二氯乙烯、三氯乙烯、四氯乙烯、氯丁二烯、六氯丁二烯、苯乙烯、甲醛、乙醛、丙烯醛、三氯乙醛、苯、甲苯、乙苯、二甲苯③、异丙苯、氯苯、1,2-二氯苯、1,4-二氯苯、三氯苯④、四氯苯⑤、六氯苯、硝基苯、二硝基苯⑥、2,4-二硝基甲苯、2,4,6-三硝基甲苯、硝基氯苯⑦、2,4-二硝基氯苯、2,4-二氯苯酚、2,4,6-三氯苯酚、五氯酚、苯胺、联苯胺、丙烯酰胺、丙烯腈、邻苯二甲酸二丁酯、邻苯二甲酸二(2-乙基己基)酯、水合肼、四乙基铅、吡啶、松节油、苦味酸、丁基黄原酸、活性氯、滴滴涕、林丹、环氧七氯、对硫磷、甲基对硫磷、马拉硫磷、乐果、敌敌畏、敌百虫、内吸磷、百菌清、甲萘威、溴氰菊酯、阿特拉津、苯并[a]芘、甲基汞、多氯联苯⑧、微囊藻毒素-LR、黄磷、钼、钴、铍、硼、锑、镍、钡、钒、钛、铊
湖泊、水库	水温、pH、溶解氧、高锰酸盐指数、化学需氧量、BOD_5、氨氮、总氮、总磷、铜、锌、氟化物、硒、砷、汞、镉、铬(六价)、铅、氰化物、挥发酚、石油类、阴离子表面活性剂、硫化物和粪大肠菌群	总有机碳、甲基汞、硝酸盐、亚硝酸盐,其他项目参照表2-3,根据纳污情况由各级相关环境保护主管部门确定
排污河(渠)	根据纳污情况,参照表2-3中工业废水监测项目	

① 监测项目中,有的项目监测结果低于检出限,并确认没有新的污染源增加时可减少监测频次。根据各地经济发展情况不同,在有监测能力(配置GC/MS)的地区每年应监测1次选测项目。
② 悬浮物在5mg/L以下时,测定浊度。
③ 二甲苯指邻二甲苯、间二甲苯和对二甲苯。
④ 三氯苯指1,2,3-三氯苯、1,2,4-三氯苯和1,3,5-三氯苯。
⑤ 四氯苯指1,2,3,4-四氯苯、1,2,3,5-四氯苯和1,2,4,5-四氯苯。
⑥ 二硝基苯指邻二硝基苯、间二硝基苯和对二硝基苯。
⑦ 硝基氯苯指邻硝基氯苯、间硝基氯苯和对硝基氯苯。
⑧ 多氯联苯指PCB-1016、PCB-1221、PCB-1232、PCB-1242、PCB-1248、PCB-1254和PCB-1260。

2. 工业废水监测项目

工业废水监测项目见表2-3。

表2-3 工业废水监测项目

类 别	监测项目
黑色金属矿山(包括磁铁矿、赤铁矿、锰矿等)	pH、悬浮物、硫化物、铜、铅、锌、镉、汞、六价铬等
黑色冶金(包括选矿、烧结、炼焦、炼铁、炼钢、轧钢等)	pH、悬浮物、化学需氧量、硫化物、氟化物、挥发酚、氰化物、石油类、铜、铅、锌、砷、镉、汞等

续表

类别		监测项目
选矿药剂		化学需氧量、生化需氧量、悬浮物、硫化物、挥发酚等
有色金属矿山及冶炼(包括选矿、烧结、冶炼、电解、精炼等)		pH、悬浮物、化学需氧量、硫化物、氟化物、挥发酚、铜、铅、锌、砷、镉、汞、六价铬等
火力发电、热电		pH、悬浮物、硫化物、砷、铅、镉、挥发酚、石油类、水温等
煤矿(包括洗煤)		pH、悬浮物、砷、硫化物等
焦化		化学需氧量、生化需氧量、悬浮物、硫化物、挥发酚、氰化物、石油类、氨氮、苯类、多环芳烃、水温等
石油开发		pH、化学需氧量、生化需氧量、悬浮物、硫化物、挥发酚、石油类等
石油炼制		pH、化学需氧量、生化需氧量、悬浮物、硫化物、挥发酚、氰化物、石油类、苯类、多环芳烃等
化学矿开采	硫铁矿	pH、悬浮物、硫化物、铜、铅、锌、镉、汞、砷、六价铬等
	雄黄矿	pH、悬浮物、硫化物、砷等
	磷矿	pH、悬浮物、氟化物、硫化物、砷、铅、磷等
	萤石矿	pH、悬浮物、氟化物等
	汞矿	pH、悬浮物、硫化物、砷、汞等
无机原料	硫酸	pH(或酸度)、悬浮物、硫化物、氟化物、铜、铅、锌、镉、砷等
	氯碱	pH(或酸、碱度)、化学需氧量、悬浮物、汞等
	铬盐	pH(或酸度)、总铬、六价铬等
有机原料		pH(或酸、碱度)、化学需氧量、生化需氧量、悬浮物、挥发酚、氰化物、苯类、硝基苯类、有机氯等
化肥	磷肥	pH(或酸度)、化学需氧量、悬浮物、氟化物、砷、磷等
	氮肥	化学需氧量、生化需氧量、挥发酚、氰化物、硫化物、砷等
橡胶	合成橡胶	pH(或酸、碱度)、化学需氧量、生化需氧量、石油类、铜、锌、六价铬、多环芳烃等
	橡胶加工	化学需氧量、生化需氧量、硫化物、六价铬、石油类、苯、多环芳烃等
塑料		化学需氧量、生化需氧量、硫化物、氰化物、铅、砷、汞、石油类、有机氯、苯类、多环芳烃等
化纤		pH、化学需氧量、生化需氧量、悬浮物、铜、锌、石油类等
农药		pH、化学需氧量、生化需氧量、硫化物、挥发酚、砷、有机氯、有机磷等
制药		pH(或酸、碱度)、化学需氧量、生化需氧量、石油类、硝基苯类、硝基酚类、苯胺类等
染料		pH(或酸、碱度)、化学需氧量、生化需氧量、悬浮物、挥发酚、硫化物、苯胺类、硝基苯类等

3. 生活污水监测项目

化学需氧量、生化需氧量、悬浮物、氨氮、总氮、总磷、阴离子洗涤剂、细菌总数、大肠菌群等。

4. 医院污水监测项目

pH、色度、浊度、悬浮物、余氯、化学需氧量、生化需氧量、致病菌、细菌总数、大肠菌群等。

四、水质监测分析方法

正确选择监测分析方法，是获得准确结果的关键因素之一。选择分析方法应遵循的原则是：灵敏度能满足定量要求；方法成熟、准确；操作简便，易于普及；抗干扰能力好。根据上述原则，为使监测数据具有可比性，各国在大量实践的基础上，对各类水体中的不同污染物质都编制了相应的分析方法。在我国，截止到 2012 年 12 月，由环境保护部颁布的水质分析方法标准为 164 项。这些方法有以下三个层次，它们相互补充，构成完整的监测分析方法体系。

1. 国家标准分析方法

我国已编制 160 多项包括采样在内的标准分析方法，这是一些比较经典、准确度较高的方法，是环境污染纠纷法定的仲裁方法，也是用于评价其他分析方法的基准方法。

2. 统一分析方法

有些项目的监测方法尚不够成熟，但这些项目又急需测定，因此经过研究作为统一方法予以推广，在使用中积累经验，不断完善，为上升为国家标准方法创造条件。

3. 等效方法

与 1 类、2 类方法的灵敏度、准确度具有可比性的分析方法称为等效方法。这类方法可能采用新的技术，应鼓励有条件的单位先用起来，以推动监测技术的进步。但是，新方法必须经过方法验证和对比实验，证明其与标准方法或统一方法是等效的才能使用。

按照监测方法所依据的原理，水质监测常用的方法有化学法、电化学法、原子吸收分光光度法、离子色谱法、气相色谱法、等离子体发射光谱（ICP-AES）法等。其中，化学法（包括重量法、容量滴定法和分光光度法）目前在国内外水质常规监测中普遍被采用，占各项目测定方法总数的 50% 以上（见表 2-4），各种方法测定的组分列于表 2-5。

表 2-4 各类分析方法在水质监测中所占比重

方 法	我国水和废水监测分析方法		美国水和废水标准检验法(15 版)	
	测定项目数	比例/%	测定项目数	比例/%
重量法	7	3.9	13	7.0
容量法	35	19.4	41	21.9
分光光度法	63	35.0	70	37.4
荧光光度法	3	1.7	—	—
原子吸收法	24	13.3	23	12.3
火焰光度法	2	1.1	4	2.1
原子荧光法	3	1.7	—	—
电极法	5	2.8	8	4.3
极谱法	9	5.0	—	—
离子色谱法	6	3.3	—	—
气相色谱法	11	6.1	6	3.2
液相色谱法	1	0.5	—	—
其他	11	6.1	22	11.8
合计	180	100	187	100

表 2-5 常用水质监测方法测定项目

方　法	测定项目
重量法	悬浮物、可滤残渣、矿化度、SO_4^{2-}、石油类
容量法	酸度、碱度、溶解氧、CO_2、总硬度、Ca^{2+}、Mg^{2+}、氨氮、Cl^-、CN^-、S^{2-}、COD、BOD_5、高锰酸盐指数、游离氯和总氯、挥发酚等
分光光度法	Ag、As、Be、Ba、Co、Cr、Cu、Hg、Mn、Ni、Pb、Fe、Sb、Zn、Th、U、B、P、氨氮、NO_2^-、NO_3^-、凯氏氮、总氮、F^-、CN^-、SO_4^{2-}、S^{2-}、游离氯和总氯、浊度、挥发酚、甲醛、三氯乙醛、苯胺类、硝基苯类、阴离子表面活性剂、石油类等
原子吸收法	K、Na、Ag、Ca、Mg、Be、Ba、Cd、Cu、Zn、Ni、Pb、Sb、Fe、Mn、Al、Cr、Se、In、Ti、V、S^{2-}、SO_4^{2-}、Hg、As 等
等离子体发射光谱法	K、Na、Ca、Mg、Ba、Be、Pb、Zn、Ni、Cd、Co、Fe、Cr、Mn、V、Al、As 等
气体分子吸收光谱法	NO_2^-、NO_3^-、氨氮、凯氏氮、总氮、S^{2-}
离子色谱法	F^-、Cl^-、NO_2^-、SO_4^{2-}、HPO_4^{2-} 等
电化学法	电导率、Eh、pH、DO、酸度、碱度、F^-、Cl^-、Pb、Ni、Cu、Cd、Mo、Zn、V、COD、BOD、可吸附有机卤素、总有机卤化物等
气相色谱法	苯系物、挥发性卤代烃、挥发性有机化合物、三氯乙醛、五氯酚、氯苯类、硝基苯类、六六六、DDT、有机磷农药、阿特拉津、丙烯腈、丙烯醛、元素磷等
高效液相色谱法	多环芳烃、酚类、苯胺类、邻苯二甲酸酯类、阿特拉津等
气相色谱-质谱法	挥发性有机化合物、半挥发性有机化合物、苯系物、二氯酚和五氯酚、邻苯二甲酸酯和己二酸酯、有机氯农药、多环芳烃、二噁英类、多氯联苯、有机锡化合物等
非色散红外吸收法	总有机碳、石油类等
荧光分光光度法	苯并[α]芘等
比色法和比浊法	I^-、F^-、色度、浊度等
生物监测法	浮游生物测定、着生生物测定、底栖动物测定、鱼类生物调查、初级生产力测定、细菌总数测定、总大肠菌群测定、粪大肠菌群测定、沙门氏菌属测定、粪链球菌测定、生物毒性试验、Ames 试验、姐妹染色体交换（SCE）试验、植物微核试验等

工作任务二　水质监测方案的制订

监测方案是一项监测任务的总体构思和设计，制订时必须首先明确监测目的，然后在调查研究的基础上确定监测对象、设计监测网点，合理安排采样时间和采样频率，选定采样方法和分析测定技术，提出监测报告要求，制订质量保证程序、措施和方案的实施计划等，确保监测任务的顺利完成。

一、地表水水质监测方案的制订

世界各国对地表水样的采集、测定等均有具体的规范化要求，我国也于 2002 年 12 月发布了《地表水和污水监测技术规范》（HJ/T 91—2002），以保障监测结果的可比性和有效性。

1. 基础资料的收集

在制订监测方案之前，应尽可能完备地收集欲监测水体及所在区域的有关资料，主要有以下几点。

① 水体的水文、气候、地质和地貌资料。如水位、水量、流速及流向的变化；降雨量、蒸发量及历史上的水情；河流的宽度、深度、河床结构及地质状况；湖泊沉积物的特性、间温层分布、等深线等。

② 水体沿岸城市分布、工业布局、污染源及其排污情况、城市给排水情况等。

③ 水体沿岸的资源现状和水资源的用途；饮用水源分布和重点水源保护区；水体流域土地功能及近期使用计划等。

④ 历年的水质资料等。

⑤ 地表径流污水、雨污水分流情况以及农田灌溉排水、农药、化肥的使用情况等。

2. 采样断面的设置

在对调查研究结果和有关资料进行综合分析的基础上，根据监测目的、监测项目、水质的均一性、采样的难易程度、采用的监测方法、有关的标准法规，并考虑人力、物力等因素确定采样断面和采样点。采样断面指在河流采样时，实施水样采集的整个剖面，分背景断面、对照断面、控制断面和消减断面等。

(1) 河流采样断面的设置原则　采样断面应当在宏观上反映河流水系或所在水域的水环境质量状况。各断面的布设必须能反映所在区域环境的污染特征，尽可能以最少的断面获取最多的、有代表性的环境信息，同时还要兼顾采样的可行性和方便性。其原则如下。

① 对流域或水系要设立背景断面、控制断面（若干）和入海口断面。对行政区域可设背景断面（对水系源头）或入境断面（对过境河流）或对照断面、控制断面（若干）和入海口断面或出境断面。在各控制断面下游，如果河段有足够长度（>10km），还应设削减断面。

② 根据水体功能区设置控制采样断面，同一水体功能区至少设置1个采样断面，应避开死水区、回水区、排污口处，尽量选择顺直流段、河床稳定、水流稳定、水面宽阔、无急流、无浅滩处。

③ 力求与水文采样断面一致，以便利用其水文参数，实现水质监测和水量监测的结合。

④ 采样断面的布设应考虑社会经济发展，监测工作的实际状况和需要，要具有相对的长远性。

⑤ 流域同步监测中，根据流域规划和污染源限期达标目标确定采样断面；河道局部整治中，监视整治效果的采样断面，由所在地区环境保护行政主管部门定。

⑥ 进行应急监测时，现场监测的采样一般以事故发生地点及其附近为主，根据现场的具体情况和污染水体的特性布点采样和确定采样频次。对江河的监测应在事故地点及其下游布点采样，同时要在事故发生地点上游采对照样。对湖（库）的采样点布设以事故发生地点为中心，按水流方向在一定间隔的扇形或圆形布点采样，同时采集对照样品。

⑦ 入海河口断面要设置在能反映入海河水水质并临近入海的位置。

(2) 河流采样断面的设置　为评价一个完整的江河水系的水质，需要设置四种断面，即背景断面、对照断面、控制断面和削减断面；对于某一河段，只需要设置对照断面、控制断面和削减断面等三种断面，见图2-2。

① 对照断面：为了解流入监测河段前的水体水质状况而设置，是指具体判断某一区域水环境污染程度时，位于该区域所有污染源上游处，能够提供这一区域水环境本底值的断面。

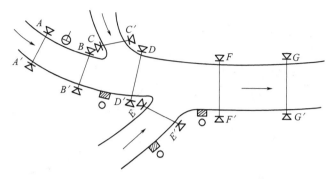

图 2-2 河流监测断面设置示意图

→—水流方向；⊕—自来水厂取水点；○—污染源；▨—排污口；A—A′—对照断面；
B—B′、C—C′、D—D′、E—E′、F—F′—控制断面；G—G′—消减断面

这种断面应设在河流进入城市或工业区以前的地方，避开各种废水、污水流入或回流处。一个河段一般只设一个对照断面，有主要支流时可酌情增加。

② 控制断面：指为了解水环境受污染程度及其变化情况的断面，用来反映某排污区（口）排放的污水对水质的影响。应设置在排污区（口）的下游，污水与河水基本混匀处。

控制断面的数目应根据城市的工业布局和排污口分布情况而定。断面的位置与废水排放口的距离应根据主要污染物的迁移、转化规律，河水流量和河道水力学特征确定，一般设在排污口下游 500～1000m 处，因为在排污口下游 500m，横断面上的 1/2 宽度处重金属浓度一般出现高峰值。对特殊要求的地区，如水产资源区、风景游览区、自然保护区、与水源有关的地方病发病区、严重水土流失区及地球化学异常区等的河段上也应设置控制断面。

③ 削减断面：是指工业废水或生活污水在水体内流经一定距离而达到最大程度混合，污染物受到稀释、降解，其主要污染物浓度有明显降低的断面。通常设在城市或工业区最后一个排污口下游 1500m 以外的河段上。水量小的小河流应视具体情况而定。

④ 背景断面：是指为评价某一完整水系的污染程度，未受人类生活和生产活动影响，能够提供水环境背景值的断面。

这种断面上的水质要求基本上不受人类活动的影响，远离城市居民区、工业区、农药化肥施放区及主要交通路线。原则上应设在水系源头处或未受污染的上游河段，如选定断面处于地球化学异常区，则要在异常区的上、下游分别设置。如有较严重的水土流失情况，则设在水土流失区的上游。

此外，省、自治区和直辖市内主要河流的干流，一、二级支流的交界处应设置交界断面，这是环境保护管理的重点断面；水系的较大支流汇入前的河口处，以及湖泊、水库、主要河流的出、入口应设置监测断面；国际河流出、入国境的交界处应设置出境断面和入境断面；水网地区流向不定的河流，应根据常年主导流向设置监测断面；有人工建筑物并受人工控制的河段，视情况分别在闸（坝、堰）上、下设置断面。

(3) 湖泊、水库采样断面的设置　湖泊、水库通常只设监测垂线；当水体复杂时，对不同类型的湖泊、水库应区别设置采样断面。为此，首先判断湖、库是单一水体还是复杂水体；考虑汇入湖、库的河流数量，水体的径流量、季节变化及动态变化，沿岸污染源分布及污染物扩散与自净规律、生态环境特点等。然后按照前面讲的设置原则确定采样断面的位置：

① 在进出湖泊、水库的河流汇合处分别设置采样断面；

② 以各功能区（如城市和工厂的排污口、饮用水源、风景游览区、排灌站等）为中心，在其辐射线上设置弧形采样断面；

③ 在湖库中心，深、浅水区，滞流区，不同鱼类的回游产卵区，水生生物经济区等设

置采样断面。

图2-3为典型的湖泊、水库中采样点设置示意图。

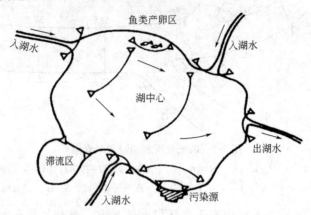

图 2-3　湖泊、水库中采样点设置示意图

3. 采样点位的确定

设置采样断面后,应根据水面的宽度确定断面上的采样垂线,再根据采样垂线的深度确定采样点位置和数目,见表2-6和表2-7。

表 2-6　采样垂线数的设置

水面宽	垂线数	说　　明
≤50m	一条(中泓)	① 垂线布设应避开污染带,要测污染带应另加垂线。 ② 确能证明该断面水质均匀时,可仅设中泓垂线。 ③ 凡在该断面要计算污染物通量时,必须按本表设置垂线
50~100m	二条(近左、右岸有明显水流处)	
100~1000m	三条(左、中、右)	
>1500m	至少要设置5条等距离采样垂线	

表 2-7　采样垂线上的采样点数的设置

水深	采样点数	说　　明
≤5m	上层一点	① 上层指水面下0.5m处,水深不到0.5m时,在水深1/2处。 ② 下层指河底以上0.5m处。 ③ 中层指1/2水深处。 ④ 封冻时在冰下0.5m处采样,水深不到0.5m时,在水深1/2处采样。 ⑤ 凡在该断面要计算污染物通量时,必须按本表设置采样点
5~10m	上、下层两点	
>10m	上、中、下三层三点	

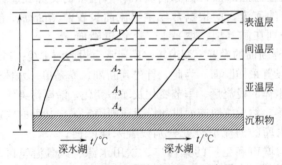

图 2-4　不同温层采样点设置示意图

A_1—表温层中;A_2—间温层下;A_3—亚温层中;A_4—沉积物与水介质交界面上约1m处;h—水深

湖、库采样点的位置与河流相同。但由于湖、库深度不同，会发生不同水温层（见图 2-4），此时应先测量不同深度的水温、溶解氧等，确定成层情况后，再确定垂线上采样点的位置（见表 2-8）。位置确定后，同样需要设立标志物，以保证每次采样在同一位置上。

表 2-8 湖（库）监测垂线采样点的设置

水深	分层情况	采样点数	说明
≤5m		一点（水面下 0.5m 处）	① 分层是指湖水温度分层状况。 ② 水深不足 1m，在 1/2 水深处设置测点。 ③ 有充分数据证实垂线水质均匀时，可酌情减少测点
5～10m	不分层	二点（水面下 0.5m，水底上 0.5m）	
5～10m	分层	三点（水面下 0.5m，1/2 斜温层，水底上 0.5m 处）	
>10m		除水面下 0.5m，水底上 0.5m 处外，按每一斜温分层 1/2 处设置	

采样断面和采样点的位置确定后，其所在位置应该有固定而明显的岸边天然标志。如果没有天然标志物，则应设置人工标志物，如竖石柱、打木桩等。每次采样要严格以标志物为准，使采集的样品取自同一位置上，以保证样品的代表性和可比性。

4. 采样时间和采样频率的确定

为使采集的水样具有代表性，能够反映水质在时间和空间上的变化规律，必须确定合理的采样时间和采样频率，一般原则如下。

① 对于较大水系干流和中、小河流全年采样不少于 6 次；采样时间为丰水期（high flow period）、枯水期（low water period）和平水期，每期采样两次。

② 工业区、污染较重的河流、游览水域、饮用水源地全年采样不少于 12 次；采样时间为每月一次或视具体情况选定。底泥每年在枯水期（low water period）采样一次。

③ 潮汐河流全年在丰、枯、平水期采样，每期采样两天，分别在大潮期和小潮期进行，每次应采集当天涨、退潮水样分别测定。

④ 排污渠每年采样不少于三次。

⑤ 设有专门监测站的湖、库，每月采样 1 次，全年不少于 12 次。其他湖泊、水库全年采样两次，枯、丰水期（high flow period）各 1 次。有废水排入、污染较重的湖、库，应酌情增加采样次数。

⑥ 背景断面每年采样 1 次。

二、地下水水质监测方案的制订

贮存在土壤和岩石空隙（孔隙、裂隙、溶隙）中的水统称地下水。地下水埋藏在地层的不同深度，相对地面水而言，其流动性和水质参数的变化比较缓慢。地下水质监测方案的制订过程与地面水基本相同。根据 2013 年 7 月中国环境监测总站发布的《地下水样品采集技术指南（征求意见稿）》的说明，地下水样品采集的流程如图 2-5 所示。

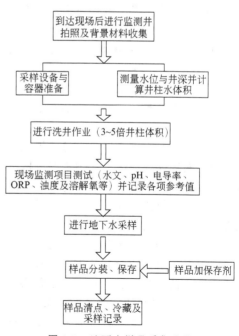

图 2-5 地下水样品采集流程

1. 调查研究和收集资料

① 收集、汇总监测区域的水文、地质、气象等方面的有关资料和以往的监测资料。例如，地质图、剖面图、测绘图、水井的成套参数、含水层、地下水补给、径流和流向，以及温度、湿度、降水量等。

② 调查监测区域内城市发展、工业分布、资源开发和土地利用情况，尤其是地下工程规模、应用等；了解化肥和农药的施用面积和施用量；查清污水灌溉、排污、纳污和地面水污染现状。

③ 测量或查知水位、水深，以确定采水器和泵的类型，所需费用和采样程序。

④ 在完成以上调查的基础上，确定主要污染源和污染物，并根据地区特点与地下水的主要类型把地下水分成若干个水文地质单元。

2. 监测网点布设原则

① 在总体和宏观上应能控制不同的水文地质单元，能反映所在区域地下水系的环境质量状况和地下水质量空间变化。

② 监测重点为以供水为目的的含水层。

③ 监控地下水重点污染区及可能产生污染的地区，监视污染源对地下水的污染程度及动态变化，以反映该区域地下水的污染特征。

④ 能反映地下水补给源和地下水与地表水的水力联系；监控地下水水位下降的漏斗区、地面沉降以及该特殊水文地质问题。

⑤ 考虑工业建设项目、矿山开发、水利工程、石油开发及农业活动等对地下水的影响。

⑥ 监测网点布设密度的原则为主要供水区密，一般地区稀；城区密，农村稀；地下水污染严重地区密，非污染区稀。尽可能以最少的监测点获取足够的有代表性的环境信息；尽可能从经常使用的民井、生产井以及泉水中选择布设监测点。

3. 采样点位的确定

由于地质结构复杂，使地下水采样点的布设也变得复杂。地下水一般呈分层流动，侵入地下水的污染物、渗滤液等可沿垂直方向运动，也可沿水平方向运动；同时，各深层地下水（也称承压水）之间也会发生串流现象。因此，布点时不但要掌握污染源分布、类型和污染物扩散条件，还要弄清地下水的分层和流向等情况。国控地下水监测点网密度一般每 $100km^2$ 不少于 0.1 眼井，每个县至少有 1~2 眼井，平原（含盆地）地区一般为 0.2 眼井/$100km^2$，重要水源地或污染严重地区适当加密，沙漠、山丘区、岩溶山区等可根据需要，选择典型代表区布设监测点。省控、市控地下水监测点网密度可根据具体情况和相关规定自定。

在以地下水为主要供水水源的地区，饮水型地方病（如高氟病）高发地区，对区域地下水构成影响较大的地区，如污水灌溉区、垃圾堆积处理场地区、地下水回灌区及大型矿山排水地区等，应布设监测点（监测井），通常布设背景值监测井和污染控制监测井。

（1）背景值监测井（点）的布设　背景值采样点应设在污染区的外围不受或少受污染的地方。对于新开发区，应在引入污染源之前设背景值监测点。

（2）污染控制监测井（点）的布设　监测井布点时，应考虑环境水文地质条件、地下水开采情况、污染物的分布和扩散形式，以及区域水化学特征等因素。对于工业区和重点污染源所在地的监测井（点）布设，主要根据污染物在地下水中的扩散形式确定。

① 渗坑、渗井和堆渣区的污染物，在含水层渗透性较大的地方易造成带状污染，此时可沿地下水流向及其垂直方向分别设采样点；在含水层渗透小的地方易造成点状污染，监测井宜设在近污染源处。

② 污灌区等面状污染源易造成块状污染，可采用网格法均匀布点。
③ 排污沟等线状污染源，可在其流向两岸适当地段布点。
一般监测井在液面下 0.3~0.5m 处采样。若有间温层或多含水层分布，可按具体情况分层采样。

4. 采样时间和采样频率的确定

① 背景值监测井和区域性控制的孔隙承压水井每年枯水期采样一次；
② 污染控制监测井逢单月采样一次，全年六次；其中某一监测项目如果连续 2 年均低于控制标准值的五分之一，且在监测井附近确实无新增污染源，而现有污染源排放量未增的情况下，该项目可每年在枯水期采样一次。一旦监测结果大于控制标准值的五分之一，或在监测井附近有新的污染源或现有污染源新增排污量时，即恢复正常采样频次。
③ 作为生活饮用水集中供水的地下水监测井，每月采样一次。
④ 同一水文地质单元的监测井采样时间尽量相对集中，日期跨度不宜过大。
⑤ 遇到特殊的情况或发生污染事故，可能影响地下水水质时，应随时增加采样频次。

三、水污染源监测方案的制订

水污染源（Water Pollution Source）包括工业废水、城市污水等。在制订监测方案时，首先也要进行调查研究，收集有关资料，查清用水情况、废水或污水的类型、主要污染物及排污去向和排放量，车间、工厂或地区的排污口数量及位置，废水处理情况，是否排入江、河、湖、海，流经区域是否有渗坑等。然后进行综合分析，确定监测项目、监测点位，选定采样时间和频率、采样和监测方法及技术，制订质量保证程序、措施和实施计划等。

1. 采样点位的确定

（1）工业废水
① 在车间或车间设备废水排放口设置采样点监测一类污染物。
项目：汞、镉、砷、铅的无机化合物，六价铬的无机化合物及有机氯化合物和强致癌物质等。
② 在工厂废水总排放口布设采样点监测二类污染物。
项目：悬浮物、硫化物、挥发酚、氰化物、有机磷化合物、石油类、铜、锌、氟的无机化合物、硝基苯类、苯胺类等。
③ 已建立废水处理设施的工厂，在处理设施的排放口布设采样点。为了解废水处理效果，可在进出口分别设置采样点。
④ 在排污渠道上，采样点应设在渠道较直、水量稳定、上游无污水汇入的地方。

（2）城市污水
① 城市污水管网。采样点设在非居民生活排水支管接入城市污水干管的检查井；城市污水干管的不同位置；污水进入水体的排放口等。
② 城市污水处理厂。在污水进口和处理后的总排口布设采样点。如需监测各污水处理单元效率，应在各处理设施单元的进、出口分别设采样点。另外，还需设污泥采样点。

2. 采样时间和采样频率的确定

（1）工业废水　工业废水的污染物含量和排放量常随工艺条件及开工率的不同而有很大差异，故采样时间、周期和频率的选择是一个较复杂的问题，见表 2-9。

表 2-9　工业废水采样时间、周期和频率的选择

废水排放量	监测频率	说　明
$\geqslant 5000 m^3/d$	需安装水质自动在线监测仪,连续自动监测,随时监控	① 水质、水量同步监测。② 生产不稳定的污染源,监测频次视生产周期和排污情况而定
$1000 \sim 5000 m^3/d$	需安装等比例自动采样器及测流装置,监测 1 次/天	
$\leqslant 1000 m^3/d$	监测 3~5 次/月	

（2）城市污水　对城市管网污水，可在一年的丰、平、枯水季，从总排放口分别采集一次流量比例混合样测定，每次进行 1 昼夜，每 4h 采一次样。在城市污水处理厂，为指导调节处理工艺参数和监督外排水质，每天都要从部分处理单元和总排放口采集污水样，对一些项目进行例行监测。

工作任务三
水样的采集与保存

水样的采集和保存时水质分析的重要环节之一，采集的水样必须具有代表性，在保存的过程中要保障水样不受任何意外的污染。

一、水样的类型

为了说明水质，要在规定的时间、地点或特定的时间间隔内测定水的某些参数，如无机物、溶解矿物质或化学药品、溶解气体、溶解有机物、悬浮物及底部沉积物的浓度。某些参数，应尽量在现场测定以得到准确的结果。由于生物和化学样品的采集、处理步骤和设备均不相同，样品应分别采集。采样技术要随具体情况而定，有些情况只需在某点瞬时采集样品，而有些情况要用复杂的采样设备进行采样。静态水体和流动水体的采样方法不同，应加以区别。瞬时采样和混合采样均适用于静态水体和流动水体，混合采样更适用于静态水体；周期采样和连续采样适用于流动水体。

1. 瞬时水样

瞬时水样是指在某一时间和地点从水体中随机采集的分散水样。对于组分较稳定的水体，或水体的组分在相当长的时间和相当大的空间范围变化不大，采集瞬时样品具有很好的代表性。当水体的组成随时间发生变化，则要在适当的时间间隔内进行瞬时采样，分别进行分析，测出水质的变化程度、频率和周期。当水体的组成发生空间变化时，就要在各个相应的部位采样。瞬时水样无论是在水面、规定深度或底层，通常均可人工采集，也可用自动化方法采集。自动采样是以预定时间或流量间隔为基础的一系列瞬时样品，一般情况下所采集的样品只代表采样当时和采样点的水质。

下列情况适用瞬时采样：

① 流量不固定、所测参数不恒定时（如采用混合样，会因个别样品之间的相互反应而掩盖了它们之间的差别）；

② 不连续流动的水流，如分批排放的水；

③ 水或废水特性相对稳定时；

④ 需要考察可能存在的污染物，或要确定污染物出现的时间；

⑤ 需要污染物最高值、最低值或变化的数据时；

⑥ 需要根据较短一段时间内的数据确定水质的变化规律时；

⑦ 需要测定参数的空间变化时，例如某一参数在水流或开阔水域的不同断面（或）深

度的变化情况；

⑧ 在制订较大范围的采样方案前；

⑨ 测定某些不稳定的参数，例如溶解气体、余氯、可溶性硫化物、微生物、油脂、有机物和 pH 时。

2. 周期水样（不连续）

（1）在固定时间间隔下采集周期样品（取决于时间） 通过定时装置在规定的时间间隔下自动开始和停止采集样品。通常在固定的期间内抽取样品，将一定体积的样品注入一个或多个容器中。时间间隔的大小取决于待测参数。人工采集样品时，按上述要求采集周期样品。

（2）在固定排放量间隔下采集周期样品（取决于体积） 当水质参数发生变化时，采样方式不受排放流速的影响，此种样品归于流量比例样品。例如，液体流量的单位体积（如10000L），所取样品量是固定的，与时间无关。

（3）在固定排放量间隔下采集周期样品（取决于流量） 当水质参数发生变化时，采样方式不受排放流速的影响，水样可用此方法采集。在固定时间间隔下，抽取不同体积的水样，所采集的体积取决于流量。

3. 连续水样

（1）在固定流速下采集连续样品（取决于时间或时间平均值） 在固定流速下采集的连续样品，可测得采样期间存在的全部组分，但不能提供采样期间各参数浓度的变化。

（2）在可变流速下采集的连续样品（取决于流量或与流量成比例） 采集流量比例样品代表水的整体质量。即便流量和组分都在变化，而流量比例样品同样可以揭示利用瞬时样品所观察不到的这些变化。因此，对于流速和待测污染物浓度都有明显变化的流动水，采集流量比例样品是一种精确的采样方法。

4. 混合水样

在同一采样点上以流量、时间、体积或是以流量为基础，按照已知比例（间歇的或连续的）混合在一起的样品，此样品称为混合水样。混合水样可自动或人工采集。

混合水样是混合几个单独样品，可减少监测分析工作量，节约时间，降低试剂损耗。

混合样品提供组分的平均值，因此在样品混合之前，应验证这些样品参数的数据，以确保混合后样品数据的准确性。如果测试成分在水样贮存过程中易发生明显变化，则不适用混合水样，如测定挥发酚、油类、硫化物等。要测定这些物质，需采取单样贮存方式。

下列情况适用混合水样：

① 需测定平均浓度时；

② 计算单位时间的质量负荷；

③ 为评价特殊的、变化的或不规则的排放和生产运转的影响。

5. 综合水样

把从不同采样点同时采集的瞬时水样混合为一个样品（时间应尽可能接近，以便得到所需要的资料），称作综合水样。综合水样的采集包括两种情况：在特定位置采集一系列不同深度的水样（纵断面样品）；在特定深度采集一系列不同位置的水样（横截面样品）。综合水样是获得平均浓度的重要方式，有时需要把代表断面上的各点或几个污水排放口的污水按相对比例流量混合，取其平均浓度。

采集综合水样，应视水体的具体情况和采样目的而定。如几条排污河渠建设综合污水处理厂，从各个河道取单样分析不如综合样更为科学合理，因为各股污水的相互反应可能对设施的处理性能及其成分产生显著的影响，由于不可能对相互作用进行数学预测，因此取综合水样可能提供更加可靠的资料。而有些情况取单样比较合理，如湖泊和水库在深度和水平方向常常出现组分上的变化，此时大多数平均值或总值的变化不显著，局部变化明显。在这种情况下，综合水样就失去了意义。

6. 大体积水样

有些分析方法要求采集大体积水样，范围从 50L 到几立方米。例如，要分析水体中未知的农药和微生物时，就需要采集大体积的水样。水样可用通常的方法采集到容器或样品罐中，采样时应确保采样器皿的清洁；也可以使样品经过一个体积计量计后，再通过一个吸收筒（或过滤器），可依据监测要求选定。

随后的采样程序细节应依据水样类型和监测要求而定。用一个调节阀控制在一定压力下通过吸收筒（或过滤器）的流量。大多数情况下，应在吸收筒（或过滤器）和体积计后面安装一个泵。如果待测物具有挥发性，泵要尽可能安放在样品源处，体积计安放在吸收筒（或过滤器）后面。

如果采集的水样混浊且含有能堵塞过滤器（或吸收筒）的悬浮固体，或者分析要求的采样量超过了过滤器（或吸收筒）的最大容量，应将一系列过滤器（或吸收筒）安放在平行的位置，在出入口安装旋塞阀。采样初期，水样只通过一个过滤器（或吸收筒），其余的不采样；当流速显著减小时，使水样流经新的过滤器（或吸收筒）。注意不要超过过滤器（或吸收筒）的最大容量，因此要在第一个过滤器（或吸收筒）达最大容量之前将一系列新的过滤器（或吸收筒）排列起来准备替换，达到最大容量的过滤器（或吸收筒）应停止采样。

若使用多个过滤器（或吸收筒）进行采样，应将它们合并在一起作为一个混合样品。如果要将采样过程中多余的水倾倒回水体中，应选择距离采样点足够远的位置，以免影响采样点处的水质。

7. 平均污水样

对于排放污水的企业而言，生产的周期性影响着排污的规律性。为了得到代表性的污水样（往往需要得到平均浓度），应根据排污情况进行周期性采样。不同的工厂、车间生产周期不同，排污的周期性差别也很大。一般应在一个或几个生产或排放周期内，按一定的时间间隔分别采样。对于性质稳定的污染物，可将分别采集的样品进行混合后一次测定；对于不稳定的污染物可在分别采样、分别测定后取其平均值为代表。

生产的周期性也影响污水的排放量，在排放流量不稳定的情况下，可将一个排污口不同时间的污水样，按照流量的大小，按比例混合，得到平均比例混合的污水样。这是获得平均浓度的最常采用的方法，有时需将几个排污口的水样按比例混合，用以代表瞬时综合排污浓度。

在污染源监测中，随污水流动的悬浮物或固体微粒，应看成是污水样的一个组成部分，不应在分析前滤除。油、有机物和金属离子等，可能被悬浮物吸附，有的悬浮物中就含有被测定的物质，如选矿、冶炼废水中的重金属。所以，分析前必须摇匀取样。

二、地表水样的采集

1. 采样前的准备

（1）采样计划　在进行具体采样工作之前，要根据监测目的制定采样计划，内容包括：采样目的、检验指标、采样时间、采样地点、采样方法、采样频率、采样数量、采样容器的清洗、采样体积、样品保存方法、样品标签、现场测定项目、采样质量控制、运输工具和条件等，按照制定好的采样计划，准备好现场记录表格、采样器具、盛水容器、运输工具等。

（2）盛水容器

① 总体要求：盛水容器材质必须化学稳定性好，不会溶出待测组分，在贮存期内不会与水样发生物理化学反应，用于微生物检验用的容器能耐受高温灭菌等。

目前的盛水容器一般由聚四氟乙烯、聚乙烯、石英玻璃和硼硅玻璃等材质制成，通常塑料容器（P-Plastic）常用作测定金属、放射性元素和其他无机物的水样容器，硬质玻璃容器（G-Glass）常用作测定有机物和生物类等的水样容器。

② 盛水容器的选择应满足以下三点要求：a. 容器不能是新的污染源；b. 容器壁不应吸收或吸附某些待测组分，对测金属的水样多选用聚乙烯瓶，测有机物的水样一般只能用玻璃瓶；c. 容器不应与待测组分发生反应。

③ 盛水容器的清洗。

a. 按水样待测定组分的要求来确定清洗容器的方法：新的采样瓶，应经硝酸浸泡。在用酸浸泡之前，先用自来水刷洗，尽可能预先除去原来沾污的物质。用铬酸清洁液浸泡的容器（主要用于检测金属指标），必须用自来水冲洗7～10次，再用纯水淋洗。在采集水样时还需用水样洗涤容器2～3次。

b. 用于微生物检验水样盛装容器：容器及瓶塞、瓶盖应能经受灭菌的温度，并且在这个温度下不释放或产生任何能抑制生物活动或导致死亡或促进生长的化学物质。玻璃或聚丙烯塑料容器用自来水和洗涤剂洗涤，然后用自来水彻底冲洗。用硝酸溶液（1+1）浸泡，再用自来水，纯水洗净。

（3）水样体积 采集的水样量应满足分析的需要并应该考虑重复测试所需的水样量和留作备份测试的水样用量，每个分析方法一般都会对相应监测项目的用水体积提出明确要求。

2. 采样方法和采样器（或采水器）

① 在河流、湖泊、水库、海洋中采样：常乘监测船或采样船、手划船等交通工具到采样点采集，也可涉水和在桥上采集。

② 采集表层水水样：可用适当的容器如塑料筒等直接采集。

③ 采集深层水水样：可用简易采水器、深层采水器、采水泵、自动采水器等。图2-6为一种简易采水器。将其沉降至所需深度（可从提绳上的标度看出），上提提绳打开瓶塞，待水充满采样瓶后提出。图2-7是一种用于急流水的采水器。它是将一根长钢管固定在铁框上，管内装一根橡胶管，胶管上部用夹子夹紧，下部与瓶塞上的短玻璃管相连，瓶塞上另有

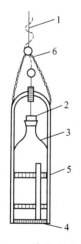

图2-6 简易采水器
1—绳子；2—带有软绳的橡胶塞；3—采样瓶；
4—铅锤；5—铁框；6—挂钩

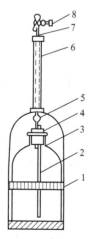

图2-7 急流水采水器
1—铁框；2—长玻璃管；3—采样瓶；4—橡胶塞；
5—短玻璃管；6—钢管；7—橡胶管；8—夹子

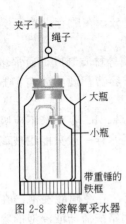

图 2-8 溶解氧采水器

一长玻璃管通至采样瓶近底处。采样前塞紧橡胶塞,然后沿船身垂直伸入要求水深处,打开上部橡胶管夹,水样即沿长玻璃管流入样品瓶中,瓶内空气由短玻璃管沿橡胶管排出。这样采集的水样也可用于测定水中溶解性气体,因为它是与空气隔绝的。

测定溶解气体(如溶解氧)的水样,常用图 2-8 所示的双瓶采样器采集。将采样器沉入要求水深处后,打开上部的橡胶管夹,水样进入小瓶(采样瓶)并将空气驱入大瓶,从连接大瓶短玻璃管的橡胶管排出,直到大瓶中充满水样,提出水面后迅速密封。

此外还有各种深层采水器和自动采水器,如 HGM-2 型有机玻璃采水器,778 型、806 型自动采水器等。图 2-9 是一种机械(泵)式采水器,它用泵通过采水管抽吸预定水层的水样。图 2-10 为一种废(污)水自动采样器,可以定时将一定量水样分别采入采样容器,也可以采集一个生产周期内的混合水样。

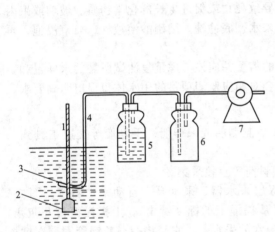

图 2-9 泵式采水器

1—细绳;2—重锤;3—采样头;4—采样管;
5—采样瓶;6—安全瓶;7—泵

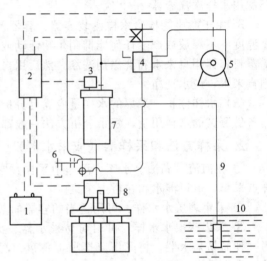

图 2-10 废(污)水自动采样器

1—蓄电池;2—电子控制箱;3—传感器;4—电子阀;
5—真空泵;6—夹紧阀;7—计量瓶;8—切换器;
9—采水管;10—废(污)水池

三、地下水样的采集

1. 已有管路监测井采样方法

对于已有管路监测井地下水样品采集工作涉及了采样器管材、采样设备连接、样品采集过程等诸多方面。

(1) 采样器管材及采样井的确认

套管和提水泵材料:应该是 PTFE(聚四氟乙烯)、碳钢、低碳钢、镀锌钢材和不锈钢。

提水泵类型:采用正压泵(例如离心式潜水泵)。

出水口条件:不能在沉淀罐、水塔等设施之后采样;提水泵排水管上需带有阀门,且距离井位不能超过 30m。

(2) 导水管路连接 如果泵的排水管上安装有带阀门的支管,且排水口距离该支管的距离超过 2m,则可将一管径相匹配的内衬 PTFE 的 PE(聚乙烯)软管(软管的中部接有一段玻璃管,以下简称采样软管)连接到该支管上,在采样软管的另一端连接一长度约为

350mm、内径约为 5mm 的不锈钢管。

如果泵的排水管上安装有带阀门的支管，但排水口与支管相距不足 2m，则应在排水口连接一段延伸管，使排水口与采样支管的距离延伸至 2m 以上 [如图 2-11(a) 所示]。

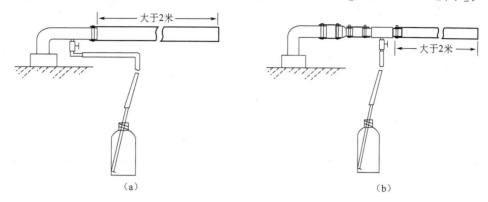

图 2-11 采样管路连接示例

如果泵的排水管上没有支管，但泵的排水口距离井口较近（例如农灌井），则应在泵口上连接一支管上带阀门的三通管件（不锈钢或 PTFE 材质），连接管路采用内衬 PTFE 的 PE 软管 [如图 2-11(b) 所示]。

（3）井孔排水清洗　采样前必须排出井孔中的积水（清洗）。清洗完成的条件是：所排出的水不少于三倍井孔积水体积且水质指示参数达到稳定。

（4）采样基本条件　如套管和提水泵材料为 PVC 和 HDPE（高密度聚乙烯），采集有机物分析样品时，应冲洗半小时以上。

如果出水口不具备阀门，则在出水口处需加分流管采样。

观察采样软管中部的玻璃管，不得有气泡存在，否则通过调解采样支路阀门消除气泡。

调整采样支路阀门使采样支管出水流率为 0.2~0.5L/min。

排水达到水质稳定条件后，取下流动池（如果使用），准备采样。

现场工作人员注意事项：不得吸烟；手部不得涂化妆品；采样人员应在下风处操作，车辆亦应停放在下风处。

2. 普通监测井采样法

本方法以抽水泵或贝勒管为采样设备，进行地下水采样，以确保采得具有代表性的地下水水样。

（1）采样前准备工作

① 去污。以干净的刷子和无磷清洁剂清洗所有的器具，并用试剂水冲洗干净，其清洗程序为：a. 用无磷清洁剂擦洗采样设备；b. 用试剂水冲干净；c. 用甲醇清洗；d. 阴干或吹干。需清洗的设备包括：水位计、贝勒管、手套、绳子、抽水泵、吸水管线。

② 记录。填写《洗井记录表》和《地下水采样记录表》，可参考表 2-10、表 2-11 制作。

表 2-10　洗井记录表

井管内径		水位面至井口深度		井底至井口深度	
井水深度		井水体积		预计洗井时间	
型式		型号		抽水速率	
抽水方法		泵进水深度		井筛长度	
水位洩降		现场仪器测量频率			
洗井开始时间		洗井结束时间			

表 2-11　地下水采样记录表

监测井编号	经纬度	采样日期			采样时间	采样方法	采样深度/m	气温/℃	天气状况	现场测定记录								样品性状
		年	月	日						水位/m	水温/℃	水量/(m³/s)	色	嗅和味	浑浊度	肉眼可见物	pH值	电导率/(μS/cm)	
		固定剂加入情况							备注										

采样人员：_____　　　　记录人员：_____

a. 填写采样日期。

b. 填写采样地点，并将井筛顶部至井口的深度也填写于井口深度栏中。

c. 记录当天天气状况。

d. 记录现场环境描述。（现场环境的描述包括：井锁扣是否完整，有无遭受破坏，若有遭破坏迹象，详细记录其情况。注意是否有外物入侵的可能。另外，记录监测井附近是否有异于平常的环境情况，如积水等现象。）

e. 记录洗井数据，包括下列项目：

测量井管内径（直径）的大小，并记录于井管直径栏中；

用水位计测量地下水位面至井口的深度，应读至 0.1cm，并记录在水位面至井口深度栏中；

再将水位计的探针沉至井底，测量井底至井口的高度，并将此记录于井底至井口深度栏中；

拉起水位计时，观察是否有泥沙附着在水位计的探针上，若有此现象，记录在样品性状中。

f. 记录井水深度。计算井水深度：井水深度（m）=井底至井口深度－水位面至井口深度。

并将其记录于井水深度栏中。

g. 记录井水体积。计算井水体积：直径 50mm 监测井井水体积（L）=2.0×井水深度（m）。直径 100mm 监测井井水体积（L）=8.1×井水深度（m）。

h. 记录抽水泵的型式、型号及抽水速率。

i. 记录抽水泵的抽水方法（定量或变量抽水）。将抽水泵放置于饱和井筛的中间位置。并记录抽水泵进水口放置位置，记录于泵进水口深度栏中。

j. 若采微洗井方式，应记录井筛长度（m）及水位泄降（m）。

若使用水流单元应记录水流单元容积（L）及现场仪器测量频率（min/次）。

（2）现场测量仪器校正　校正 pH 计及导电导率计。若需采挥发性有机物水样时，校正携带式溶氧计及携带式氧化还原电位计。将校正数据记录于地下水采样记录表中。

(3) 洗井

① 洗井原则。洗井主要目的是在采样前以适当流率抽取地下水，抽换监测井中的滞留水，以取得代表性地下水样品。对补水速率较高监测井，其抽水速率应小于补水速率，即避免洗井时，水位有明显泄降。但对于挥发性有机物采样，其抽水速率以不造成浊度增加、气提作用、及气曝作用等现象的小流量抽水，即表示抽水速率应小于补水速率。常用洗井方式有井柱水体积置换法及微洗井二种。

② 井柱水体积置换法。洗井时可采用抽水泵或贝勒管进行，建议使用可调整抽水速率泵较能节省时间，洗井抽水速率宜小于 2.5L/min，以适当流速抽除 3~5 倍的井柱水体积，大致可将井柱水抽换，以取得代表性水样。

a. 若以抽水泵洗井与采样时，抽水位置为井筛中间部位（当水位高于井筛顶部时）、井内水位中点（当水位低于井筛顶部时）、或改采用贝勒管（当井内水位较低，为避免抽入井底泥沙时），原则上于洗井过程中尽量避免大幅降低井内水位。

b. 若以贝勒管洗井时，抽水位置为井管底部。

③ 微洗井（或称为小流量抽除滞留水）

a. 本法需使用可调整抽水速率抽水泵，并能将抽水速率稳定控制于 0.1~0.5L/min，适用抽水泵型式包括：气囊式泵或离心泵等。离心泵不适合作为挥发性有机物样品的采样设备。

b. 设置抽水泵时，应缓缓将抽水泵下降放置定位，并尽量避免扰动井管水，以免造成抽出水的浊度增加，因而增加洗井时间。

c. 设定抽水速率应从最小流量开始，慢慢调整抽水流量控制于 0.1~0.5L/min（抽水速率通常视监测井附近地质、水文条件而定），每隔 3~5min 测量水位一次，直到水位达到平衡为止。

d. 洗井期间须测量井中水位，并确认水位泄降未超过 1/8 井筛长（通常为 0.1m），须于采样纪录表中记录抽水速率及水位深度。

e. 以微洗井方式抽水，井中水位泄降未超过 1/8 井筛长（通常为 0.1m），且测量的水质参数达到稳定后，即可以抽水泵进行采样。

④ 开始洗井时，以小流量抽水，记录抽水开始时间，同时测量并记录抽出水的 pH 值、电导率及现场测量时间。采集挥发性有机物样品现场加测溶氧、氧化还原电位、水温。同时观察抽出水有无颜色、异样气味及杂质等，并作记录。

洗井过程中需持续测量（约 3~5min 一次）抽出水的水质参数，同时观察抽出井水颜色、异样气味，及有无杂质存在，并于洗井期间现场测量至少五次以上，直到最后连续三次符合各项参数的稳定标准，其测量值的偏差范围如下。

水质参数稳定标准：pH±0.1；电导率±3%；溶解氧符合±10% 或 ±0.3mg/L；氧化还原电位±10mV。

若已达稳定，则可结束洗井。洗井时，抽出水确认有污染可能时（特别是污染场址抽出水），则不可任意弃置或与其他液体混合，须将抽出的水置于容器内，并等水样检测结果后，决定处理方式。

⑤ 现场仪器测量频率。

a. 井柱水体积置换的洗井方式：抽出水约 1~1.5 倍井柱水体积的水时，测量第一次水质参数，然后每抽出 0.5 倍井柱水体积的水时再测量一次。

b. 微洗井方式：若在水流单元中测量水质参数，则可依水流单元容积与抽水速率决定测量频率，以确保每次测量水流单元内水样已充分更新。例如：水流元的容积为 500mL，抽水速率为 0.25L/min，则测量时间间隔至少为 2min。若不在水流单元中测量水质参数，测量时间间隔至少 5min。

⑥ 洗井时若使用水流单元测量水质参数,当水质达到稳定后,进行采样时须将水流单元拆离或绕流。

⑦ 洗井时,若以 0.1~0.5L/min 速率抽水,水位泄降超过 1/8 倍井筛长,则应由设井时岩心取样纪录判断该含水层是否属低渗透性地层。若属低渗透性含水层,则将抽水泵置于井管底部附近以较大抽水速率将井内积水抽除,待水位回升后采集新鲜水样。若非属低渗透性含水层,则可能井筛产生阻塞,须进行完洗井作业后再重新采样。并将结果记录在现场记录手册中。

⑧ 以贝勒管洗井时,因溶氧与氧化还原电位不易达到稳定标准,需抽除至少三倍井柱水体积水量,才可以停止洗井。

⑨ 洗井完成时,测量此时地下水位面至井口的高度,并记录于洗井结束时水位面至井口深度栏中。

⑩ 所有洗井工作完成后,须以干净的刷子和无磷清洁剂清洗洗井器具,并用去离子水冲洗干净。所有清洗过器具的水须置于装清洗器具用水的容器中,不可任意倾倒或丢弃。

(4) 采样

① 采样应在洗井后两小时内进行,若监测井位于低渗透性地层,洗井后,待新鲜水回补,应尽快于井底采样,较具代表性。

② 如以贝勒管采样,原则上将贝勒管放置于井筛中间附近取得水样。另若考虑污染物在地表下流布特性、相关现场筛测结果及采样目的等因素,将贝勒管放置于井筛中适当位置进行取样。贝勒管在井中的移动应力求缓缓上升或下降,以避免造成井水扰动,造成气提或曝气作用。

③ 检测项目中有挥发性有机物者,洗井设备与采样设备应相同。以抽水泵采样其速率应控制在 0.1~0.5L/min,并确认管线中无气泡存在以避免挥发性有机物逸散。如以贝勒管采样,应注意贝勒管于井管中移动所造成扰动问题。其采样设备材质应以特弗龙,且贝勒管应采用控制流速底面流出配件,使水样由贝勒管下的底面流出配件喷嘴流出,采样步骤请依照挥发性有机物检验方法的规定。

④ 如以原来洗井抽水泵采样,则待洗井完成或水质参数稳定后,在不对井内作任何扰动或改变位置的情形下,维持原来洗井低流速,直接以样品瓶接取水样。(注:离心式抽水泵不适合用于采集挥发性有机物样品)

⑤ 开始采样时,记录采样开始时间。并以清洗过的抽水泵或贝勒管及其采样管线,取足量体积的水样,装于样品瓶内。并填好样品标签,贴在样品瓶上。

⑥ 装瓶顺序,建议应依待测物挥发性敏感度的顺序安排,如下所示。

a. 挥发性有机物,总有机卤化物。b. 溶解性气体及总有机碳。c. 半挥发性有机物。d. 金属及氰化物。e. 主要水质项目的阳离子及阴离子。f. 放射性核素。

3. 深层/大口径监测井采样方法

本方法以抽水泵为采样设备,进行地下水采样,以确保采得具有代表性的地下水水样。将抽水泵置于井筛段中央,以 0.1~0.5L/min 抽水率进行抽水避免抽到井管积水,并从井筛段中央直接采得新鲜水样。抽水期间井内泄降不得超过 1/8 井筛长(通常为 0.1m),并同时测量水质指标参数(酸碱度、导电度);水样需检测挥发性与半挥发性有机污染物(VOCs 与 SVOCs)时加测溶氧与氧化还原电位两项水质指标参数。当水质指标参数达到水质稳定标准时,即可进行地下水采样。

本方法适用于口径 100~150mm 或 160mm 以上,深度最深达 300m 深层大口径监测井;适用于所有污染物与自然产物的溶解相采样,包括:挥发性与半挥发性有机化合物(VOCs

与 SVOCs）、重金属与其他无机盐类化合物、农药、多氯联苯（PCBs）等其他有机化合物、放射性核素与微生物成分等；不适用于非水相液体污染物采样。

（1）微洗井作业

① 抽水泵安装深度计算如下。

a. 若井内水位超过井筛段顶部，则抽水泵安装深度依据下式计算：

$$抽水泵预定安装深度 = 0.5 \times (井筛顶部深度 + 井筛底部深度)$$

b. 若井内水位位于井筛段，则抽水泵安装深度依据下式计算：

$$抽水泵预定安装深度 = 0.5 \times (井中水位 + 井筛底部深度)$$

② 安装抽水泵：应缓缓将抽水泵下降放置定位，并尽量避免扰动井管水，以免造成抽出水浊度增加，因而增加洗井时间。

③ 设定抽水率开始微洗井作业：设定抽水速率应从最小流量开始，慢慢调整抽水流量控制于 0.1~0.5L/min（抽水速率通常视监测井附近地质、水文条件而定），每隔 1~2min 测量水位一次，直到水位达到平衡为止。并记录洗井开始抽水时间。

④ 测量井中水位泄降与水质指标参数。

a. 抽水期间需测量井中水位泄降，以确定水位泄降未超过 1/8 倍井筛长。

b. 测量并记录抽出水的 pH 值、电导率及现场测量时间。采集挥发性有机物样品加测溶氧、氧化还原电位。同时观察抽出水有无颜色、异样气味及杂质等并记录。

c. 洗井期间水质指标参数测量至少五次以上，直到最后连续三次符合各项水质指标参数的稳定标准，其测量值偏差范围如下：

水质参数	稳定标准
pH	±0.1
电导率	±3%
溶解氧	符合±10%或±0.3mg/L
氧化还原电位	±10mV

d. 现场仪器测量频率。

若在水流单元中测量水质参数，则可依水流单元容积与抽水速率决定测量频率，以确保每次测量水流单元内的水样已充分更新。例如：水流单元的容积为 500mL，抽水速率为 0.25L/min，则测量时间间隔至少为 2min。在固定密闭体积的水流单元中进行水质指标参数测量，通常可得到较为一致的测量结果。

若不在水流单元中测量水质参数，测量时间间隔至少 5min。

洗井时，若水位泄降超过 1/8 井筛长（通常为 0.1m），则应由设井时岩心取样纪录判断该含水层是否属低渗透性。若属低渗透性含水层，则将抽水泵置于井管底部附近以较大抽水速率将井内积水抽除，待水位回升后采集新鲜水样。若非属低渗透性含水层，则可能井筛产生阻塞，须进行完井作业后再重新采样。

（2）采样

① 井中水位泄降未超过 1/8 井筛长（通常为 0.1m），且测量水质参数达到稳定后，即可进行采样工作。洗井完成后应尽快开始进行采样工作，并记录洗井结束时间及开始采样时间。

② 采样时以原洗井的抽水泵进行采样并维持（或稍微降低）抽水率，直接由采样管以样品瓶接取水样。

③ 若在水流单元中测量水质指标参数，在采样时需将采样管绕过或拆离水流单元。

④ 采样期间井中泄降需维持不超过 1/8 倍井筛长（通常为 0.1m），并不得对井内作任

何扰动，如改变抽水泵的位置等。

四、废（污）水样的采集

1. 废水样类型

（1）瞬时废水样　对于生产工艺连续、稳定的工厂，所排放废水中的污染组分及浓度变化不大，瞬时水样具有较好的代表性。对于某些特殊情况，如废水中污染物质的平均浓度合格，而高峰排放浓度超标，这时也可间隔适当时间采集瞬时水样，并分别测定，将结果绘制成浓度-时间关系曲线，以得知高峰排放时污染物质的浓度；同时也可计算出平均浓度。

（2）平均废水样　由于工业废水的排放量和污染组分的浓度往往随时间起伏较大，为使监测结果具有代表性，需要增大采样和测定频率，但这势必增加工作量，此时比较好的办法是采集平均混合水样或平均比例混合水样。前者是指每隔相同时间采集等量废水样混合而成的水样，适于废水流量比较稳定的情况；后者系指在废水流量不稳定的情况下，在不同时间依照流量大小按比例采集的混合水样。有时需要同时采集几个排污口的废水样，并按比例混合，其监测结果代表采样时的综合排放浓度。

2. 采样方法

（1）浅水采样　可用容器直接采集，或用聚乙烯塑料长把勺采集。

（2）深层水采样　可使用专制的深层采水器采集，也可将聚乙烯筒固定在重架上，沉入要求深度采集。

（3）自动采样　采用自动采样器或连续自动定时采样器采集。例如，自动分级采样式采水器，可在一个生产周期内，每隔一定时间将一定量的水样分别采集在不同的容器中；自动混合采样式采水器可定时连续地将定量水样或按流量比采集的水样汇集于一个容器内。

五、水样采集注意事项和安全保护

1. 水样采集注意事项

① 水环境的采样顺序是先水质后底质，采集多层次的深水水域样品时，按从浅到深的顺序采集；

② 采样时，应该避免剧烈搅动水体，任何时候都要避免搅动底质；

③ 采水器不能一次完成采样时，可以多次采集，将各次采得的水样集中装在洗涤干净的大容器中，样品分装前应充分摇匀；

④ 在样品分装和添加保存剂时，应防止操作现场环境可能对样品的沾污；

⑤ 测定 DO（溶解氧）、BOD（生化需氧量）、pH 值等项目的水样，采样时必须充满，避免残留空气对测定项目的干扰；测定其他项目的样品瓶，在装取水样（或者采样）后至少留出占容器体积 10% 的空间，以满足分析前样品的充分摇匀；

⑥ 从采样器向样品瓶注入水样时，应沿着瓶内壁注入；

⑦ 除现场测定项目外，样品采集后应立即按保存方法采取措施，加保存剂的措施应在采样现场进行；

⑧ 河流、湖泊、水库和河口、港湾水域可使用船舶进行采样监测，最好用专用的监测船或采样船；

⑨ 采样时还需同步测量水文参数和气象参数；

⑩ 采样时必须认真填写采样登记表；每个水样瓶都应贴上标签（填写采样点编号、采

样日期和时间、测定项目等）；要塞紧瓶塞，必要时还要密封。

2. 水样采集安全保护

在下水道、污水池、污水处理厂和污水泵站等部位采样时，必须注意下述危险：
① 污水管道系统中爆炸性气体混合可能引起爆炸的危险；
② 由毒性气体，如硫化氢、一氧化碳等引起的中毒危险；
③ 缺氧引起的窒息危险；
④ 致病生物引起的染病危险；
⑤ 在阶梯、平台滑跤造成的摔伤危险及溺水危险等。

针对上述危险，要采取预防措施，配置相应的设备和仪器，避免危险的发生。

六、水样的保存和运输

1. 影响水质变化的因素

（1）生物作用　微生物的新陈代谢，会消耗水样中的某些组分，也能改变一些组分的性质。如细菌可还原硝酸盐为氨、还原硫酸盐为硫化物等。

（2）化学作用　测定组分可能发生氧化或还原反应；二价铁可氧化为三价铁；二氧化碳含量的改变，能引起水样 pH-总碱度组成体系发生变化；由于铁、锰价态的改变，使沉淀与溶解形态改变，导致测定结果与水样实际情况不符等。

（3）物理作用　光照、温度、静置或振动、敞露或密封这些条件及容器材料不同都会影响水样的性质，如二氧化碳、汞。长期静置会使某些组分沉淀析出，容器内壁不可逆地吸附或吸收一些有机物或金属化合物。

2. 水样的运输

采集的各种水样从采集地到分析实验室之间有一定距离，运送样品的这段时间里，由于环境作用，水质可能会发生物理、化学和生物等各种变化，为使这些变化降低到最小程度，需要采取必要的保护性措施（如添加保护性试剂或制冷剂等），并尽可能地缩短运输时间。

对采集的每一个水样，都应做好记录，并在采样瓶上贴好标签，运送到实验室。在运输过程中，应注意以下几点：
① 要塞紧采样容器口塞子，必要时用封口胶、石蜡封口（测油类的水样不能用石蜡封口）；
② 为避免水样在运输过程中因震动、碰撞导致损失或沾污，最好将样瓶装箱，并用泡沫塑料或纸条挤紧；
③ 需冷藏的样品，应配备专门的隔热容器，放入制冷剂，将样品瓶置于其中。水样存放点要尽量远离热源，不要放在可能导致水温升高的地方（如汽车发动机旁），避免阳光直射；
④ 冬季采集的水样可能结冰，如果盛水器用的是玻璃瓶，则应采取保温措施以免破裂。

3. 水样的保存

采样和分析的时间间隔越短，分析结果越能反映采样点水质的实际情况。因此，对某些分析项目，特别是水质的物理指标的测定，要在现场即时进行，以免在样品运送和存放过程中发生变化。即使其他分析项目，也应在采样后尽快分析，保存时间不宜过长。

从取样到分析的时间间隔很难作出准确规定，通常根据水样污染程度的不同。表 2-12 列出了各种水样的最大允许存放时间。

表 2-12　水样的最大允许存放时间

水样种类	允许存放时间/h	水样种类	允许存放时间/h
清洁水样	72	严重污染水样	12
轻度污染水样	48	污水	存放时间越短越好

水样在存放过程中，某些测定项目易受影响。例如金属阳离子可能被玻璃器壁吸附和发生离子交换；溶解的气体可能损失；微生物的活动可能使三氮盐的平衡发生变化，也可能减少酚类或生化需氧量的数值；硫化物、亚硫酸盐、亚铁、碘化物和氰化物都会因氧化而损失；色、嗅、浊度可能增加、减少或变质；钠、硅、硼可能从玻璃器皿中淋溶出来；六价铬可还原为三价铬等等。

为减少存放中造成的损失，部分项目要在现场测定。对现场不能测定的项目，要对水样采取适当的保护措施。保护水样的目的，是尽量减少存放期间因水样变化而造成的损失。实际上，至今还没有任何一个保存方法能够完全制止水样物理化学性质的变化。不管样品的性质如何，要想使每个组分都完全稳定还办不到。推荐的保存方法均希望做到：减缓生物作用；减缓化合物或络合物的水解及氧化还原作用；减少组分的挥发，避免沉淀吸附或结晶物析出所引起的组分变化。

水样的保存方法有下面几种。

(1) 选择合适的保存容器　不同材质的容器对水样的影响不同，一般可能存在吸附待测组分或自身杂质溶出污染水样的情况，因此应该选择性质稳定、杂质含量低的容器。一般常规监测中，常使用聚乙烯和硼硅玻璃材质的容器。

(2) 冷藏或冷冻　能抑制微生物的活动，减缓物理作用和化学反应速度。冷藏温度一般在 2~5℃，冷藏不能长期保存水样，只能短期保存。冷冻温度为 −20℃，冷冻时不能将水样充满整个容器。

(3) 加入保存药剂　在水样中加入合适的保存试剂能够抑制微生物活动、减缓氧化还原反应发生，加入的方法可以是在采样后立即加入，也可以水样分样时根据需要分瓶加入。

不同的水样、同一水样的不同的监测项目，要求使用的保存药剂不同，保存药剂主要有生物抑制剂、pH 值调节剂、氧化或还原剂等类型。

① 生物抑制剂。给试样中加入某一试剂可以阻止细菌的生长或杀死细菌。采用的试剂有 $HgCl_2$，加入量为每升 20~60mg。如果水样有汞或测金属化合物时，就不能使用这种试剂；这时可以加入苯、甲苯或氯仿等，各项水样加 0.5~1.0mL。例如在测定氨氮、硝酸盐氮、化学需氧量的水样中加 $HgCl_2$，可抑制生物的氧化还原作用；对测定酚的水样，用 H_3PO_4，调至 pH 为 4 时，加入适量 $CuSO_4$，即可抑制苯酚菌的分解活动。

② pH 值调节剂。为防止金属元素沉淀或被容器壁吸附，可加酸至 pH<2，使水中的金属元素呈溶解状态，一般可以保存数周，但对汞的保存时间要短些，一般为 7 天。对酸性条件下，容易生成挥发性物质的待测项目（如氰化物等），可加 NaOH 将水样的 pH 调节到 12 以上，使共生成稳定的盐类。

③ 加入氧化剂或还原剂。例如测定汞的水样需加入 HNO_3（至 pH<1）和 $K_2Cr_2O_7$ (0.05%)，使 Hg 保持高价态；测定硫化物的水样，加入抗坏血酸，可以防止被氧化；测定 DO 的水样则需加入少量 $MnSO_4$ 和 KI 固定 DO（还原）等。

应当注意，加入保存剂的原则是：保护剂不能干扰以后的测定；保存剂的纯度最好是优级纯的，还应做相应的空白试验，对测定结果进行校正。水样的保存期限与多种因素有关，如组分的稳定性、浓度、水样的污染程度等。表 2-13 和表 2-14 分别列出了我国《水质采样标准》中建议的各种保存方法的作用和某些监测项目的水样具体保存方法。

表 2-13 各类保存剂的应用范围

保存剂	作用	适用待测项目
$HgCl_2$	细菌抑制剂	各种形式的氮、磷
HNO_3	金属溶剂、防止沉淀	多种金属
H_2SO_4	(1)细菌抑制剂	有机水样(COD、TOC、油和油脂)
	(2)与有机碱类形成盐类	氨、胺类
NaOH	与挥发化合物形成盐类	氰化物、有机酸类、酚类
冷冻	抑制细菌	酸度、碱度、有机物
	减慢化学反应速度	BOD、色嗅、有机磷、有机氮碳等生物机体

表 2-14 水样保存和容器的洗涤

项目	采样容器	保存剂及用量	保存期	采样量①/mL	容器洗涤
浊度*	G.P.		12h	250	Ⅰ
色度*	G.P.		12h	250	Ⅰ
pH*	G.P.		12h	250	Ⅰ
电导*	G.P.		12h	250	Ⅰ
悬浮物*	G.P.		14h	500	Ⅰ
碱度**	G.P.		12h	500	Ⅰ
酸度**	G.P.		30d	500	Ⅰ
COD	G.	加 H_2SO_4,pH≤2	2d	500	Ⅰ
高锰酸钾指数**	G.		2d	500	Ⅰ
DO*	溶解氧瓶	加入硫酸锰,碱性KI叠氮化钠溶液,现场固定	24h	250	Ⅰ
BOD_5**	溶解氧瓶		12h	250	Ⅰ
TOC	G.	加 H_2SO_4,pH≤2	7d	250	Ⅰ
F^-**	P.		14d	250	Ⅰ
Cl^-**	G.P.		30d	250	Ⅰ
Br^-**	G.P.		14h	250	Ⅰ
I^-	G.P.	NaOH,pH=12	14d	250	Ⅰ
SO_4^{2-}**	G.P.		30d	250	Ⅰ
PO_4^{3-}	G.P.	NaOH,H_2SO_4,调 pH=7,$CHCl_3$ 0.5%	7d	250	Ⅳ
总磷	G.P.	HCl,H_2SO_4,pH≤2	24h	250	Ⅳ
氨氮	G.P.	H_2SO_4,pH≤2	24h	250	Ⅰ
NO_2^--N**	G.P.		24h	250	Ⅰ
NO_3^--N**	G.P.		24h	250	Ⅰ
总氮	G.P.	H_2SO_4,pH≤2	7d	250	Ⅰ
硫化物	G.P.	1L 水样加 NaOH 至 pH 为 9,加入 5%抗坏血酸 5mL,饱和 EDTA3mL,滴加饱和 Zn(AC)$_2$ 至胶体产生,常温蔽光	24h	250	Ⅰ
总氰	G.P.	NaOH,pH≥9	12h	250	Ⅰ
Be	G.P.	HNO_3,1L 水样中加浓 HNO_3 10mL	14d	250	Ⅲ
B	P.	HNO_3,1L 水样中加浓 HNO_3 10mL	14d	250	Ⅰ

续表

项目	采样容器	保存剂及用量	保存期	采样量[①]/mL	容器洗涤
Na	P.	HNO_3,1L 水样中加浓 HNO_3 10mL	14d	250	Ⅱ
Mg	G. P.	HNO_3,1L 水样中加浓 HNO_3 10mL	14d	250	Ⅱ
K	P.	HNO_3,1L 水样中加浓 HNO_3 10mL	14d	250	Ⅱ
Ca	G. P.	HNO_3,1L 水样中加浓 HNO_3 10mL	14d	250	Ⅱ
Cr(Ⅵ)	G. P.	NaOH,pH=8~9	14d	250	Ⅲ
Mn	G. P.	HNO_3,1L 水样中加浓 HNO_3 10mL	14d	250	Ⅲ
Fe	G. P.	HNO_3,1L 水样中加浓 HNO_3 10mL	14d	250	Ⅲ
Ni	G. P.	HNO_3,1L 水样中加浓 HNO_3 10mL	14d	250	Ⅲ
Cu	P.	HNO_3,1L 水样中加浓 HNO_3 10mL[②]	14d	250	Ⅲ
Zn	P.	HNO_3,1L 水样中加浓 HNO_3 10mL[②]	14d	250	Ⅲ
As	G. P.	HNO_3,1L 水样中加浓 HNO_3 10mL,DDTC 法,HCl 2mL	14d	250	Ⅰ
Se	G. P.	HCl,1L 水样中加浓 HCl 2mL	14d	250	Ⅲ
Ag	G. P.	HNO_3,1L 水样中加浓 HNO_3 2mL	14d	250	Ⅲ
Cd	G. P.	HNO_3,1L 水样中加浓 HNO_3 10mL[②]	14d	250	Ⅲ
Sb	G. P.	HCl,0.2%(氢化物法)	14d	250	Ⅲ
Hg	G. P.	HCl,1% 如水样为中性,1L 水样中加浓 HCl 10mL	14d	250	Ⅲ
Pb	G. P.	HNO_3,1% 如水样为中性,1L 水样中加浓 HNO_3 10mL[②]	14d	250	Ⅲ
油类	G.	加入 HCl 至 pH≤2	7d	250	Ⅱ
农药类**	G.	加入抗坏血酸 0.01~0.02g 除去残余氯	24h	1000	Ⅰ
除草剂类**	G.	加入抗坏血酸 0.01~0.02g 除去残余氯	24h	1000	Ⅰ
邻苯二甲酸酯类**	G.	加入抗坏血酸 0.01~0.02g 除去残余氯	24h	1000	Ⅰ
挥发性有机物**	G.	用 1+10HCl 调至 pH=2,加入 0.01~0.02 抗坏血酸除去残余氯	12h	1000	Ⅰ
甲醛**	G.	加入 0.2~0.5g/L 硫代硫酸钠除去残余氯	24h	250	Ⅰ
酚类**	G.	用 H_3PO_4 调至 pH=2,用 0.01~0.02g 抗坏血酸除去残余氯	24h	1000	Ⅰ
阴离子表面活性剂	G. P.		24h	250	Ⅳ
微生物**	G.	加入硫代硫酸钠至 0.2~0.5g/L 除去残余物,4℃保存	12h	250	Ⅰ
生物**	G. P.	不能现场测定时用甲醛固定	12h	250	Ⅰ

注：1. *表示应尽量作现场测定；**低温（0~4℃）避光保存。

2. G 为硬质玻璃瓶；P 为聚乙烯瓶（桶）。

3. ①为单项样品的最少采样量；②如用溶出伏安法测定，可改用 1L 水样中加 19mL 浓 $HClO_4$。

4. Ⅰ，Ⅱ，Ⅲ，Ⅳ表示四种洗涤方法，如下：

Ⅰ：洗涤剂洗一次，自来水三次，蒸馏水一次；

Ⅱ：洗涤剂洗一次，自来水洗二次，1+3 HNO_3 荡洗一次，自来水洗三次，蒸馏水一次；

Ⅲ：洗涤剂洗一次，自来水洗二次，1+3 HNO_3 荡洗一次，自来水洗三次，去离子水一次；

Ⅳ：铬酸洗液洗一次，自来水洗三次，蒸馏水洗一次。

如果采集污水样品可省去用蒸馏水、去离子水清洗的步骤。

5. 经 160℃干热灭菌 2h 的微生物、生物采样容器，必须在两周内使用，否则应重新灭菌；经 121℃高压蒸气灭菌 15min 的采样容器，如不立即使用，应于 60℃将瓶内冷凝水烘干，两周内使用。细菌监测项目采样时不能用水样冲洗采样容器，不能采混合水样，应单独采样后 2h 内送实验室分析。

七、流量的测定

采集水样的同时,还需要测量水体的水位(m)、流速(m/s)、流量(m^3/s)等水文参数,因为在计算水体污染负荷是否超过环境容量、控制污染源排放量、估价污染控制效果等工作中,都必须知道相应水体的流量。

1. 地表水流量的测定

对于较大的河流,水文部门一般设有水文监测断面,应尽量利用其所测参数。对于小河流、明渠和废水、污水流量的测量,一般可采用如下方法测量流量。

(1) 流速-面积法 先将测定断面分成若干小块,测出每小块的面积和流速,计算出相应的流量,再将各小块断面的流量累加,即为断面上的水流量,计算公式为:

$$Q = \bar{v} \times \sum_{i=1}^{n} F_i \qquad (2-1)$$

式中 Q——水流量,m^3/s;
$\bar{v}$——各断面上水的平均流速,m/s;
F_i——各小断面面积,m^2。

流速大多用流速仪测定,流速仪有单点式流速仪(如机械式流速仪、电接式流速仪等)、三维流速仪(如多普勒声学流速仪等)以及多功能智能型流速仪等,利用不同的沉降装置可以测定 0.020~10m/s 的流速范围。

(2) 浮标法 浮标法是一种粗略测量小型河、渠中水流速的简易方法。测量时,选择一平直河段,测量该河段 2m 间距内起点、中点和终点三个横断面面积,在此基础上求出平均横断面面积。在上游投入浮标,测量浮标流经确定河段(L)所需时间,重复测量几次,求出所需时间的平均值(t),即可计算出流速(L/t),再按式(2-2)计算流量:

$$Q = 60\bar{v}S \qquad (2-2)$$

式中 Q——水流量,m^3/min;
$\bar{v}$——浮标平均流速,m/s,其值一般为 $0.7L/t$;
S——过水横断面面积,m^2。

2. 废(污)水流量的测定

(1) 流量计法 目前国内外已开发出十几类、上百个品种的污水流量仪表,按照它们的使用场合,可分为测量具有自由水面的敞开水路用流量计和测量充满水的管道用流量计两类:第一类如堰式流量计、水槽流量计等,是依据堰板上游水位或截流形成临界射流状态时的水位与水流量有一定的关系,通过用超声波式或静电式、测压式等水位计测量水位而得知流量;第二类如电磁流量计、压差式流量计等,是依据污水流经磁场所产生的感应电势大小或插入管道中的节流板前后流体的压力差与水流量有一定关系,通过测量感应电势或流体的压力差得知流量。可依据实际水流的流量范围和测试精度要求选择合适的流量计。

(2) 容积法 将污水导入已知容积的容器或污水池中,测量流满容器或污水池的时间,然后用其除受纳容器或池的容积,即可求知流量。该方法简单易行,适用于测量污水流量较小的连续或间歇排放的污水。

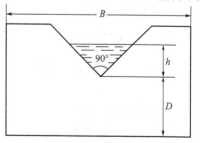

图 2-12 直角三角堰

(3) 溢流堰法　这种方法适用于不规则的污水沟、污水渠中水流量的测量。该方法是用三角形或矩形、梯形堰板拦住水流，形成溢流堰，测量堰板前后水头和水位，计算流量。如果安装液位计，可连续自动测量液位。图 2-12 为用三角堰法测量流量的示意图，流量计算式如下：

$$Q = Kh^{5/2} \tag{2-3}$$

$$K = 1.354 + \frac{0.004}{h} + \left(0.14 + \frac{0.2}{\sqrt{D}}\right)\left(\frac{h}{B} - 0.09\right)^2 \tag{2-4}$$

式中　Q——水流量，m^3/s；
　　　h——过堰水头高度，m；
　　　K——流量系数；
　　　D——从水流底至堰缘的高度，m；
　　　B——堰上游水流宽度，m。

在下述条件下，上式误差 $<\pm 1.4\%$：
$0.5m \leqslant B \leqslant 1.2m$，$0.1m \leqslant D \leqslant 0.75m$，$0.07m \leqslant h \leqslant 0.26m$，$h \leqslant B/3$。

工作任务四
水样采集过程中的质量控制

随着质量保证和质量控制工作的深入开展，环境监测分析过程中的质量保证措施越来越受重视，环境监测实验室出具的数据质量也明显提高。然而由于传统观念的影响及其他一些技术方面的限制，技术人员往往比较重视实验室分析过程的质量保证，对于样品采集和前处理过程的质量保证则重视不够，从而影响了数据质量。为了取得具有代表性、准确性、精密性、可比性和完整性的数据，应强调监测全程序的质量控制。因此，加强样品采集和前处理过程的质量保证措施，是进一步提高环境监测数据质量的关键。今介绍国际标准化组织颁布的水质采样技术标准（ISO 5667）中有关质量保证措施的内容。

ISO 5667 是国际标准化组织颁布的水质分析中有关采样的技术导则，整个导则包括 14 部分。目前，我国已对其中 5 个部分进行了等效转化，并以国家标准和行业标准的形式颁布实施。已转化的标准主要包括采样方案设计及采样技术方面的内容，对样品采集的质量控制内容涉及很少。ISO 5667 中的第十四部分专门针对环境水样采集和处理过程中的质量保证措施作出了要求，并强调了制定该标准的意义主要在于：①为了监测采样方法的有效性；②为了证明样品采集过程中各步骤都有合适的质量控制措施，并且能够满足预期的目的，包括样品污染、样品不确定度、样品不稳定性等产生误差的来源是否得到控制，质量控制过程实际上就是提供一套检测采样误差，从而消除无效或者误导数据的操作程序；③为了量化和控制采样误差的来源；④提供用于污染事故或地下水调查等情况下简化的质量保证程序。

一、水质采样技术标准中有关质量保证措施

水样采集的质量控制的目的是检验采样过程质量，是防止样品采集过程中水样受到污染或发生变质的措施。

1. 采样误差来源

采样误差来源包括 6 部分：①污染，包括采样设备和样品容器、样品间的交叉污染、样品的保存和不适当的贮藏及运输；②样品的不稳定性；③不正确的保存；④不正确的采样；

⑤从分布不均匀的水体采样；⑥样品运输。

2. 采样过程的质量控制技术

环境水样采集和处理质量保证导则（ISO 5667—14）给出了确定采样误差的质量控制技术，并且强调了全程序的质量控制观念。对于采样来说，应从采样技术选择、采样地点、样品数量、装样方式、采样人员培训、样品运输、样品保存等方面综合考虑，同时还应对采样过程的每个环节都详细记录。关于采样质量控制工作占整个分析工作比重的问题，导则认为主要依赖于整个项目的目的，但一般不应少于2%。一个合适的质量控制方案应该包括下述一种或多种技术手段：①采集重复的质量控制样品检验精密度；②现场空白样检验样品是否受到污染；③加标回收样评估样品在运输和贮藏过程中的稳定性。

（1）重复样品　重复样品能够评价不同采样过程的随机误差，包括：①分析误差，重复分析在实验室准备的同一个样品，能够估计出短期的分析误差；②分析与二次分样/转移的误差，分析采集于现场的平行双样（B1和B2），数据之间的差异能够估计出分析和采样的误差，这种差异包括贮存引起的误差，但不包括现场采样设备引起的误差；③分析与采样的误差，分析分别独立采

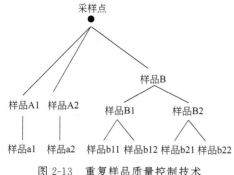

图 2-13　重复样品质量控制技术

集的样品（A1和A2），能够估计出采样和分析整个过程的误差。重复样品质量控制技术见图 2-13。

A1和A2的差异能够估算出包括现场采样、采样设备和容器、贮存和分析等整个采样和分析过程的误差。与A1和A2相比，B1和B2的差异已经排除了现场采样设备引起的误差。对于同一个样品进行双份或多份平行样测定，如b11、b12和b21、b22，它们之间的差异可以估算出分析的精密性。

（2）现场空白样和加标样　通过现场空白样可以确定样品是否受到污染，这种污染往往由采样容器污染引起，或者是在采样过程中引入，使用空白样还可以了解样品过滤等操作引起的误差。利用加标样对各种误差进行判定也是一种非常有效的质量控制技术，除了可以判定上述提到的各种系统误差外，还可以确定由于蒸发、吸附、生物等因素作用引起样品不稳定所产生的误差。例如，在实验室将1个去离子水样等分为A和B两个样，A样保存在实验室，B样带到采样现场后再等分为b1、b2和b3，其中，b1像现场采样一样用现场采样容器分装，b2则保留在原容器中，最后将样品带回实验室分析，b3加入已知浓度的目标化合物后，再分装成两个样b31和b32，b31像现场采样一样用现场采样容器分装，b32则保留在原容器中，最后将样品带回实验室分析。空白样和加标样质量控制技术见图 2-14。

比较A样和b1样的分析结果，可以确定从样品采集、保存到运输整个过程引起的误差；比较A样和b2样的分析结果，可以确定样品运输过程引起的误差；比较A样和b32样的分析结果，可以确定样品不稳定、污染和运输过程引起的误差；比较A

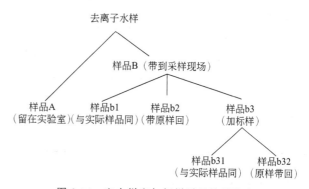

图 2-14　空白样和加标样质量控制技术

样和 b31 样的分析结果，可以确定样品采集整个过程引起的误差；比较 b1 样和 b2 样的分析结果，可以确定采样容器污染或者样品采集过程中其他操作引起的误差；比较 b2 样和 b32 样的分析结果，可以确定样品不稳定和污染引起的误差；比较 b31 样和 b32 样的分析结果，可以确定采样容器污染或者样品采集过程中其他操作引起的误差。除了用去离子水样加标的方式，还可用实际环境样品加标的方式进行质量控制工作。

二、采样标识和记录

样品注入样品瓶后，按照国家标准《水质采样 样品的保存和管理技术规定》中规定执行。现场记录在水质调查方案中非常重要，应从采样点到结束分析制表的过程中始终伴随着样品。采样标签上应记录样品的来源和采集时的状况（状态）以及编号等信息，然后将其粘贴到样品容器上。采样记录、交接记录与样品一同交给实验室。水质采样记录表见表 2-15。

表 2-15 水质采样记录表

监测站名_____ 年度_____

编号	河流湖库名称	采样月日	采样位置				气象参数					流速/(m/s)	流量/(m³/s)	现场测定记录						备注
			断面名称	垂线号	点位号	水深/m	气温/℃	气压/kPa	风向	风速/(m/s)	相对湿度/%			水温/℃	pH	溶解氧/(mg/L)	透明度/cm	电导率/(μS/cm)	感观指标描述	

采样人员：_____ 记录人员：_____

根据数据的最终用途确定所需要的采样资料。

地面水样的采集至少应该提供下列资料：测定项目、水体名称、地点的位置、采样点、采样方法、水位或水流量、气象条件、水温、保存方法、样品的表观（悬浮物质、沉降物质、颜色等）、有无臭气、采样日期、采样时间、采样人姓名等。

地下水样的采集至少应提供下列资料：测定项目、地点位置、采样深度、井的直径、保存方法、采样方法、含水层的结构、水位、水源的产水量、水的主要用途、气象条件、采样时的外观、水温、采样日期、采样时间、采样人姓名。

污水采样记录表见表 2-16。

表 2-16 污水采样记录表

监测站名_____ 年度_____

序号	企业名称	行业名称	采样口	采样口位置车间或出厂口	采样口流量/(m³/s)	采样时间		颜色	气味	备注
						月	日			

现场情况描述：_____
治理设施运行状况：_____
采样人员：_____ 企业接待人员：_____ 记录人员：_____

工作任务五
水样的预处理技术

环境水样所含组分复杂,并且多数污染组分含量低,存在形态各异,所以在分析测定之前,往往需要进行预处理,以得到欲测组分适合测定方法要求的形态、浓度和消除共存组分干扰的试样体系。在预处理过程中,常因挥发、吸附、污染等原因,造成欲测组分含量的变化,故应对预处理方法进行回收率考核。下面介绍常用的预处理方法。

一、水样的消解

当测定含有机物水样中的无机元素时,需进行消解处理。消解处理的目的是破坏有机物,溶解悬浮性固体,将各种价态的欲测元素氧化成单一高价态或转变成易于分离的无机化合物。消解后的水样应清澈、透明、无沉淀。消解水样的方法有湿式消解法和干式分解法(干灰化法)。

1. 湿式消解法

湿式消解法主要利用酸的氢离子效应及氧化、还原和络合等作用促进样品的分解。该方法操作简单,分解温度低,对容器腐蚀小,可批量操作;但分解速率慢,溶解能力差,消耗试剂多,易引入污染。常用的湿式消解法有以下几种。

(1) 硝酸消解法 对于较清洁的水样,可用硝酸消解。其方法要点是:取混匀的水样50~200mL于烧杯中,加入5~10mL浓硝酸,在电热板上加热煮沸,蒸发至小体积,试液应清澈透明,呈浅色或无色,否则,应补加硝酸继续消解。蒸至近干,取下烧杯,稍冷后加2% HNO_3(或HCl) 20mL,温热溶解可溶盐。若有沉淀,应过滤,滤液冷至室温后于50mL容量瓶中定容,备用。

(2) 硝酸-高氯酸消解法 两种酸都是强氧化性酸,联合使用可消解含难氧化有机物的水样。方法要点是:取适量水样于烧杯或锥形瓶中,加5~10mL硝酸,在电热板上加热、消解至大部分有机物被分解。取下烧杯,稍冷,加2~5mL高氯酸,继续加热至开始冒白烟,如试液呈深色,再补加硝酸,继续加热至冒浓厚白烟将尽(不可蒸至干涸)。取下烧杯冷却,用2% HNO_3溶解,如有沉淀,应过滤,滤液冷至室温定容备用。因为高氯酸能与羟基化合物反应生成不稳定的高氯酸酯,有发生爆炸的危险,故先加入硝酸,氧化水样中的羟基化合物,稍冷后再加高氯酸处理。

(3) 硝酸-硫酸消解法 两种酸都有较强的氧化能力,其中硝酸沸点低,而硫酸沸点高,二者结合使用,可提高消解温度和消解效果。常用的硝酸与硫酸的比例为5+2。消解时,先将硝酸加入水样中,加热蒸至小体积,稍冷,再加入硫酸、硝酸,继续加热蒸发至冒大量白烟,冷却,加适量水,温热溶解可溶盐,若有沉淀,应过滤。为提高消解效果,常加入少量过氧化氢。

(4) 硫酸-磷酸消解法 两种酸的沸点都比较高,其中硫酸氧化性较强,磷酸能与一些金属离子如Fe^{3+}等络合,故二者结合消解水样,有利于测定时消除Fe^{3+}等离子的干扰。

(5) 硫酸-高锰酸钾消解法 该方法常用于消解测定汞的水样。高锰酸钾是强氧化剂,在中性、碱性、酸性条件下都可以氧化有机物,其氧化产物多为草酸根,但在酸性介质中还可继续氧化。消解要点是:取适量水样,加适量硫酸和5%高锰酸钾溶液,混匀后加热煮沸,冷却,滴加盐酸羟胺溶液破坏过量的高锰酸钾。

(6) 多元消解法 为提高消解效果,在某些情况下需要采用三元以上酸或氧化剂消解体系。例如，处理测总铬的水样时，用硫酸、磷酸和高锰酸钾消解。

（7）碱分解法　当用酸体系消解水样造成易挥发组分损失时，可改用碱分解法，即在水样中加入氢氧化钠和过氧化氢溶液，或者氨水和过氧化氢溶液，加热煮沸至近干，用水或稀碱溶液温热溶解。

2. 干灰化法

干灰化法又称高温分解法。其处理过程是：取适量水样于白瓷或石英蒸发皿中，置于水浴上或用红外灯蒸干，移入马弗炉内，于 450～550℃ 灼烧到残渣呈灰白色，使有机物完全分解除去。取出蒸发皿，冷却，用适量 2% HNO_3（或 HCl）溶解样品灰分，过滤，滤液定容后供测定。

本方法不适用于处理测定易挥发组分（如砷、汞、镉、硒、锡等）的水样。

二、富集与分离

当水样中的欲测组分含量低于测定方法的测定下限时，就必须进行富集或浓集；当有共存干扰组分时，就必须采取分离或掩蔽措施。富集和分离过程往往是同时进行的，常用的方法有过滤、汽提、顶空、蒸馏、溶剂萃取、离子交换、吸附、共沉淀、层析等，要根据具体情况选择使用。

1. 汽提、顶空和蒸馏法

汽提、顶空和蒸馏法适用于测定易挥发组分的水样预处理。采用向水样中通入惰性气体或加热方法，将被测组分吹出或蒸出，达到分离和富集的目的。

（1）汽提法　该方法是把惰性气体通入调制好的水样中，将欲测组分吹出，直接送入仪器测定，或导入吸收液吸收富集后再测定。例如，用冷原子荧光法测定水样中的汞时，先将汞离子用氯化亚锡还原为原子态汞，再利用汞易挥发的性质，通入惰性气体将其吹出并送入仪器测定；用分光光度测定水样中的硫化物时，先使之在磷酸介质中生成硫化氢，再用惰性气体载入乙酸锌乙酸钠溶液吸收，达到与母液分离和富集的目的，其分离装置示如图 2-15 所示。

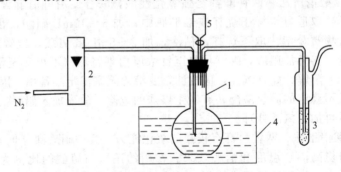

图 2-15　测定硫化物的吹气分离装置

1—500mL 平底烧瓶（内装水样）；2—流量计；3—吸收管（内装吸收液）；
4—50～60℃ 恒温水浴；5—分液漏斗

（2）顶空法　该方法常用于测定挥发性有机物（VOCs）或挥发性无机物（VICs）水样的预处理，测定时，先在密闭的容器中装入水样，容器上部留存一定空间，再将容器置于恒温水浴中，经过一定时间，容器内的气液两相达到平衡，欲测组分在两相中的分配系数 K 和两体积比分别为：

$$K=\frac{[X]_G}{[X]_L} \tag{2-5}$$

$$\beta = \frac{V_G}{V_L} \tag{2-6}$$

式中 $[X]_G$ 和 $[X]_L$——分别为平衡状态下预测物 X 在气相和液相中的浓度；

V_G 和 V_L——分别为气相和液相的体积。

根据物料平衡原理，可以推导出欲测物在气相中的平衡浓度 $[X]_G$ 和其在水样中原始浓度 $[X]_L^0$ 之间的关系式：

$$[X]_G = \frac{[X]_L^0}{K+\beta} \tag{2-7}$$

K 为预测组分在两相中的分配系数，其值大小与被处理对象的物理性质、水样组成、温度有关，可用标准试样在与水样同样条件下测知，而 β 值也已知，故当从顶空装置取气样测得 $[X]_G$ 后，即可利用上式计算出水样中欲测物的原始浓度 $[X]_L^0$。

(3) 蒸馏法 蒸馏法是利用水样中各污染组分具有不同的沸点而使其彼此分离的方法，分为常压蒸馏、减压蒸馏、水蒸气蒸馏、分馏法等。测定水样中的挥发酚、氰化物、氟化物时，均需在酸性介质中进行常压蒸馏分离；测定水样中的氨氮时，需在微碱性介质中常压蒸馏分离。在此，蒸馏具有消解、分离和富集三种作用。图 2-16 为挥发酚和氰化物蒸馏装置；图 2-17 为氟化物水蒸气蒸馏装置。

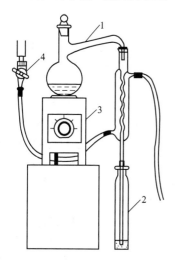
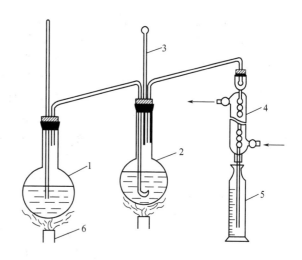

图 2-16 挥发酚、氰化物的蒸馏装置
1—500mL 全玻璃蒸馏器；2—接收瓶；
3—电炉；4—水龙头

图 2-17 氟化物水蒸气蒸馏装置
1—水蒸气发生瓶；2—烧瓶（内装水样）；3—温度计；
4—冷凝器；5—接收瓶；6—热源

2. 萃取法

用于水样预处理的萃取方法有溶剂萃取法、固体萃取法和超临界流体萃取法。

(1) 溶剂萃取法

① 原理。溶剂萃取法是基于物质在互不相溶的两种溶剂中分配系数不同，进行组分的分离和富集。欲分离组分在水相有机相中的分配系数 K 用下式表示：

$$K = \frac{\text{有机相中被萃取物浓度}}{\text{水相中被萃取物浓度}} \tag{2-8}$$

当水相中某组分的 K 值大时，表明易进入有机相，而 K 值很小的组分仍留在水相中。在恒定温度时，K 值为常数。

分配系数 K 中所指欲分离组分在两相中的存在形式相同，而实际并非如此，故常用分

配比 D 表示萃取效果，即：

$$D = \frac{\sum [A]_{有机相}}{\sum [A]_{水相}} \tag{2-9}$$

式中　$\sum [A]_{有机相}$——欲分离组分 A 在有机相中各种存在形式的总浓度；
　　　$\sum [A]_{水相}$——组分 A 在水相中的各种存在形式的总浓度。

分配比随被萃取组分的浓度、溶液的酸度、萃取剂的浓度及萃取温度等条件变化。只有在简单的萃取体系中，欲萃取组分在两相中存在形式相同时，K 才等于 D。分配比反映萃取体系达到平衡时的实际分配情况，具有较大的实用价值。

被萃取组分在两相中的分配情况还可以用萃取率 E 表示，其表达式为：

$$E = \frac{有机相中被萃取物的量}{水相和有机相中被萃取物的总量} \times 100\% \tag{2-10}$$

分配比（D）和萃取率（E）的关系如下：

$$E = \frac{D\sum[A]_{水相}V_{有机}}{D\sum[A]_{水相}V_{有机} + \sum[A]_{水相}V_{水相}} \times 100\% = \frac{D}{D + \dfrac{V_{水相}}{V_{有机}}} \tag{2-11}$$

式中　$V_{水}$——水相体积；
　　　$V_{有机}$——有机相体积。

当水相和有机相的体积相同时，D 和 E 的关系如图 2-18 所示。可见，当 $D=\infty$ 时，$E=100\%$，一次即可萃取完全；$D=100$ 时，$E=99\%$，一次萃取不完全；$D=10$ 时，$E=90\%$，需连续多次萃取才趋于萃取完全；$D=1$ 时，$E=50\%$，要萃取完全相当困难。

如果同一体系中，欲测组分 A 与干扰组分 B 共存，则只有二者的分配比 D_A 与 D_B 不等时才能分离，并且相差越大，分离效果越好。通常将 D_A 与 D_B 的比值称为分配系数。

② 萃取体系。由于有机溶剂只能萃取水相中以非离子状态存在的物质（主要是有机物质），而多数无机物质在水相中以水合离子状态存在，故无法用有机溶剂直接萃取。为实现用有机溶剂萃取，需先加入一种试剂，使其与水相中的离子态组分结合，生成一种不带电、易溶于有机

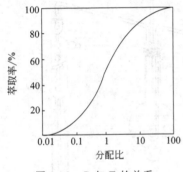

图 2-18　D 与 E 的关系

溶剂的物质。该试剂与有机相、水相共同构成萃取体系。例如，用 8-羟基喹啉-$CHCl_3$ 萃取水中的 Al^{3+}，因 Al^{3+} 不溶于 $CHCl_3$，故先将 Al^{3+} 与 8-羟基喹啉反应，使亲水的 Al^{3+} 转变成疏水性的有机大分子，再用 $CHCl_3$ 即可把 Al^{3+} 萃取出来，在此，8-羟基喹啉为萃取剂，$CHCl_3$ 为溶剂。

根据生成可萃取物类型不同，可分为螯合物萃取体系、离子缔合物萃取体系、三元络合物萃取体系和协同萃取体系等。在环境监测中，螯合物萃取体系应用最多。螯合物萃取体系是指在水中加入螯合剂，与被测金属离子生成易溶于有机剂的中性螯合物，从而被有机溶剂萃取出来。例如，用分光光度法测定水中的 Cd^{2+}、Hg^{2+}、Zn^{2+}、Pb^{2+}、Ni^{2+} 等，双硫腙（螯合剂）能与上述离子生成难溶于水的螯合物，可用三氯甲烷（或四氯化碳）从水中萃取后测定，三者构成双硫腙三氯甲烷水萃取体系。常用的螯合萃取剂还有吡咯烷基二硫代氨基甲酸铵（APDC）、二乙基二硫代氨基甲酸钠（NaDDC）等。常用的有机溶剂还有：4-甲基-二戊酮（MIBK）、2，6-二甲基-4-庚酮（DIBK）、乙酸丁酯等。水相中的有机污染物质，可根据"相似相溶"原则，选择适宜的有机溶剂直接进行萃取。例如，用 4-氨基安替比林分

光光度法测定水样中的挥发酚时，如果酚含量低于0.05mg/L，则经蒸馏分离后，需再用三氯甲烷萃取；用气相色谱法测定六六六、DDT时，需先用石油醚萃取；用红外分光光度法测定水样中的石油类和动植物油时，需要用四氯化碳萃取等。

【例2-1】 焦油废水中油分和酚的分离测定。

解 分离依据：油易溶于非极性的有机溶剂中，而酚在pH值较高时以离子状态存在于水相，在pH值较低时则以分子形式存在而易溶于有机溶剂。

萃取过程：

先调节废水的pH值为12 → 用CCl_4萃取油分 → 调节萃余液的pH值为5 → CCl_4萃取酚

③ 萃取条件。为获得满意的萃取效果，必须根据不同的萃取体系选择适宜的萃取条件，如选择效果好的萃取剂和有机溶剂，控制溶液的酸度，采取消除干扰的措施等。选择溶剂应遵循以下三点：a. 应根据待测组分疏水性的相对强弱来选择极性适当的溶剂，既保证待测组分被充分萃取进入有机溶剂相，同时又有很好的选择性。在萃取水性基质如生物样品中药物及其代谢物时，溶剂的极性越弱，萃取的选择性越高。一般原则是选择能完全溶解待测组分的所有溶剂中极性最弱的一种。为了调节溶剂的极性可以在己烷等非极性溶剂中加入一定比例的极性溶剂如醇类等。b. 应该选用低沸点的溶剂，以便于萃取后除去溶剂，浓缩试样。c. 选用低黏度的溶剂有利于与样品基质充分混合接触，提高萃取效率。

(2) 固相萃取法 固相萃取（solid-phase extraction，简称SPE）是近年发展起来一种样品预处理技术，由液固萃取和柱液相色谱技术相结合发展而来，主要用于样品的分离、纯化和浓缩，与传统的液液萃取法相比较可以提高分析物的回收率，更有效的将分析物与干扰组分分离，减少样品预处理过程，操作简单、省时、省力，广泛地应用在医药、食品、环境、商检、化工等领域。

① 原理。固相萃取法的萃取剂是固体，其工作原理基于：水样中欲测组分与共存干扰组分在固相萃取剂上作用力强弱不同，使它们彼此分离。固相萃取剂是含C_{18}或C_8、腈基、氨基等基团的特殊填料。例如，C_{18}键合硅胶是通过在硅胶表面作硅烷化处理而制得的一种颗粒物，将其装载在聚丙烯塑料、玻璃或不锈钢的短管中，即为柱型固相萃取剂。C_{18}键合硅胶制备反应如下：

硅胶表面—Si—OH, Si—OH, Si—OH + $C_{18}H_{37}SiCl_3$ → 硅胶表面—Si—O—Si—O—Si—$C_{18}H_{37}$

如果将C_{18}键合硅胶颗粒进一步加工制成以四氟乙烯为网络的膜片，即为膜片型固相萃取剂。

② 固相萃取装置。图2-19是一种膜片型固相萃取剂萃取装置。膜片安装在砂芯漏斗中，在真空抽气条件下，从漏斗加入水样，使其流过膜片，则被测组分保留在膜片上，溶剂和其他不易保留的组分流入承接瓶中，再加入适宜的溶剂，洗去膜片上不需要的已被吸附的组分，最后用洗脱液将保留在膜片上的被测组分淋洗下来，供分析测定。这种方法已逐渐被广泛应用于组分复杂水样的预处理，如对测定有机氯（磷）农药、苯二甲酸酯、多氯联苯等污染物水样的预处理。还可以将这种装置装配在流动注射分析（FIA）仪上，进行连续自动测定。

③ 固相萃取操作步骤。一个完整的固相萃取步骤包括固相萃取柱的预处理、上样、洗去干扰物质、洗脱及收集分析物四个步骤，见图2-20。

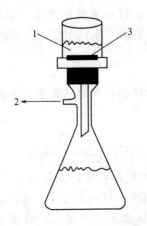
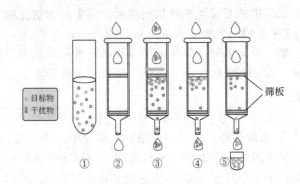

图 2-19 膜片型固相萃取剂萃取装置
1—水样；2—抽气；3—萃取膜片

图 2-20 固相萃取的基本操作步骤
①—样本；②—预淋洗；③—上样；④—洗涤；⑤—洗脱

第一步：萃取柱预处理。活化的目的是创造一个与样品溶剂相溶的环境并去除柱内所有杂质。通常用两种溶剂来完成，第一个溶剂（初溶剂）用于净化固定相，另一个溶剂（终溶剂）用于建立一个合适的固定相环境使样品分析物得到适当的保留。

第二步：上样，即样品加入到固相萃取柱并迫使样品溶剂通过固定相的过程，这时分析物和一些样品干扰物保留在固定相上，见图2-21。

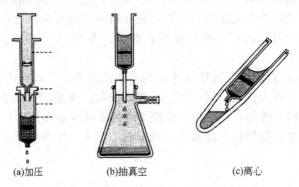

(a)加压　　　　(b)抽真空　　　　(c)离心

图 2-21 样品进入固定相吸附剂的方法

第三步：洗涤。分析物得到保留后，通常需要淋洗固定相以洗掉不需要的样品组分，淋洗溶剂的洗脱强度是略强于或等于上样溶剂。淋洗溶剂必须尽量地弱，以洗调尽量多的干扰组分，但不能强到可以洗脱任何一个分析物的程度。

第四步：洗脱。淋洗过后，假如较强的溶剂将分析物从固定相上洗脱。溶剂必须进行认真选择，溶剂太强，一些更强保留的不必要组分将被洗出来。溶剂太弱，就需要更多的洗脱液来洗出分析物，这样固相萃取柱的浓缩功效就会削弱。

(3) 超临界萃取　超临界萃取（supercritical fluid extraction, SFE）是近代化工分离中出现的高新技术，它是将传统的蒸馏和有机溶剂萃取结合一体。

① 超临界流体。纯净物质要根据温度和压力的不同，呈现出液体、气体、超临界气体萃取三种典型流程固体等状态变化。在温度高于某一数值时，任何大的压力均不能使该纯物质由气相转化为液相，此时的温度即被称之为临界温度 T_c；而在临界温度下，气体能被液化的最低压力称为临界压力 P_c。在临界点附近，会出现流体的密度、黏度、溶解度、热容量、介电常数等所有流体的物性发生急剧变化的现象。当物质所处的温度高于临界温度，压力大于临界压力时，该物质处于超临界状态，如图2-22所示。

温度及压力均处于临界点以上的液体叫超临界流体（supercritical fluid，简称 SCF）。例如：当水的温度和压强升高到临界点（$T=374.3℃$，$p=22.05\text{MPa}$）以上时，就处于一种既不同于气态，也不同于液态和固态的新的流体态——超临界态，该状态的水即称之为超临界水。

超临界流体的密度类似液体，因而溶剂化能力很强密度越大溶解性能越好；黏度接近于气体，具有很好的传递性能和运动速度；扩散系数比气体小，但比液体高一到两个数量级，具有很强的渗透能力。总之，超临界流体既具有液体的溶解能力又具有气体的扩散和传质能力。

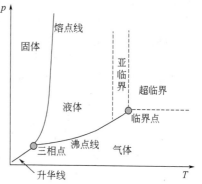

图 2-22　物质的压力-温度相位图

② 超临界萃取的原理。超临界萃取分离过程的原理是利用超临界流体的溶解能力与其密度的关系，即利用压力和温度对超临界流体溶解能力的影响而进行的。在超临界状态下，将超临界流体与待分离的物质接触，使其有选择性地把极性大小、沸点高低和分子量大小的成分依次萃取出来。当然，对应各压力范围所得到的萃取物不可能是单一的，但可以控制条件得到最佳比例的混合成分，然后借助减压、升温的方法使超临界流体变成普通气体，被萃取物质则完全或基本析出，从而达到分离提纯的目的，所以超临界流体萃取过程是由萃取和分离过程组合而成的。

③ 超临界 CO_2 流体萃取分离的过程。超临界 CO_2 流体萃取分离的过程见图 2-23。由钢瓶提供高纯液体（CO_2）经高压泵系统，流入保持在一定温度（高于 T_c）下的萃取池。在萃取池中可溶于 SCF 的溶质扩散分配溶解在 SCF 中，并随 SCF 一起流出萃取池，经阻尼器减压获升温后进入收集器，多余的 SCF 排空或循环使用。

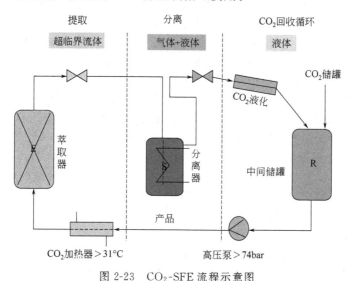

图 2-23　CO_2-SFE 流程示意图

3. 吸附法

吸附法是利用多孔性的固体吸附剂将水样中一种或数种组分吸附于表面，再用适宜溶剂加热或吹气等方法将欲测组分解吸，达到分离和富集的目的。按照吸附机理可分为物理吸附和化学吸附。物理吸附的吸附力是范德华引力；化学吸附是在吸附过程中发生了化学反应，如氧化、还原、化合、络合等反应。常用于水样预处理的吸附剂有活性炭、氧化铝、多孔高分子聚合物和巯基棉等。

活性炭可用于吸附金属离子或有机物。例如，对含微量 Cu^{2+}、Cd^{2+}、Pb^{2+}、Fe^{3+} 的水样，将其 pH 值调节到 4.0～5.5，加入适量活性炭，置于振荡器上振荡一定时间后过滤，取下炭层滤纸，在 60℃下烘干，再将其放入烧杯用少量浓热硝酸处理，蒸干后加入稀硝酸，使被测金属溶解，所得悬浮液进行离心分离，上清液供原子吸收光谱测定。试验结果表明，该方法的回收率可达 93% 以上。

多孔高分子聚合物吸附剂大多是具有多孔，且孔径均一的网状结构树脂，如 GDX（高分子多孔小球）、Tenax、PorapaK、XAD 等。这类吸附剂主要用于吸附有机物。例如，对测定痕量三卤代甲烷等多种卤代烃的水样作预处理时，先用汽提法将水样中的卤代烃吹出，送入内装 Tenax 的吸附柱进行富集。此后，将吸附柱加热，使被吸附的卤代烃解吸，并用氦气吹出，经冷冻浓集柱后，转入气相色谱质谱（GC-MS）分析系统。

巯基棉是一种含有巯基的纤维素，由巯基乙酸与棉纤维素羟基在微酸性介质中发生酯化反应制得，其反应式如下：

$$\underset{\text{(巯基乙酸)}}{CH_2\text{—}\underset{SH}{C}\text{—}\underset{O}{\overset{\|}{C}}\text{—}OH} + \underset{\text{(棉纤维)}}{R\text{—}OH} \longrightarrow \underset{\text{(巯基棉)}}{R\text{—}O\text{—}\underset{O}{\overset{\|}{C}}\text{—}CH_2\text{—}SH} + H_2O$$

巯基棉的巯基官能团对许多元素具很强的吸附力，可用于分离富集水样中的烷基汞、汞、铍、铜、铅、镉、砷、硒、碲等组分。对烷基汞（甲基汞、乙基汞）的吸附反应如下：

$$CH_3HgCl + H\text{—}SR \longrightarrow CH_3Hg\text{—}SR + HCl$$

水样预处理过程是：将 pH 值调至 3～4 的水样以一定流速通过巯基棉管，待吸附完毕，加入适量氯化钠盐酸解吸液，把富集在巯基棉上的烷基汞解吸下来，并收集在离心管内。向离心管中加入甲苯，振荡提取后静置分层，离心分离，所得有机相供色谱测定。

4. 离子交换法

该方法是利用离子交换剂与溶液中的离子发生交换反应进行分离的方法。离子交换剂分为无机离子交换剂和有机离子交换剂两大类，广泛应用的是有机离子交换剂，即离子交换树脂。

离子交换树脂是一种具有渗透性的三维网状高分子聚合物小球，在网状结构的骨架上含有可电离的活性基团，与水样中的离子发生交换反应。根据官能团不同，可分为阳离子交换树脂、阴离子交换树脂和特殊离子交换树脂。其中，阳离子交换树脂按照所含活性基团酸性强弱，又分为强酸型和弱酸型阳离子交换树脂；阴离子交换树脂按其所含活性基团碱性强弱，又分为强碱型和弱碱型阴离子交换树脂。在水样预处理中，最常用的是强酸型阳离子交换树脂和强碱型阴离子交换树脂。强酸型阳离子交换树脂含有 $—SO_3H$、$—SO_3Na$ 等活性基团，一般用于富集金属阳离子。强碱型阴离子交换树脂含有 $—N(CH_3)_3^+ X^-$ 基团，其中 X^- 为 OH^-、Cl^-、NO_3^- 等，能在酸性、碱性和中性溶液中与强酸或弱酸阴离子交换。特殊离子交换树脂含有螯合、氧化还原等活性基团，能与水样中的离子发生螯合或氧化、还原反应，具有良好的选择性吸附能力。

用离子交换树脂进行分离的操作程序如下。

(1) 交换柱的制备　如分离阳离子，则选择强酸型阳离子交换树脂。首先将其在稀盐酸中浸泡，以除去杂质并使之溶胀和完全转变成 H 式，然用蒸馏水洗至中性，装入充满蒸馏水的交换柱中；注意防止气泡进入树脂层。需要其他类型的树脂，均可用相应的溶液处理。如用 NaCl 溶液处理强酸型树脂，可转变成 Na 式，用 NaOH 溶液处理强碱型树脂，可转变成 OH 式等。

(2) 交换　将试液以适宜的流速倾入交换柱，则欲分离离子从上到下一层层地发生交换过程。交换完毕，用蒸馏水洗涤，洗下残留的溶液及交换过程中形成的酸、碱或盐类等。

(3) 洗脱　将洗脱溶液以适宜速度倾入洗净的交换柱，洗下交换在树脂上的离子，达到分离的目的。对阳离子交换树脂，常用盐酸溶液作为洗脱液；对阴离子交换树脂，常用盐酸溶液、氯化钠或氢氧化钠溶液作洗脱液。对于分配系数相近的离子，可用含有机络合剂或有机溶剂的洗脱液，以提高洗脱过程的选择性。

离子交换技术在富集和分离微量或痕量元素方面得到较广泛的应用。例如，测定天然水中 K^+、Na^+、Ca^{2+}、Mg^{2+}、SO_4^{2-}、Cl^- 等组分，可取数升水样，让其流过阳离子交换柱，再流过阴离子交换柱，则各组分交换在树脂上。用几十 mL 至 100mL 稀盐酸溶液洗脱阳离子，用稀氨液洗脱阴离子，这些组分的浓度能增加数十倍至百倍。又如，废水中的 Cr^{3+} 以阳离子形式存在，Cr（Ⅵ）以阴离子形式（CrO_4^{2-} 或 $Cr_2O_7^{2-}$）存在，用阳离子交换树脂分离 Cr^{3+}，而 Cr（Ⅵ）不能进行交换，留在流出液中，可测定不同形态的铬。欲分离 Ni^{2+}、Mn^{2+}、Co^{2+}、Cu^{2+}、Fe^{3+}、Zn^{2+} 可加入盐酸将它们转变为络阴离子，让其通过强碱性阴离子交换树脂，则被交换在树脂上，用不同浓度的盐酸溶液洗脱，可达到彼此分离的目的。Ni^{2+} 不生成络阴离子，不发生交换，在用 12mol/L HCl 溶液洗脱时，最先流出；接着用 6mol/L HCl 溶液洗脱 Mn^{2+}；用 4mol/L HCl 溶液洗脱 Co^{2+}；用 2.5mol/L HCl 溶液洗脱 Cu^{2+}；用 0.5mol/L HCl 溶液洗脱 Fe^{3+}；最后用 0.05mol/L HCl 溶液洗脱 Zn^{2+}。

5. 共沉淀法

共沉淀法是指溶液中一种难溶化合物在形成沉淀（载体）过程中，将共存的某些痕量组分一起载带沉淀出来的现象。共沉淀现象在常量分离和分析中是力图避免的，但却是一种分离富集痕量组分的手段。共沉淀的机理基于表面吸附、包藏、形成混晶和异电荷胶态物质相互作用等。

（1）利用吸附作用的共沉淀分离　该方法常用的载体有 $Fe(OH)_3$、$Al(OH)_3$、$Mn(OH)_2$ 及硫化物等。由于它们是表面积大、吸附力强的非晶形胶体沉淀，故富集效率高。例如，分离含铜溶液中的微量铝，仅加氨水不能使铝以 $Al(OH)_3$ 沉淀析出，若加入适量 Fe^{3+} 和氨水，则利用生成的 $Fe(OH)_3$ 作载体，将 $Al(OH)_3$ 载带沉淀出来，达到与母液中 $Cu(NH_3)_4^{2+}$ 分离的目的。

（2）利用生成混晶的共沉淀分离　当欲分离微量组分及沉淀剂组分生成沉淀时，如具有相似的晶格，就可能生成混晶共析出。例如，硫酸铅和硫酸锶的晶形相同，如分离水样中的痕量 Pb^{2+}，可加入适量 Sr^{2+} 和过量可溶性硫酸盐，则生成 $PbSO_4$-$SrSO_4$ 的混晶，将 Pb^{2+} 共沉淀出来。有资料介绍，以 $SrSO_4$ 作载体，可以富集海水中 10^{-8} 的 Cd^{2+}。

（3）用有机共沉淀剂进行共沉淀分离　有机共沉淀剂的选择性较无机沉淀剂好，得到的沉淀也较纯净，并且通过灼烧可除去有机共沉淀剂，留下欲测元素。例如，在含痕量 Zn^{2+} 的弱酸性溶液中，加入硫氰酸铵和甲基紫，由于甲基紫在溶液中电离成带正电荷的大阳离子 B^+，它们之间发生如下共沉淀反应：

$$Zn^{2+} + 4SCN^- \longrightarrow Zn(SCN)_4^{2-}$$
$$2B^+ + Zn(SCN)_4^{2-} \longrightarrow B_2Zn(SCN)_4（形成缔合物）$$
$$B^+ + SCN^- \longrightarrow BSCN\downarrow（形成载体）$$

$B_2Zn(SCN)_4$ 与 BSCN 发生共沉淀，因而将痕量 Zn^{2+} 富集于沉淀之中。又如，痕量 Ni^{2+} 与丁二酮肟生成螯合物，分散在溶液中，若加入丁二酮肟二烷酯（难溶于水）的乙醇溶液，则析出固相的丁二酮肟二烷酯，便将丁二酮肟镍螯合物共沉淀出来。丁二酮肟二烷酯只起载体作用，称为惰性共沉淀剂。

工作任务六
池塘水质监测布点、采样与样品保存实训

一、实验目的

1. 了解水样的主要采样器具和采样点布设的原则；

2. 掌握池塘、湖泊水样的基本采样操作方法；
3. 掌握水样的保存方法及预处理方法。

二、实验原理

1. 采样点布设原则

（1）采样垂线的确定　湖泊、水库通常只设采样垂线，当水体复杂时，可参考河流的有关规定设置采样断面。

① 在湖（库）的不同水域，如进水区、深水区、湖心区、岸边区，按照水体类别和功能设置采样垂线。

② 湖（库）若无明显功能区别，可用网格法均匀设置采样垂线，其垂线数根据湖（库）面积、湖内形成环流的水团及入湖（库）河流数等因素酌情确定。

③ 受污染物影响大的重要湖、库，在污染物主要输送路线上设置控制断面。

（2）采样点的确定　湖泊、水库采样垂线上采样点的布设与河流相同，但如果存在温度分层现象，则除了在水面下 0.5m 处和水底以上 0.5m 处设采样点外，还要在每个斜温层 1/2 处设采样点。

（3）采样点位置标志物　采样垂线（断面）和采样点确定后，其所在位置岸边应有固定的天然标志物；否则应设置人工标志物，或采样时用全球定位系统（GPS）定位，使每次采集的样品都取自同一位置，保证其代表性和可比性。

2. 样品的采集

采集的水样分为瞬时水样、混合水样和综合水样三种类型。

（1）采样前的准备　采样前，要根据监测项目的相知和采样方法要求，选择适宜材质的盛水器和采样器，并清洗干净。此外，准备好交通工具如船只等，确定采样量。

对采样器材质的要求是：化学性能稳定，大小形状适宜，不吸附预测组分，容易清洗并可反复使用。

（2）采样方法和采样器　在湖泊、水库中采样，常乘监测船或采样船、手划船等交通工具到采样点采集，也可涉水或在桥上采集。采集表层水样时，可用聚乙烯塑料桶等直接采集；采集深层水样时，可用简易采水器、深层采水器、采水泵、自动采水器等。

三、实验步骤

1. 准备工作

（1）采样知识和安全教育，采样者必须熟知采样步骤及安全注意事项。
（2）将试样容器洗涤干净，用吹风机干燥，并贴好标签。
（3）现场调查，设置采样垂线和采样点。

2. 采样步骤

（1）用采样器采集瞬时水样；
（2）将部分采集的水样移入 8 只棕色容量瓶，其中 4 只容量瓶加入适量 H_2SO_4 至溶液 pH<2，待运送回实验室后测定水质指标化 [COD, Cr(Ⅵ) 等]；
（3）现场测定水温、pH；
（4）记录测定数据，并记录采集水样周围的环境情况。

四、报告

1. 按实物绘出采样监测布点示意图。

2. 对采样情况进行记录，并对采样点编号，填表2-17。

表2-17 采样情况记录表

采样类型：_____ 采样时间：_____ 采样人员：_____

采样点编号	时间	水深/cm	温度/℃	pH值	采样点位置	采样点描述	水质特征

▶ 阅读材料

水污染防治行动计划（"水十条"）

环保部监测结果显示，2014年十大流域好于Ⅲ类水质断面比例是71.7%，Ⅳ、Ⅴ类是19.3%，劣Ⅴ类是9%，相对于2012年、2011年都有所改善。相对于2012年，好于Ⅲ类断面比例提高了2.7个百分点，劣Ⅴ类的比例下降了1.2个百分点。全国水环境的形势非常严峻，体现在三个方面：第一，就整个地表水而言，受到严重污染的劣Ⅴ类水体所占比例较高，全国约10%，有些流域甚至大大超过这个数，如海河流域劣Ⅴ类的比例高达39.1%。第二，流经城镇的一些河段，城乡接合部的一些沟渠塘坝污染普遍比较重，并且由于受到有机物污染，黑臭水体较多，受影响群众多，公众关注度高，不满意度高。第三，涉及饮水安全的水环境突发事件的数量依然不少。

水环境保护事关人民群众切身利益，事关全面建成小康社会，事关实现中华民族伟大复兴中国梦。当前，我国一些地区水环境质量差、水生态受损重、环境隐患多等问题十分突出，影响和损害群众健康，不利于经济社会持续发展。

为切实加大水污染防治力度，保障国家水安全，由环保部所属环境保护部环境规划院（中国环境规划院，CAEP）牵头编制了《水污染防治行动计划》（Water pollution control action plan），即"水十条"。2015年2月，中央政治局常务委员会会议审议通过《水十条》，4月2日出台。经过多轮修改的"水十条"将在污水处理、工业废水、全面控制污染物排放等多方面进行强力监管并启动严格问责制，铁腕治污将进入"新常态"。《水污染防治行动计划》是当前和今后一个时期全国水污染防治工作的行动指南。

行动计划提出，到2020年，全国水环境质量得到阶段性改善，污染严重水体较大幅度减少，饮用水安全保障水平持续提升，地下水超采得到严格控制，地下水污染加剧趋势得到初步遏制，近岸海域环境质量稳中趋好，京津冀、长三角、珠三角等区域水生态环境状况有所好转。到2030年，力争全国水环境质量总体改善，水生态系统功能初步恢复。到本世纪中叶，生态环境质量全面改善，生态系统实现良性循环。

主要指标是：到2020年，长江、黄河、珠江、松花江、淮河、海河、辽河等七大重点流域水质优良（达到或优于Ⅲ类）比例总体达到70%以上，地级及以上城市建成区黑臭水体均控制在10%以内，地级及以上城市集中式饮用水水源水质达到或优于Ⅲ类比例总体高于93%，全国地下水质量极差的比例控制在15%左右，近岸海域水质优良（一、二类）比例达到70%左右。京津冀区域丧失使用功能（劣于Ⅴ类）的水体断面比例下降15个百分点左右，长三角、珠三角区域力争消除丧失使用功能的水体。到2030年，全国七大重点流域水质优良比例总体达到75%以上，城市建成区黑臭水体总体得到消除，城市集中式饮用水水源水质达到或优于Ⅲ类比例总体为95%左右。

为实现以上目标，行动计划确定了十个方面的措施：

一是全面控制污染物排放。针对工业、城镇生活、农业农村和船舶港口等污染来源,提出了相应的减排措施。

二是推动经济结构转型升级。加快淘汰落后产能,合理确定产业发展布局、结构和规模,以工业水、再生水和海水利用等推动循环发展。

三是着力节约保护水资源。实施最严格水资源管理制度,控制用水总量,提高用水效率,加强水量调度,保证重要河流生态流量。

四是强化科技支撑。推广示范先进适用技术,加强基础研究和前瞻技术研发,规范环保产业市场,加快发展环保服务业。

五是充分发挥市场机制作用。加快水价改革,完善收费政策,健全税收政策,促进多元投资,建立有利于水环境治理的激励机制。

六是严格环境执法监管。严惩各类环境违法行为和违规建设项目,加强行政执法与刑事司法衔接,健全水环境监测网络。

七是切实加强水环境管理。强化环境治理目标管理,深化污染物总量控制制度,严格控制各类环境风险,全面推行排污许可。

八是全力保障水生态环境安全。保障饮用水水源安全,科学防治地下水污染,深化重点流域水污染防治,加强良好水体和海洋环境保护。整治城市黑臭水体,直辖市、省会城市、计划单列市建成区于2017年底前基本消除黑臭水体。

九是明确和落实各方责任。强化地方政府水环境保护责任,落实排污单位主体责任,国家分流域、分区域、分海域逐年考核计划实施情况,督促各方履责到位。

十是强化公众参与和社会监督。国家定期公布水质最差、最好的10个城市名单和各省(区、市)水环境状况。加强社会监督,构建全民行动格局。

本章小结

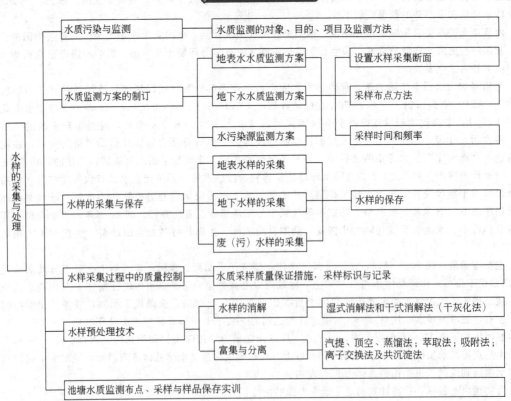

思考与练习

一、名词解释
1. 水体自净　　2. 对照断面　　3. 控制断面　　4. 消减断面　　5. 背景断面
6. 瞬时水样　　7. 混合水样　　8. 综合水样　　9. 汽提法　　10. 比例混合水样

二、判断题（正确的划"√"，错误的划"×"）
1. 色度和浊度物质引起的水质污染属于化学型污染类型。（　）
2. 为评价某一完整水系的污染程度，未受人类生活和生产活动影响而设置的断面是背景断面。（　）
3. 排污渠每年采样不少于一次，背景断面每年采样不少于 6 次。（　）
4. 当水深不足 1m 时，在 1/2 水深处设置监测点。（　）
5. 在工厂废水总排放口布设采样点的目的是监测一类污染物。（　）
6. 当流量不固定、所测参数不恒定时，应采集瞬时水样。（　）
7. 通常硬质玻璃容器常用作测定金属、放射性元素和其他无机物的水样容器，塑料容器常用作测定有机物和生物类等的水样容器。（　）
8. 测定溶解氧、BOD 生化需氧量、pH 等项目的水样，在装取水样（或者采样）后至少留出占容器体积 10% 的空间，以满足分析前样品的充分摇匀。（　）
9. 测定油类的水样必须用石蜡封住采样容器器口。（　）
10. 硝酸-高氯酸消解法消解水样时，应先加硝酸，再加高氯酸处理。（　）
11. 下列水样保存剂的作用是否正确：

分析项目	保存剂	作用	判断
氮、磷	$HgCl_2$	防止沉淀	
金属	HNO_3	与有机碱形成盐	
酚类等	NaOH	与易挥发化合物形成盐类	

12. 测定溶解氧的水样，要带回实验室后再加固定剂。（　）
13. 测定硅、硼项目的水样可使用任何玻璃容器。（　）
14. 测定油类的采样容器，按一般通用洗涤方法洗涤后，还要用萃取剂（如石油醚）荡洗 2~3 次。（　）
15. 测定油类的样品，可选用任何材质的容器。（　）
16. 可用硬质玻璃瓶装含氟水样。（　）
17. 测定铬的容器，只能用 10% 硝酸泡洗，不能用铬酸洗液或盐酸洗液洗涤。（　）
18. 湖泊水库不需设置对照断面、控制断面和消减断面。（　）
19. 测定总氰的水样，现场加 H_2SO_4 固定。（　）
20. 抑制水样的细菌生长可采用加入氯化汞和冷冻。（　）

三、填空题
1. 水污染分为＿＿＿＿、＿＿＿＿和＿＿＿＿三种类型。
2. 水质监测的对象有＿＿＿＿和＿＿＿＿。
3. 我国环境保护部颁布的水质分析方法标准有＿＿＿＿、＿＿＿＿和等效方法三个层次。
4. 水质监测断面主要有＿＿＿＿、＿＿＿＿、＿＿＿＿和＿＿＿＿。

5. 对于较大水系干流和中、小河流全年采样不少于_____次；采样时间为_____、_____和_____。
6. 地下水的监测重点是_____；其采样点通常分为_____和_____。
7. 需要测定水质中某污染物的平均浓度时，需要采集_____水样。
8. 采集到的水样在放置期间，一般受_____、_____、_____因素的影响，待测组分的价态或形态易发生变化。水样保存技术只能减缓水样中的各种变化，其保存方法有_____、_____和_____等。
9. 河流采样断面垂线布设是：河宽≤50m的河流，可在_____设_____条垂线；河宽＞100m的河流，在_____设_____条垂线；河宽50~100m的河流，可在_____设_____条垂线。
10. 湖泊、水库断面垂线的布设：可在湖（库）区的_____（如水质监测采样断面的布设，要求污染源对水体水质有影响的河）按_____分别设垂线。
11. 在一条垂线上，当水深_____时，可设一点，具体位置在_____，当水深_____时，应设两点，具体位置分别是_____。
12. 测定水体中无机物项目时，一般以_____作为容器，而测定有机物项目时，一般以_____作为容器。
13. 请按要求填写下表：

分析项目	采样容器	保存方法	保存时间
COD_{Cr}			
$Cr(Ⅵ)$			
总氰化物			
挥发酚			

14. 水质监测采样断面的布设，在污染源对水体水质有影响的河段，一般需设_____断面、_____断面和_____断面。
15. 水质采样需要在现场测定的项目有_____、_____、_____、_____和_____。
16. 测总氮的水样装入_____中，加_____，可保存_____。
17. 除测定溶解氧和生化需氧量的水样外，其他测定项目的水样采集时_____。应留有_____的空隙，以防_____。
18. 水样的消解方法主要有_____和_____。

四、选择题

1. 我国环境监测总站提出了（　　）种水环境优先监测污染物黑名单。
   A. 129　　　B. 561　　　C. 68　　　D. 164
2. 下列监测分析方法中，属于环境污染纠纷法定的仲裁方法是（　　）。
   A. 国家标准分析方法　　　B. 统一分析方法
   C. 等效方法　　　D. 国际标准方法
3. 对于某一河段，不需要设置的监测断面是（　　）。
   A. 背景断面　　　B. 对照断面　　　C. 控制断面　　　D. 削减断面
4. 为了解水环境受污染程度及其变化情况，用来反映某排污区（口）排放的污水对水质的影响而设置的断面是（　　）。
   A. 背景断面　　　B. 对照断面　　　C. 控制断面　　　D. 削减断面

5. 在水质监测中,所测河段的对照断面一般设（　　）个。
A. 1　　　　　B. 2　　　　　C. 3　　　　　D. 4
6. 能够提供某一区域水环境本底值的断面是（　　）。
A. 背景断面　　B. 对照断面　　C. 控制断面　　D. 削减断面
7. 削减断面通常设在城市或工业区最后一个排污口下游（　　）m以外的河段上。
A. 100　　　　B. 500　　　　C. 1000　　　　D. 1500
8. 当水面宽度为30m和80m时,采样垂线数分别为（　　）条和（　　）条。
A. 1　　　　　B. 2　　　　　C. 3　　　　　D. 4
9. 当水深5～10m时,采样点数为（　　）个。
A. 1　　　　　B. 2　　　　　C. 3　　　　　D. 4
10. 水质采样的采样点设置,上层是指水面下（　　）m处。
A. 0.5　　　　B. 1　　　　　C. 1.5　　　　D. 2
11. 下列水质监测项目应现场测定的是（　　）。
A. COD　　　　B. 挥发酚　　　C. 六价铬　　　D. pH
12. 测定某化工厂的汞含量,其取样点应是（　　）。
A. 工厂总排污口　　　　　　　B. 车间排污口
C. 简易汞回收装置排污口　　　D. 取样方便的地方
13. 测铬的样品容器,只能用（　　）浸洗。
A. 盐酸　　　　B. 铬酸　　　　C. 10%硝酸　　D. 硫酸
14. 对需要测汞的水样常加入（　　）或（　　）阻止生物作用。
A. 苯　　　　　B. 三氯甲烷　　C. 氯化汞　　　D. 盐酸
15. 测定溶解氧的水样应在现场加入（　　）作保存剂。
A. H_2SO_4　　B. HNO_3　　C. $HgCl_2$　　D. $MnSO_4$和KI-叠氮化钠
16. 测定COD的水样,应现场加入（　　）作保存剂。
A. H_2SO_4　　B. HNO_3　　C. NaOH　　　D. HCl
17. 水样金属、无机非金属、有机物测定时常用的预处理方法分别是（　　）。
A. 消解、蒸馏、萃取　　　　　B. 消解、萃取、蒸馏
C. 消解、蒸馏、挥发　　　　　D. 蒸馏、消解、萃取
18. 在水样中加入（　　）是为防止金属沉淀。
A. H_2SO_4　　B. NaOH　　　C. $CHCl_3$　　D. HNO_3
19. 当测定溶解氧、pH等不稳定的参数时,应采集（　　）。
A. 瞬时水样　　B. 周期水样　　C. 连续水样　　D. 混合水样
20. 测定溶解气体（如溶解氧）的水样,常用（　　）采集水样。
A. 简易采水器　B. 双瓶采水器　C. 泵式采水器　D. 废（污）水自动采水器
21. 下列物质中,不是水样保存时的生物抑制剂的是（　　）。
A. $CuSO_4$　　B. $HgCl_2$　　C. 苯　　　　　D. 抗坏血酸
22. 适用于测定易挥发组分的水样预处理方法是（　　）。
A. 汽提、蒸馏法　B. 萃取法　　C. 吸附法　　　D. 离子交换法

五、简答题

1. 简要说明监测各类水体水质的主要目的和确定监测项目的原则。
2. 怎样制订地面水体水质的监测方案?以河流为例,说明如何设置监测断面和采样点?
3. 对于工业废水排放源,怎样布设采样点和确定采样类型?
4. 水样保存的目的是什么?有哪几种保存方法?试举几个实例说明怎样根据被测物质

的性质选用不同的保存方法。

5. 水样在分析测定之前，为什么进行预处理？预处理包括哪些内容？

6. 现有一废水样品，经初步分析，含有微量汞、铜、铅和痕量酚，欲测定这些组分的含量，试设计一个预处理方案。

7. 25℃时，Br_2 在 CCl_4 和水中的分配比为 29.0，试问：（1）水溶液中的 Br_2 用等体积的 CCl_4 萃取，萃取率为多少；（2）水溶液中的 Br_2 用 1/2 体积的 CCl_4 萃取，其萃取率又为多少？

8. 怎样用萃取法从水样中分离富集欲测有机污染物质和无机污染物质？各举一实例。

学习情境三

空气样品的采集与处理技术

知识目标

- 了解空气样品的类型和空气检测物浓度的表示方法
- 掌握气体的采样方法及采样仪器的使用
- 掌握气体采样方案的设计方法
- 掌握与空气样品取样有关的安全知识

能力目标

- 能够根据空气样品取样标准方法进行取样操作
- 能够正确处理有关取样操作中的技术和安全问题
- 能够正确处理和保存样品

空气样品（air sample）具有流动性和易变性，空气中有害物质的存在状态、浓度和分布状况易受气象条件的影响而发生变化，要正确地反映空气污染的程度、范围和动态变化的情况，必须正确采集空气样品。否则，即使采用灵敏和精确的分析方法，所测得的结果也不能代表现场空气污染的真实情况。因此，空气样品的采集是空气理化检验中至关重要的环节。

空气样品的采集原则是根据监测目的和检验项目，采集具有代表性的样品，以保证空气理化检验结果的真实性和可靠性。为此，在对采样现场调查的基础上，应该选择好采样点、采样时间和频率；要根据待测物在空气中的存在状态、理化性质、浓度和分析方法的灵敏度选择合适的采样方法和采样量；正确使用采样仪器，要建立相应的空气采样质量保证体系；在采样过程中尽量避免采样误差；在样品的采集、运输、贮存、处理和分析等过程中，要确保样品待测组分稳定，不变质，不受污染；保证采集到足够的样品量，以满足分析方法的要求。

根据检测目的的不同，本章按大气、工作场所和室内环境分别阐述空气样品采样点的选择；根据待测物在空气中的存在状态，按空气中气态、气溶胶和两种状态共存的污染物分别介绍空气样品的采集方法和原理以及最小采气量和采样效率等基本概念。

工作任务一
了解空气污染及空气样品的类型

一、空气污染

1. 大气、空气和大气污染

大气系指包围在地球周围的气体,其厚度达1000~1400km,其中,对人类及生物生存起着重要作用的是近地面约10km内的气体层(对流层),常称这层气体为空气层。可见,空气的范围比大气范围小得多,但空气层的质量却占大气总质量的95%左右。在环境污染领域中,"空气"和"大气"常作为同义词使用。

大气是由多种物质组成的混合物。清洁干燥的空气主要组分是:氮78.06%、氧20.95%、氩0.93%。这三种气体的总和约占总体积的99.94%,其余尚有十多种气体总和不足0.1%。干燥的空气不包括水蒸气,而实际空气中水蒸气是重要组成部分,其浓度随地理位置和气象条件不同而异,干燥地区可低至0.02%,而暖湿地区可高达0.46%。

清洁的空气是人类和生物赖以生存的环境要素之一。在通常情况下,每人每日平均吸入$10\sim12m^3$的空气,在$60\sim90m^2$的肺泡面积上进行气体交换,吸收生命所必需的氧气,以维持人体正常生理活动。

随着工业及交通运输等事业的迅速发展,特别是煤和石油的大量使用,将产生的大量有害物质和烟尘、二氧化硫、氮氧化物、一氧化碳、烃类化合物等排放到大气中,当其浓度超过环境所能允许的极限并持续一定时间后,就会改变大气特别是空气的正常组成,破坏自然的物理、化学和生态平衡体系,从而危害人们的生活、工作和健康,损害自然资源及财产、器物等。这种情况即被称为大气污染或空气污染(air pollution)。

2. 大气污染对人和生物的危害

大气污染对人体健康的危害可分为急性作用和慢性作用。急性作用是指人体受到污染的空气侵袭后,在短时间内即表现出不适或中毒症状的现象。历史上曾发生过数起急性危害事件,例如,伦敦烟雾事件,造成空气中二氧化硫高达$3.5mg/m^3$,总悬浮颗粒物达$4.5mg/m^3$,一周雾期内伦敦地区死亡4703人;洛杉矶光化学烟雾事件是由于空气中碳氢化合物和氮氧化物急剧增加,受强烈阳光照射,发生一系列光化学反应,形成臭氧、过氧乙酰硝酸酯(PAN)和醛类等强氧化剂烟雾造成的,致使许多人喉头发炎,鼻、眼受刺激红肿,并有不同程度的头痛。慢性作用是指人体在低污染物浓度的空气长期作用下产生的慢性危害。这种危害往往不易引人注意,而且难于鉴别,其危害途径是污染物与呼吸道黏膜接触;主要症状是眼、鼻黏膜刺激、慢性支气管炎、哮喘、肺癌及因生理机能障碍而加重高血压心脏病的病情。实践证明,美、日、英等工业发达国家近30年来患呼吸道疾病人数和死亡率不断增加,就是这种慢性危害的结果。此外,随着工业、交通运输等事业的发展,空气中致癌物质的种类和数量也在不断增加。根据动物试验结果,能确定有致癌作用的物质达数十种,如某些多环芳香烃和脂肪烃,砷、镍、铍等金属。近年世界各国肺癌发病率和死亡率明显上升,特别是工业发达国家增长尤其快,而且城市高于农村;虽然肺癌的病因至今不完全清楚,但大量事实说明空气污染是重要致病因素之一,且空气污染程度与居民肺癌死亡率之间呈一定正相关关系。

大气污染对动物的危害与对人体的危害情况相似。对植物的危害可分为急性、慢性和不可见三种。急性危害可导致作物产量显著降低,甚至枯死,常根据受害初期叶片上出现变色斑点来判断慢性危害会影响植物的正常发育,但大多数症状不明显,难以判断。不可见危害只造成植物生理上的障碍，使植物的生长在一定程度上受到抑制，但从外观上一般看不出症状。欲判断大气污染对植物造成的慢性和不可见危害情况，需采用植物生产力测定、受害叶片内污染物的分析等方法。

3. 大气污染物及其存在状态

大气污染物的种类不下数千种，已发现有危害作用而被人们注意到的有一百多种，其中大部分是有机物。依据大气污染物的形成过程，可将其分为一次污染物和二次污染物。

一次污染物是直接从各种污染源排放到大气中的有害物质。常见的主要有二氧化硫、氮氧化物、一氧化碳、烃类化合物、颗粒性物质等。颗粒性物质中包含苯并[α]芘等强致癌物质、有毒重金属、多种有机和无机化合物等。

二次污染物是一次污染物在大气中相互作用或它们与大气中的正常组分发生反应所产生的新污染物。这些新污染物与一次污染物的化学、物理性质完全不同，多为气溶胶，具有颗粒小、毒性一般比一次污染物大等特点。常见的二次污染物有硫酸盐、硝酸盐、臭氧、醛类（乙醛和丙烯醛等）、过氧乙酰硝酸酯（PAN）等。

4. 大气污染源

大气污染源可分为自然污染源和人为污染源两种。自然污染源是由于自然现象造成的，如火山爆发时喷射出大量粉尘、二氧化硫气体等；森林火灾产生大量二氧化碳、烃类化合物、热辐射等。人为污染源是由于人类的生产和生活活动造成的，是大气污染的主要来源，主要有以下几种。

（1）工业企业排放的废气　在工业企业排放的废气中，排放量最大的是以煤和石油为燃料，在燃烧过程中排放的粉尘、SO_2、NO_x、CO、CO_2等，其次是工业生产过程中排放的多种有机和无机污染物质。表 3-1 列出各类工业企业向大气中排放的主要污染物。

表 3-1　各类工业企业向大气排放的主要污染物

部门	企业类别	排出主要污染物
电力	火力发电厂	烟尘、SO_2、NO_x、CO、苯并[α]芘等
冶金	钢铁厂	烟尘、SO_2、CO、氧化铁尘、氧化锰尘、锰尘等
	有色金属冶炼厂	粉尘(Cu、Cd、Pb、Zn等重金属)、SO_2等
	焦化厂	烟尘、SO_2、CO、H_2S、酚、苯、萘、烃类等
化工	石油化工厂	SO_2、H_2S、NO_x、氰化物、氯化物、烃类等
	氮肥厂	烟尘、NO_x、CO、NH_3、硫酸气溶胶等
	磷肥厂	烟尘、氟化氢、硫酸气溶胶等
	氯碱厂	氯气、氯化氢、汞蒸气等
	化学纤维厂	烟尘、H_2S、NH_3、CS_2、甲醇、丙酮等
	硫酸厂	SO_2、NO_x、砷化物等
	合成橡胶厂	烯烃类、丙烯腈、二氯乙烷、二氯乙醚、乙硫醇、氯甲烷等
	农药厂	砷化物、汞蒸气、氯气、农药等
	冰晶石厂	氟化氢等
机械	机械加工厂	烟尘等
	造纸厂	烟尘、硫醇、H_2S等
	灯泡厂	烟尘、汞蒸气等
	仪表厂	汞蒸气、氰化物等
建材	水泥厂	水泥尘、烟尘等

（2）家庭炉灶与取暖设备排放的废气 这类污染源数量大、分布广、排放高度低，排放的气体不易扩散，在气象条件不利的时候往往会造成严重的大气污染，是低空大气污染不可忽视的污染源，排气中的主要污染物是烟尘、SO_2、CO、CO_2等。

（3）汽车排放的废气 在交通运输工具中，汽车数量最大，排放的污染物最多，并且集中在城市，故对大气环境特别是城市大气环境影响大。在一些发达国家，汽车排气已成为一个严重的大气污染源。如美国的大气污染 80% 来自汽车的排气；光化学烟雾在洛杉矶屡有发生就是汽车排气中的污染物与适宜的气象条件相结合的产物。

二、空气检测物存在形态

空气中检测物的存在状态，取决于它们本身的理化性质和形成过程，气象条件也有一定影响，空气检测物有气体、蒸气和气溶胶三种存在状态。根据存在状态的不同，空气检测物可分为气体、蒸气和气溶胶状态检测物。

1. 气体和蒸气状态检测物

（1）气体状态检测物 气体（Gas）状态检测物是指在常温、常压下以气体状态分散在空气中的检测物。常见的气体状态检测物有 SO_2、CO、CO_2、NO_2、NH_3、H_2S、HF 等，它们的沸点都比较低，在常温常压下以气体形式存在，从污染源进入空气后，仍然以分子形式存在。

（2）蒸气状态检测物 蒸气（vapour）状态检测物是指固态或液态物质受热升华或挥发而分散在空气中的检测物。例如汞蒸气、苯蒸气和硫酸蒸气等。蒸气遇冷后，仍能逐渐恢复至原有的固体或液体状态。

气体和蒸气状态检测物均匀地分布在空气中，它们的运动速度较大，可以扩散到较远的地方。不同的气体或蒸气的密度各不相同，相对密度大的向下沉降，相对密度小的可以长时间的飘浮在空气中。

2. 气溶胶状态检测物

气溶胶（aerosol）是由固态颗粒和液态颗粒分散在空气中形成的一种多相分散体系。气溶胶粒度大小不同，其化学和物理学性质差异也很大。极细的颗粒几乎与气体和蒸气一样，它们受布朗运动支配，在空气中经过碰撞，能聚集或凝聚成较大的颗粒，而较大的颗粒因受重力影响很大，很少聚集或凝聚，易沉降。气溶胶状态检测物的化学性质受颗粒物的化学组成和表面所吸附物质的影响。目前对于气溶胶尚无统一的分类方法。

（1）按物理形态分类 通常根据气溶胶的物理形态可分为尘（dust）、烟（smoke）和雾（fog）。尘是由各种机械作用粉碎而成的颗粒，其化学性状与母体材料相同。烟是燃烧产物，是炭粒、水汽、灰分等燃烧产物的混合物。雾是悬浮在空气中的液体微粒，粒径一般在 $10\mu m$ 以下。雾一般由蒸气冷凝或液体雾化而产生，如硫酸雾、硝酸雾等。气象学上是指使大气能见度减小到 1km 内的水滴悬浮体系。

（2）按形成方式分类 气溶胶按其形成方式分为以下三类

① 分散性气溶胶。由固态或液态物质经粉碎或喷射，形成微小粒子，分散在空气中形成的气溶胶称为分散性气溶胶。如煤粉尘、矿石粉尘属于固态分散性气溶胶；硫酸雾、喷洒农药产生的微小液滴属于液态分散性气溶胶。

② 凝聚性气溶胶。由气体或蒸气（其中包括固态升华而成的蒸气）遇冷凝聚成液态或固态微粒形成的气溶胶称为凝聚性气溶胶。例如金属冶炼时，形成的金属氧化物烟尘；有机溶剂遇冷凝聚形成的雾滴等，这些都属于凝聚性气溶胶。

③ 化学反应形成的气溶胶。有些一次检测物在空气中可发生多种化学反应，形成颗粒

状物质，悬浮在空气中形成气溶胶。这种气溶胶称为化学反应形成的气溶胶；如 NO_2、SO_2 在一定条件下氧化并与水反应生成硝酸、亚硝酸和硫酸，再与空气中无机尘粒反应形成硝酸盐、亚硝酸盐和硫酸盐气溶胶。

空气气溶胶不仅参与空气中云、雨、雾、雪等湿沉降过程，而且还造成一系列的环境问题，如臭氧层破坏、酸雨的形成、烟雾事件的发生等。空气气溶胶颗粒的化学成分、粒径大小和浓度不同时，对环境和健康的影响程度也不同。近年来，人们进一步认识到空气气溶胶的细颗粒物 PM_{10}、$PM_{2.5}$ 易于富集空气中的有毒重金属、酸性氧化物、有机检测物、细菌和病毒等，细颗粒气溶胶可附着于呼吸道，甚至进入肺部沉积，对人体健康危害极大。因此，对气溶胶的检验是空气污染监测的重要部分。

空气检测物的存在状态非常复杂，许多检测物以多种状态存在于空气中。例如 SO_2、NO_x 在空气中可以气态存在，也可与 NH_3 反应生成硫酸铵和硝酸铵以气溶胶状态存在；PAHs 多数聚集在颗粒物表面以气溶胶状态存在，也可能以 PAHs 蒸气状态存在。因此，采样时应该根据气溶胶的实际存在状态，选用正确的采样方法，确保采样效率，以便获得正确的检验结果。

三、空气检测物浓度的表示方法

1. 空气检测物浓度的表示方法

空气检测物的浓度通常表示方法有以下几种。

(1) 质量体积浓度　这种方法以每立方米空气中含有物质的毫克数表示，单位为 mg/m^3。这是我国法定计量单位之一，可用于表示气体、蒸气和气溶胶状态空气检测物的浓度。

(2) 体积浓度　指每立方米空气中含有检测物的毫升数，单位为 mL/m^3。这种表示法仅适用于表示气体和蒸气状态检测物的浓度，不适用于气溶胶状态检测物的浓度。

(3) 数量浓度　指每立方米空气中含有多少个分子、原子或自由基，单位为个数$/m^3$。通常用来表示空气中浓度水平极低的检测物的含量。

我国颁布的居住区大气和车间空气中有害物质的最高容许浓度以及室内空气质量卫生标准中空气检测物的浓度均以 mg/m^3 表示。

2. 体积标准换算

在测定空气中有害物质时，不同现场的气象条件可能不同，为了使污染物的测定结果具有可比性，必须将采样体积换算成标准状况下的体积，再进行空气中有害物质浓度的计算。因此，采样时应记录采样现场的气温和气压，并根据气体状态方程将其换算成标准状况下的采样体积。

$$V_0 = V_t \times \frac{T_0}{T} \times \frac{P}{P_0} = V_t \times \frac{273}{T} \times \frac{P}{101.325} \tag{3-1}$$

式中，V_0 为标准状况下的采样体积，m^3；V_t 为实际采样体积，m^3；T_0 为标准状况下的绝对温度，273K；T 为采样时的绝对温度，K；P_0 为标准状况下的大气压 101.325kPa；P 为采样时的大气压，kPa。

【例 3-1】 测定某采样点大气中的 NO_x 时，用装有 5mL 吸收液的筛板式吸收管采样，采样流量为 0.30L/min，采样时间为 1h，采样后用分光光度法测定并计算得知全部吸收液中含 2.0μg NO_x，已知采样点的温度为 5℃，大气压力为 100kPa，求气样中的 NO_x 含量。

解 （1）求采样体积 V_t 和 V_0。

$$V_t = 0.30 \times 60 = 18 \text{(L)}$$

$$V_0 = 18 \times \frac{273}{273+5} \times \frac{100}{101.325} = 17.445 \text{(L)}$$

（2）求 NO_x 的含量（以 NO_2 计）

用 mg/m^3 表示时：

$$w(NO_2) = \frac{2.0 \times 10^{-3}}{17.445 \times 10^{-3}} = 0.11 \text{(mg/m}^3\text{)}$$

工作任务二 大气采样方案的设计

空气样品的采集原则是根据监测目的和检验项目，采集具有代表性的样品，以保证空气理化检验结果的真实性和可靠性。为此，在对采样现场调查的基础上，应该选择好采样点、采样时间和频率；要根据待测物在空气中的存在状态、理化性质、浓度和分析方法的灵敏度选择合适的采样方法和采样量；正确使用采样仪器，要建立相应的空气采样质量保证体系；在采样过程中尽量避免采样误差；在样品的采集、运输、贮存、处理和分析等过程中，要确保样品待测组分稳定，不变质，不受污染；保证采集到足够的样品量，以满足分析方法的要求。

根据检测目的不同，按大气、工作场所和室内环境分别阐述空气样品采样点的选择；根据待测物在空气中的存在状态，按空气中气态、气溶胶和两种状态共存的检测物分别介绍空气样品的采集方法、原理以及最小采气量和采样效率等基本概念。

采集空气样品的地点称为采样点（Sampling Site）。采样点的选择是否正确，直接关系到所采集样品的代表性和真实性。

一、大气样品采样点的选择

对于大气污染调查的采样点选择，首先应根据大气污染监测目的进行调查研究，收集必要的基础资料，经过综合分析，设计布点网络，确定采样频率、采样方法和监测技术。

大气污染监测有三个主要目的：①通过对大气环境中主要检测物进行定期或连续地监测，判断大气质量是否符合大气质量标准，并对大气环境质量状况作出评价；②研究大气质量的变化规律和发展趋势，为开展大气污染的预测预报工作提供依据；③研究大气环境污染与人体健康的关系，为修订大气环境质量标准提供基础资料和依据。

1. 大气污染采样调查

大气污染是由固定污染源和流动污染源排放的检测物扩散造成的，而污染物的扩散又直接与排放量、时间和空间有关，受气象、季节、地形等因素的影响极大。在设计采样方案和选择采样点前，应根据监测的目的，对所检测区域的污染源类型、位置、主要检测物及排放量、排放高度、一次污染物及二次污染物等情况进行全面调查；了解采样地区的功能、人口分布、居民和动植物受大气污染危害情况及流行性疾病等资料；掌握该地区所处的地理位置、气象条件（包括风向、风速、气温、温度变化和温度的垂直分布）、大气稳定性等地形和气象情况。综合考虑上述因素的影响，正确选择空气样品的采样点，使采集的样品具有代表性和真实性。

空气污染物对周围区域空气的污染程度,与风向、风速和检测物的排出高度直接相关,选择采样点时应首先考虑到这些因素的影响。

(1) 风向和风速的影响 风向通常分为北、东北、东、东南、南、西南、西和西北八个方位。在长期观测风向的记录中,从某个方位吹来的风的重复次数与各个方位吹来的风的总次数的百分比,称为风向频率。根据风向频率绘制成风向频率图。

风向频率最高的风向称为主导风向,简称主风向。若各方位的平均风速差异不大,主风向的下风向受污染严重。通常从污染源排出的废气受主风向影响最大,主风向的上风向较远处为无污染区,常选作无污染的清洁对照采样点。由表 3-2 和图 3-1 可见,主导风向为北风,主导风向的下风向(南方)

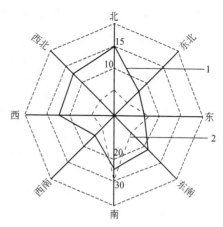

图 3-1 风向频率和烟污强度系数百分比图
1—风向频率;2—烟污强度系数

受污染严重,污染源的南方区域是严重污染区。风向频率最小的西南风的下风向(东北方)污染程度最小,是污染最轻的区域。

表 3-2 风向频率和烟污强度系数

指标	北	东北	东	东南	南	西南	西	西北
风向频率/%	15	8	7	11	12	6	13	12
平均风速/(m/s)	6	5	2	5	2	4	6	6
烟污强度系数	2.5	1.6	3.5	2.2	6.0	1.5	2.2	2.0
烟污强度系数百分数	11.6	7.4	16.3	10.2	27.9	7.0	10.2	9.3

如果各个方位的平均风速差异较大,必须用烟污强度系数来评价污染情况,考虑风向和风速两个因素的综合影响,污染源周围区域受污染的程度与风向频率成正比,与风速成反比。

$$烟污强度系数 = \frac{某方位的风向频率}{该方位的平均风速} \tag{3-2}$$

某个方位烟污强度系数的大小,通常采用烟污强度系数的百分比来表示。

$$烟污强度系数百分比(\%) = \frac{某方位的烟污强度系数}{各方位的烟污强度系数的总和} \times 100\% \tag{3-3}$$

烟污强度系数百分比是判断污染程度的指标。根据烟污强度系数百分比绘制的烟污强度系数图,可以直观地反映污染源周围区域受风向和风速的综合影响情况。由表 3-2 和图 3-1 可见,烟污强度系数百分比最大的风向是南风,最小的是西南风,因此受污染最严重的区域在污染源的北方,污染源的东北方受污染最轻。

(2) 废气排出高度的影响 废气排出高度是指烟囱的有效排出高度,即烟囱本身的高度与烟气排出后上升高度之和。在其他条件相同时,废气有效排出高度越高,烟波接触地面时的截面越大,排出口的风速越大,烟气中有害物质越容易扩散和稀释,当烟气中的检测物接触地面时距离烟囱越远,其浓度越低。反之,烟气中有害物质越不易扩散和稀释,地面受到的污染越严重。因此,废气经烟囱排放时,烟波被推进一定距离后才能接触地面,烟囱附近地面处废气浓度反而较低。当废气由家用炉灶无组织排放时,废气中有害物质沿地面扩散,随着距离的增加,浓度降低。

2. 大气采样点选择的原则和要求

我国《环境监测技术规范》（大气和废气部分）对采样布点制定了以下原则和要求。

① 采样点应设在整个监测区域的高、中、低三种不同检测物浓度的地方。

② 在污染源比较集中，主风向比较明显时，应将污染源的下风向作为主要监测范围，布设较多的采样点，在其上风向布设对照点。

③ 工业较密集的城区和工矿区，人口密度及检测物超标地区，要适当增设采样点；在郊区和农村，人口密度小及检测物浓度低的地区，可酌情少设采样点。

④ 采样点的周围应开阔。应避免靠近污染源，根据污染源的高度和排放强度选择合适的距离设点；避免靠近高层建筑物，以免受高层建筑物下旋流空气的影响，通常采样点与建筑物的距离应大于建筑物高度的两倍。采样点水平线与周围建筑物高度的夹角应不大于30°。采样点周围无局部污染源，要尽量避开表面有吸附能力的物体（如建筑材料和树木），间隔至少1m。交通密集区的采样点应设在距人行道边缘至少1.5m的地点。

⑤ 根据监测目的确定采样高度。研究大气污染对人体健康的危害时，采样点应离地面1.5~2m；连续采样例行监测，采样口高度应距地面3~15m；若置于屋顶采样，采样点的相对高度应在1.5m以上，以减小扬尘的影响。各采样点应该容易接近、安全，并能提供可靠的电源，各采样点的采样设施、条件要尽可能一致或标准化，使获得的监测数据具有可比性。

3. 采样布点方法

采样点的设置数目是与经济投资和精度要求相适应的一个效益函数，根据监测范围的大小、人口密度的分布、污染物的空间分布情况，还要依据气象、地形等条件综合考虑。目前，世界卫生组织（WHO）和世界气象组织（WMO）提出了按城市人口多少设置城市大气地面自动监测站点的数目，见表3-3。

表 3-3　城市大气地面自动监测的布点

城市人口/万人	飘尘	SO_2	NO_x	氧化剂	CO	风向风速
≤100	2	2	1	1	1	1
100~400	5	5	2	2	2	2
400~800	8	8	4	3	4	2
>800	10	10	5	4	5	5

我国根据自己的国情提出了大气环境例行监测点设置数目，见表3-4。

表 3-4　中国大气环境例行监测点设置

城市人口/万人	SO_2、NO_x、TSP	灰尘自然沉降量	硫酸盐化速率
≤50	3	≥3	≥6
50~100	5	4~8	6~12
100~200	5	8~16	12~18
200~400	6	10~20	18~30
>400	7	20~30	30~40

2013年，国家出台的环境空气质量监测点位布设技术规范（HJ 664—2013）确定了环境空气质量监测点位布设数量要求，即各城市环境空气质量评价城市点的最少监测点位数量应符合表3-5的要求。按建成区城市人口和建成区面积确定的最少监测点位数不同时，取两者中的较大值。

表 3-5　环境空气质量评价城市点设置数量要求

建成区城市人口/万人	建成区面积/km²	监测点数
<10	<20	1
10～50	20～50	2
50～100	50～100	4
100～200	100～150	6
200～300	150～200	8
>300	>200	按每25～30km²建成区面积设1个监测点,并且不少于8个点

(1) 网格布点法　先将监测区域划分成若干均匀网状方格,采样点设在两条直线的交点处或方格中心,如图 3-2 所示。这种布点法适用于多个污染源,且污染源分布较均匀的地区,它能较好地反映检测物的空间分布。网格的大小视污染程度、人口密度以及人力、物力和财力条件而定。其优点是：①随机性强,能较好地反映污染物的时空分布；②得到的数据对今后的布点有效,并可为面源扩散模式提供合理的数据。

(2) 功能分区布点法　先将监测区域划分为工业区、商业区、居住区、工业和居住混合区、商业繁华、清洁区等,再按功能区的地形、气象、人口密度、建筑密度等,在每个功能区设若干采样点。清洁对照点一般设在无污染区或远郊地区,一般在污染较集中的工业区和人口较密集的居住区多设采样点。按功能区划分布点法多用于区域性常规监测。

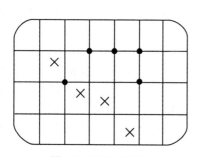

图 3-2　网格布点法

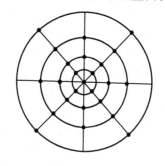

图 3-3　同心圆布点法

(3) 同心圆布点法　主要用于多个污染源构成污染群,且大污染源比较集中的地区布设采样点。即以污染群的中心或特定的污染源为中心,在污染源四周不同方位的不同距离地点设置采样点。一般在八个方位作射线,作半径为 100～5000m 的同心圈,根据污染源、风向频率、有害物质排出高度和排放量以及人力、物力等情况,在不同方位一定范围内设采样点,如图 3-3 所示。常年主导风向的下风向可以多设一些采样点。具体做法如下：

① 找出污染源中心,以此为圆心画同心圆；

② 从圆心列出若干条放射线,射线与圆的交叉点为采样点位置（射线至少五条）；

③ 同心圆的半径分别为 4km、10km、20km、40km,每个圆上再分别设 4、8、8、4 个采样点（可视上风下风而灵活设定）。

(4) 扇形布点法　适用于孤立的高架点源,而且主导风向明显的地区。具体布点方式为：以污染源所在位置为顶点；常年主风向的下风向的扇形区域不同距离设置采样点,同时在无污染区选择对照点,如图 3-4 所示。

① 以烟云方向为轴线；

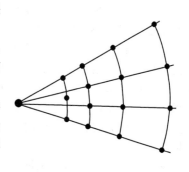

图 3-4　扇形布点法

② 布点范围呈扇形面积；
③ 扇形夹角 45°～60°（小于 90°）；
④ 采样点放在扇形内距点源不同距离的弧线上（近密远疏）；
⑤ 每条弧线上设 3～4 个点，相邻夹角 10°～20°。

为了掌握检测物的垂直分布情况，对于建筑物沿山坡层层分布的城市，除了设置水平采样点外，还需设置一些垂直采样点。在实际工作中，应因地制宜，往往采用以一种布点方法为主，兼用其他方法的综合布点（统计法和模拟法），使采样网点布设更加完善合理。

目前，监测大气污染最有效的方法是建立大气污染自动监测系统，即在一个城市、一个区域或一个国家设置监测网，由监测中心站控制和指挥一系列的监测站，各监测站与中心站之间保持自动的信息联系。在一个监测区域内，采样点设置数目可根据监测范围大小、检测物的空间分布特征、人口分布及密度、气象条件、地形及经济条件等因素综合考虑确定。

4. 采样时间和频率

采样时间和采样频率都是由大气污染物的时间分布特征所决定的，也与监测目的和要求有关。

（1）采样时间　采样时间可划分为三种尺度，即短期的、长期的和间歇性的。

① 短期采样。通常只用于某种特定的目的或在广泛测定前作初步调查之用。因其时间上的局限性，采集到的试样缺乏代表性，因而测定结果不能反映普遍规律。

② 长期采样。在一段较长的时间范围（如一天甚至一年）内，连续自动采样并测定。因此法所得到的数据，不仅能反映污染物浓度随时间的变化规律，而且能取得任何一段时间（例如一天或一年）的代表值（平均值），是一种最佳的采样方式，但此法要受仪器条件的限制，我国目前尚未普遍采用。

③ 间歇性采样。一般用于人工采样。在需要将样本带回实验室分析的情况下，为使监测结果有较好的代表性，每隔一定时间采样、测定一次，用多次测定的平均值作代表值。这种采样的可靠性介于上述两者之间。在连续自动监测仪器缺乏的情况下，如果应用得当，间歇性采样还是一种较好的采样方式。用此法年复一年的积累监测数据，就能从中找出大气污染物浓度的变化规律，并求得有代表性的监测数据。

（2）采样频率　采样频率的高低，也是取得有代表性数据的重要因素之一。有人对不同采样频率所得监测数据平均值的可靠性作过理论计算，并在实践中加以验证后得出：代表值的正确性随采样频率的增加而提高。显然，在使用连续自动监测仪时，因其采样频率可以选得很高（国外要求计算年平均值的累计采样时间为 6000h 以上），因而所得数据的可靠性也很强。

综上所述，要根据监测目的和我国环境空气质量标准（GB 3095—2012）所要求的监测项目、监测物分布特征及人力、物力等因素决定采样时间和采样频率。

一般短时间采样，空气样品缺乏代表性，监测结果不能反映检测物浓度随时间的变化，仅适用于突发污染事件、初步调查等情况的应急监测。为增强所采集样品的代表性，可以采取两种方式：一是增加采样频率，即每隔一定时间采样测定一次，取多个试样测定结果的平均值为代表值。这种方法适用于人工采样测定的情况，是我国目前大气污染常规监测和环境质量评价监测所采用的方法。若采样频率安排合理、适当积累足够数据，测定结果具有较好的代表性。二是使用自动采样仪器进行连续自动采样，其监测结果能很好地反映检测物浓度的变化，可以获得任何一段时间（如 1 小时、1 天、1 个月、1 个季度或 1 年）的代表值或平均值。

我国居住区大气的卫生标准通常要求检测空气中有害物质的一次最高容许浓度和日平均最高容许浓度。因此，对城镇空气污染状况调查时，应选择每日适当时间（包括夜间）多次采样。这样既可测得空气检测物的一次最高浓度，又可得到其日平均浓度。表3-6列出了我国污染物监测数据统计的有效性规定。

表3-6 污染物监测数据统计的有效性规定

污染物	取值时间	数据有效性规定
SO_2、NO_x、NO_2	年平均	每年至少有分布均匀的144个日均值，每日至少有分布均匀的12个日均值
TSP、PM_{10}、Pb	年平均	每年至少有分布均匀的60个日均值，每日至少有分布均匀的5个日均值
SO_2、NO_x、NO_2、CO	日平均	每日至少有18h的采样时间
TSP、PM_{10}、B(a)P、Pb	日平均	每日至少有12h的采样时间
SO_2、NO_x、NO_2、CO、O_3	1小时平均	每小时至少有45min的采样时间
Pb	季平均	每季至少有分布均匀的15个日均值，每月至少有分布均匀的5个日均值
F	月平均	每月至少采样15天以上
F	植物生长季平均	每一个生长季至少有70%个月平均值
F	日平均	每日至少有12h的采样时间
F	1小时平均	每小时至少有45min的采样时间

二、工作场所采样点的选择

对工作场所空气污染状况调查主要是为了评价工作场所的环境条件，为改善劳动环境、职业卫生评价和经常性卫生监督工作提供科学依据；鉴定和评价工作场所中通风、消烟除尘等卫生技术设施的效果；调查职业中毒原因；通过现场观察与理化检验相结合，为制定职业卫生标准和厂房设计等提供依据。

1. 工作场所空气污染情况调查

工作场所指劳动者进行职业活动的全部地点。为了正确选择采样点、采样对象、采样方法和采样时机，采样前必须对工作场所进行现场调查，必要时可进行预采样。现场调查主要包括以下几点。

① 调查工作过程中使用的原料、辅料、生产的产品、副产品和中间产物等的种类、数量、纯度、杂质及其理化性质等。

② 了解工作流程包括原料投入方式、生产工艺、加热温度和时间、生产方式和设备的完好程度等。

③ 了解工作地点（即劳动者从事职业活动或进行生产管理过程中经常或定时停留的地点）、劳动者的工作状况、劳动人数，了解在工作地点停留时间、工作方式、接触有害物质的程度、频度及持续时间等。

④ 了解工作地点空气中有害物质的产生和扩散规律、存在状态、浓度等。

⑤ 了解工作地点的卫生状况和环境条件、卫生防护设施及其使用情况、个人防护设施及使用状况等。

2. 采样点的选择

工作场所采样点是指根据监测需要和工作场所状况，选定具有代表性的、用于空气样品采集的工作地点。2004年我国制定了工作场所空气中有害物质监测的采样规范（GBZ 159—

2004),包括了工作场所空气中有毒物质和粉尘监测的采样方法,适用于时间加权平均容许浓度、短时间接触容许浓度和最高容许浓度的监测。

(1) 采样点的选择原则

① 工作场所中采样点应该选择有代表性的工作地点,应包括空气中有害物质浓度最高、劳动者接触时间最长的工作地点。

② 在不影响劳动者工作的情况下,采样点尽可能靠近劳动者,空气收集器应尽量接近劳动者工作时的呼吸带。

③ 采样点应设在工作地点的下风向,远离排气口和可能产生涡流的地点。

④ 在评价工作场所防护设备或措施的防护效果时,应根据设备的情况设置采样点,在工作地点劳动者工作时的呼吸带进行采样。以观察措施实施前后,工人呼吸带的有毒物质浓度的变动情况。

(2) 采样点数量的确定

① 工作场所按产品的生产工艺流程,凡逸散或存在有害物质的工作地点,至少应设置1个采样点。

② 一个有代表性的工作场所内有多台同类生产设备时,按1～3台设置1个采样点;4～10台的设置2个采样点;10台以上的,至少设置3个采样点。

③ 对一个有代表性的工作场所,有2台以上不同类型的生产设备,逸散同一种有害物质时,采样点应设置在逸散有害物质浓度大的设备附近的工作地点;逸散不同种有害物质时,将采样点设置在逸散待测有害物资设备处,采样点的数目参照②的情况确定。

④ 劳动者在多个工作地点工作时,在每个工作地点设置1个采样点。劳动者的工作流动时,在其流动的范围内,一般每10m设置1个采样点。仪表控制室和劳动者休息室,至少设置1个采样点。

3. 采样时段的选择

在空气中有害物质浓度最高的时段进行采样,采样时间一般不超过15min。采样必须在正常工作状态和环境下进行,避免人为因素的影响。空气中有害物质浓度随季节发生变化的工作场所,应将空气中有害物质浓度最高的季节选择为重点采样季节。在工作周内,应将空气中有害物质浓度最高的工作日选择为重点采样日。在工作日内,应将空气中有害物质浓度最高的时段选择为重点采样时段。

对于职业接触限值为最高容许浓度的有害物质的采样,当劳动者实际接触时间不足15min时,按实际接触时间进行采样;对于短时间接触容许浓度的有害物质的采样,采样时间一般为15min;采样时间不足15min时,可进行1次以上的采样;对于时间加权平均容许浓度的有害物质的采样,根据工作场所空气中有害物质浓度的存在状况,可选择个体采样或定点采样,长时间采样或短时间采样方法。以个体采样和长时间采样为主。个体采样应选择有代表性的、接触空气中有害物质浓度最高的劳动者作为重点采样对象。

在所选择的每个采样点都应采集平行样品。即在相同条件下,用同一台采样器的两个收集器的进气口相距5～10cm,同时采集两份样品。当平行样品测定结果的偏差不超过20%时,所采样品为有效样品,否则为无效样品。平行样品间的偏差计算公式为:

$$D = \frac{2(a-b)}{a+b} \times 100\% \tag{3-4}$$

式中,D 为平行样品间的偏差;a,b 分别为两个平行样品的浓度值。如果现场空气检测物的浓度受周围环境影响很大,平行样品测定结果的偏差超过了20%,此时可用多次单个采样分析结果的平均值或浓度波动范围来表示现场待测物的浓度。

三、室内空气样品采样点的选择

根据我国室内空气质量标准（GB/T 18883—2002）、室内环境空气质量监测技术规范（HJ/T 167—2004）和民用建筑工程室内环境污染控制规范（GB 50325—2001）对室内环境监测布点的要求，在监测室内空气污染时，应该按照所监测的室内面积大小和现场情况确定采样点的位置、数量，以便能正确反映室内空气检测物的水平。

1. 布点原则

采样点位的数量根据室内面积大小和现场情况而确定，要能正确反映室内空气污染物的污染程度。原则上小于 50m² 的房间应设 1~3 个点；50~100m² 设 3~5 个点；100m² 以上至少设 5 个点。

2. 布点方式

多点采样时应按对角线或梅花式均匀布点，应避开通风口，离墙壁距离应大于 0.5m，离门窗距离应大于 1m。

3. 采样点的高度

原则上与人的呼吸带高度一致，一般相对高度 0.5~1.5m 之间。也可根据房间的使用功能，人群的高低以及在房间立、坐或卧时间的长短，来选择采样高度。有特殊要求的可根据具体情况而定。

4. 采样时间及频次

经装修的室内环境，采样应在装修完成 7d 以后进行。一般建议在使用前采样监测。年平均浓度至少连续或间隔采样 3 个月，日平均浓度至少连续或间隔采样 18h；8h 平均浓度至少连续或间隔采样 6h；1h 平均浓度至少连续或间隔采样 45min。评价室内空气质量对人体健康影响时，在人们正常活动情况下采样；对建筑物的室内空气质量进行评价时，应选择在无人活动时进行采样，最好连续监测 3~7 日，至少监测一日。每次平行采样，平行样品的相对误差不超过 20%。

5. 封闭时间

监测应在对外门窗关闭 12h 后进行。对于采用集中空调的室内环境，空调应正常运转。

工作任务三 空气样品的采集

一、采样方法

（一）气态检测物的采样方法

气态检测物的采样方法通常分为直接采样法和浓缩采样法两大类。

1. 直接采样法

直接采样法（direct sampling method）是一种将空气样品直接采集在合适的空气收集器（air collector）内，再带回实验室分析的采样方法。该法主要适用于采集气体和蒸气状态的检测物，适用于空气检测物浓度较高、分析方法灵敏度较高、不适宜使用动力采样的现场；采样后应尽快分析。用直接采样法所得的测定结果代表空气中有害物质的瞬间或短时间内的平均浓度。直接采样法适用于大气中污染物浓度较高和测定方法灵敏的情况下。例如，用 GC 测定大气中的 CO 时，进样 2mL 就能检出 0.2×10^{-6} 的 CO。

根据所用收集器和操作方法的不同，直接采样法又可分为注射器采样法、塑料袋采样法、置换采样法和真空采样法。

(1) 注射器采样法 (syringe sampling method) 这种方法用 50mL 或 100mL 医用气密型注射器作为收集器。在采样现场，先抽取空气将注射器清洗 3~5 次，再采集现场空气，然后将进气端密闭。在运输过程中，应将进气端朝下，注射器活塞在上方，保持近垂直位置。利用注射器活塞本身的重量，使注射器内空气样品处于正压状态，以防外界空气渗入注射器，影响空气样品的浓度或使其被污染。用气相色谱分析的项目常用注射器采样法采样。

(2) 塑料袋采样法 (sampling method using plastic bag) 该法用塑料袋作为采样容器。塑料袋既不吸附空气检测物、不解吸空气检测物，也不与所采集的空气检测物发生化学反应。在采样现场，用大注射器或手抽气筒将现场空气注入塑料袋内，清洗塑料袋数次后，排尽残余空气，重复 3~5 次，再注入现场空气，密封袋口，带回实验室分析。通常使用 50~1000mL 铝箔复合塑料袋、聚乙烯袋、聚氯乙烯袋、聚四氟乙烯袋和聚酯树脂袋采气袋。使用前应检查采气袋的气密性，并对待测物在塑料采样袋中的稳定性进行试验。所用的采气袋应具有使用方便的采气和取气装置，而且能反复多次使用，其死体积不应大于其总体积的 5%。

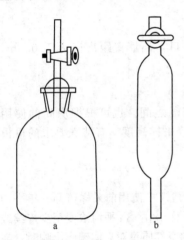

图 3-5 玻璃集气瓶
a—真空采气瓶；b—真空采气管

(3) 置换采样法 (substitution sampling method) 置换采样法以集气瓶 (见图 3-5) 为采样容器。在采样点，将采气动力或 100mL 大注射器与采样容器连接 (见图 3-6)，打开采样容器的活塞，抽取采气管容积 6~10 倍的现场空气，将管内空气完全置换后，再采集现场空气样品，密闭，带回。

(4) 真空采样法 (vacuum sampling method) 采样容器为耐压玻璃或不锈钢制成的真空采气瓶 (500~1000mL) (见图 3-5)。采样前，先用真空泵将采样容器抽真空 (见图 3-6)，使瓶内剩余压力小于 133Pa，在采样点将活塞慢慢打开，待现场空气充满采气瓶后，关闭活塞，带回实验室尽快分析。采样体积为：

$$V_s = V_b \times \frac{p_1 - p_2}{p_1} \tag{3-5}$$

式中，V_s 为实际采样体积，mL；V_b 为集气瓶容积，mL；p_1 为采样点采样时的大气压力，kPa；p_2 为集气瓶内的剩余压力，kPa。

抽真空时，应将采气瓶放于厚布袋中，以防采气瓶炸裂伤人。为防止漏气，活塞应涂渍

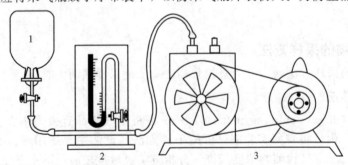

图 3-6 真空采样装置
1—集气瓶；2—闭口压力计；3—真空泵

耐真空油脂。

以上几种直接采样法比较如表3-7所示。

表3-7 大气样品直接采样方法

方法	操作要求
注射器采样法	先用现场空气抽洗3～5次后再抽样至100mL,然后将进气端密闭,回实验室分析。采样后样品不宜长时间存放,最好当天分析完毕。此法多用于有机蒸气的采集
塑料袋采样法	用二连球打入现场空气冲洗2～3次后,再充满被测样品,夹紧进气口,带回实验室进行分析。所用塑料袋不应与所收集的被测物质起反应,也不应对被测物产生吸附和渗透现象。采样时,常用的塑料袋有聚乙烯袋、聚四氟乙烯袋和聚酯树脂袋采气袋
真空瓶采样法	将空气中被测物质采集在预先抽成真空的玻璃瓶或玻璃采样管中。所用采样管必须用耐压玻璃制成,容积一般为500～1000mL。抽真空时瓶外面应套有安全保护套,一般抽至瓶内剩余压力小于133Pa,如瓶中预先装有吸收液,可抽至溶液冒泡为止。采样时,在现场打开瓶塞,被测空气即冲进瓶中,关闭瓶塞,带回实验室分析。采样体积为真空采样瓶的体积。如果真空度达不到所要求的133Pa,采样体积的计算应扣除剩余压力

直接采样法的优点是方法简便,可在有爆炸危险的现场使用。但要特别注意防止收集容器壁的吸附和解吸现象。收集器内壁的吸附作用可使待测组分浓度降低,例如,用塑料袋采集二氧化硫、氧化氮、苯系物、苯胺等样品时,器壁吸附待测物,应该选用聚四氟乙烯塑料收集器采集这些性质活泼的气态检测物。有些收集器的内壁吸附待测物后又会解吸附,释放待测物,使待测组分浓度增加。因此,用直接采样法采集的空气样品应该尽快测定,减少收集器内壁的吸附、解吸作用。

2. 浓缩采样法

浓缩采样法(concentrated sampling method)是大量的空气样品通过空气收集器时,其中的待测物被吸收、吸附或阻留,将低浓度的待测物富集在收集器内。空气中待测物浓度较低,或分析方法的灵敏度较低时,不能用直接采样法,需对空气样品进行浓缩,以满足分析方法的要求。浓缩采样法所采集空气样品的测定结果代表采样期间内待测物的平均浓度。

浓缩采样法分为有动力采样法和无动力(无泵)采样法。

(1) 有动力浓缩采样法 这种采样方法以抽气泵为动力,将空气样品中气态检测物采集在收集器的吸收介质中被浓缩。以液体为吸收介质时,可用吸收管为收集器;用颗粒状或多孔状的固体物质为吸附介质时,可用填充柱等为收集器。因此,有动力浓缩采样法又分为溶液吸收法、固体填充柱采样法、低温冷凝浓缩法等。在实际应用时,还应根据检测目的和要求、检测物的理化性质和所用分析方法等选择使用。

① 溶液吸收法(solution absorption method)。该法利用空气中待测物能迅速溶解于吸收液,或能与吸收剂迅速发生化学反应而采集样品。

a. 溶液吸收原理。当空气样品呈气泡状通过吸收液时,气泡中待测检测物的浓度高于气-液界面上的浓度,由于气态分子的高速运动,又存在浓度梯度,待测物迅速扩散到气-液界面,被吸收液吸收(见图3-7);当吸收过程中还伴有化学反应时,扩散到气液

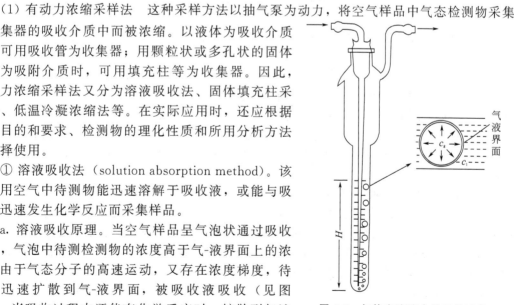

图3-7 气体在溶液中的吸收过程

界面上的待测气态分子立即与吸收液反应，被采集的检测物与空气分离。

待测气体在溶液中的吸收速度可用下式表示：

$$v = AD(c_g - c_i) \tag{3-6}$$

式中，v 为气体吸收速度；A 为气-液接触面积；D 为气体的扩散系数；c_g 为平衡时气相中待测组分的浓度；c_i 为达到平衡时液相中待测组分的浓度。

由于扩散到气-液界面的待测气态或蒸气分子与吸收液迅速发生反应，或被吸收液溶解而被吸收，这时可认为 $c_i=0$。如果不考虑待测物在液相的扩散，而只受在气泡内气相扩散的影响，则上式可写成：

$$v = ADc_g \tag{3-7}$$

可见，增大气-液接触面积可以提高吸收效率。

空气样品是以气泡状态通过吸收液的，气-液接触的总面积为：

$$A = \frac{6QH}{dv_g} \tag{3-8}$$

式中，Q 为采气流量；H 为吸收管的液体高度；v_g 为气泡的速度；d 为气泡的平均直径。所以，当采气流量一定时，要使气-液接触面积增加，以提高采样效率，应该增加吸收管中液体的高度、减小气泡的直径、气泡通过吸收液的速度要慢。

b. 吸收液的选择。常用的吸收液有水、水溶液或有机溶剂等。选择吸收液的原则是：

第一，被测物质在吸收液中的溶解度要大或与吸收液的化学反应速率要快，这样才能保证高的吸收效率。为了满足这个要求，可根据下列基本规律进行选择。

（a）根据溶解性能：易溶于水的物质，如氯化氢、甲醛等，用水作吸收液；有机物易溶于有机溶剂中，可用有机溶剂或有机溶剂与水的混合溶液作吸收液，如碘甲烷用无水乙醇吸收。

（b）根据中和反应：酸性物质用碱液吸收，碱性物质用酸液吸收。如 HCN 用 NaOH 溶液吸收；NH_3 用 H_2SO_4 溶液吸收。

（c）根据氧化还原反应：氧化性物质用还原剂吸收；还原性物质用氧化剂吸收。如臭氧等用 KI 溶液吸收；PH_3 用酸性 $KMnO_4$ 溶液吸收。

（d）根据沉淀反应：易生成难溶物的物质用适当沉淀剂吸收，如 H_2S 用 $Zn(CH_3COO)_2$ 吸收。

（e）根据络合反应：能生成络合物时，用适当络合剂吸收，如 SO_2 可用 $K_2[HgCl_4]$ 溶液吸收。

总之，根据被测物质的性质及其与吸收液作用原理，是选择吸收液的最根本的依据。

第二，待测物质被吸收后，发生化学反应速率快，要有足够的稳定时间，否则会影响测定结果。例如，用碱液也可以吸收大气中的 SO_2，但采样或放置过程中容易被部分地氧化成硫酸，若用碱液吸收而以盐酸副玫瑰苯胺比色法进行测定，结果偏低。改用四氯汞钾作吸收液时，因二氧化硫与四氯汞钾生成的络合物很稳定，不会再被氧化，因此测定结果比较准确。

第三，所用的吸收液应有利于下一步的分析。例如，有机农药用醇吸收效果较好，但用酶化法测定时，若甲醇浓度过高，则会影响酶的活力，从而影响测定结果。若将甲醇浓度降低到 5%，既不影响酶的活力，又不影响该法的测定。此外，采用比色法测定时，理想的吸收液最好是兼备吸收和显色的双重作用。这样吸收过程也就是显色过程，从而简化了分析手续。例如，用盐酸萘乙二胺比色法测定大气中的氮氧化合物时，所用的吸收液（醋酸＋对氨基苯磺酸＋盐酸萘乙二胺）就具有吸收和显色的双重作用，因而采样后的吸收液就可直接用来比色。

第四，吸收剂要价格低廉、容易获得、毒性小，而且尽可能回收利用。

c. 收集器。溶液吸收法常用的收集器主要有气泡吸收管、多孔玻板吸收管和冲击式吸收管。

（a）气泡吸收管（bubbling absorption tube）。气泡吸收管有大型和小型气泡吸收管两种（见图3-8）。大型气泡吸收管可盛5～10mL吸收液，采样速度一般为0.5～1.5L/min；小型气泡吸收管可盛1～3mL吸收液，采样速度一般为0.3L/min。气泡吸收管内管出气口的内径为1mm，距管底5mm；外管直径上大下小，有利增加吸收液液柱高度，增加空气与吸收液的接触时间，提高待测物的采样效率；外管上部直径较大，可以避免吸收液随气泡溢出吸收管。

气泡吸收管常用于采集气体和蒸气状态物质。使用前应进行气密性检查，并作采样效率实验。通常要求单个气泡吸收管的采样效率大于90%；若单管采样效率低，可将两个气泡吸收管串联采样。采样时应垂直放置，采样完毕，应该用管内的吸收液洗涤进气管内壁3次，再将吸收液倒出分析。

（b）多孔玻板吸收管（fritted glass bubbler）。有直型和U型两种（见图3-9），可盛5～10mL吸收液，采样速度0.1～1.0L/min。采样时，空气流经多孔玻板的微孔进入吸收液，大气泡分散成许多小气泡，增大了气-液接触面积，同时又使气泡的运动速度减小，使采样效率较气泡吸收管明显提高。多孔玻板吸收管通常用单管采样，主要用于采集气体和蒸气状态的物质，也可以采集雾状和颗粒较小的烟状检测物。但颗粒较大的烟、尘容易堵塞多孔玻板的孔隙，不宜用多孔玻板吸收管采集。采样完毕，应该用管内的吸收液洗涤多孔玻板吸收管进气管内壁3次后，再取出分析。

洗涤多孔玻板吸收管时，最好连接在抽气装置上，抽洗多孔玻板，防止孔板堵塞。

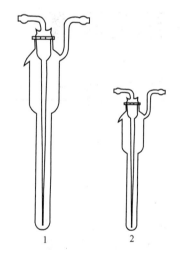

图3-8 气泡吸收管
1—大型气泡吸收管；2—小型气泡吸收管

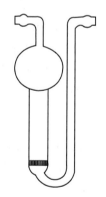

图3-9 U型多孔玻板吸收管

（c）冲击式吸收管（impinger）。如图3-10所示，冲击式吸收管的外形与直型多孔玻板吸收管相同，内管与气泡吸收管相似，内管垂直于外管管底，出气口的内径为1.0mm±0.1mm，管尖距外管底5.0mm±0.1mm。吸收管可盛5～10mL吸收液，采样速度为3L/min。冲击式吸收管主要用于采集烟、尘等气溶胶，由于采气流量大，待测物随气流以很快的速度冲出内管管口，因惯性作用冲击到吸收管的底部与吸收液作用而被吸收。管尖内径大小及其距管底的距离，对采样效率影响很大。使用前也应进行采样效率实验和气密性检查。

冲击式吸收管不适用于采集气态物质，因为气体分子的惯性很小，在快速抽气情况下，容易随空气一起跑掉，只有在吸收液中溶解度很大或与吸收液反应速率很快的气体分子，才能吸收完全。

② 固体填充柱采样法（solid adsorbent sampling method）。利用空气通过装有固体填充剂的小柱时，空气中有害物质被吸附或阻留在固体填充剂上，从而达到浓缩的目的，采样后，将待测物解吸或洗脱，供测定用。

a. 填充剂的采样原理。固体填充剂是一种具有较大比表面积的多孔物质，对空气中多种气态或蒸气态检测物有较强的吸附能力，这种吸附作用通常包括物理吸附和化学吸附，后者是通过分子间亲和力相互作用，吸附能力较强。

理想的固体填充剂应具有良好的机械强度、稳定的理化性质、通气阻力小，采样效率高，易于解吸附，空白值低等性能。颗粒状吸附剂可用于气体、蒸气和气溶胶的采样。应根据采样和分析的需要，选择合适的固体吸附剂。

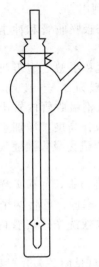

图 3-10 冲击式吸收管

填充柱采样管是一根填充了颗粒状固体吸附剂的玻璃管（内径 3~5mm，长 6~10cm），如图 3-11 所示；采样速度 0.1~0.5L/min；吸附剂颗粒大小不同时，采样管的采气阻力也不一样；一般低流量采样时吸收效率较高。

b. 最大采气量和穿透容量。在室温、相对湿度 80% 以上的条件下，用固体填充柱采样管以一定的流量采样，当柱后流出的被采集组分浓度为进入浓度的 5% 时，固体填充剂所采集被测物的量称为穿透容量，以 mg（被测物）/g（固体填充剂）表示；通过填充剂采样管的空气总体积称为穿透体积，也称为该填充柱的最大采样体积，以 L 表示。

穿透容量和最大采气量可以表示填充柱对被采集的某组分的采样效率（或浓缩效率）。穿透容量和最大采气体积越大，表明浓缩效率越高。对于多组分的采集，则实际的采集体积应不超过穿透容量最小组分的最大采气体积。

影响穿透容量和最大采气量的主要因素有填充剂的性质和用量、采气流速、被采集组分的浓度、填充柱采样管的直径和长度。此外，采样时的温度、空气中水分和二氧化碳的含量对最大采气量也有影响。

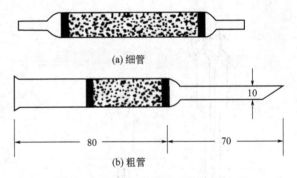

图 3-11 填充柱采样管（单位：mm）

c. 填充柱的洗脱效率。用填充柱采样后，通常采用两种方式洗脱待测物。一是热解吸，将填充柱采样管插入加热器中，迅速加热解吸，用载气吹出，通入测定仪器中进行分离和测定。热解吸时的加热温度要适当，既要保证能定量解吸，也要避免待测物在高温下分解或聚合。热解吸法常用于空气中检测物的气相色谱分析。另一种溶剂洗脱，选用合适的溶剂和洗脱条件，将被测物由填充柱中定量洗脱下来进行分析。

洗脱效率是指能够被热解吸或洗脱液洗脱下来的被测物的量占填充剂采集的被测物总量的百分数。

$$E = \frac{m}{M} \times 100\% \tag{3-9}$$

式中，E 为洗脱效率；m 为洗脱下来的被测物的量；M 为填充剂上被测物总量。

d. 填充剂的种类。空气理化检验工作中，不但要求填充柱采样管的采样浓缩效率高，而且要求采样后的解吸回收率也要高。因此，选择合适的填充剂至关重要。

常用的颗粒状填充剂有硅胶、活性炭、素陶瓷、氧化铝和高分子多孔微球等，具体见表3-8。

表3-8 固体吸收的吸附剂种类

种类	构成及作用	基本性能
颗粒状吸附剂	有良好的机械强度、稳定的理化性质、强的吸附能力和容易解吸等性能。对气态和蒸气态物质的采样靠吸附作用，而对气溶胶的采样则靠阻留作用和碰撞作用	硅胶——常用的有粗孔和中孔硅胶，细孔的较少用。在100~200℃烘干后使用，对极性物质吸附作用强烈。吸附能力较活性炭弱，吸附容量较小，较易解吸（于350℃通清洁空气即可）
		活性炭——用于吸附非极性和弱极性有机气体和蒸气，吸附容量大，吸附力强，对水吸附极少，适用于有机气体和水蒸气混合物的采集，特别适宜在浓度低、湿度高的地点长时间采样。较难解吸（需用热解吸和有机溶剂解吸法，以后者为佳）
		素陶瓷——不属多孔物质，仅靠其粗糙表面吸附，比表面积小，吸附能力低，易解吸。本身性质稳定，不受酸碱、有机溶剂等影响
		高分子多孔微球——多孔性芳香族聚合物，比表面积大，有一定的机械强度，具有疏水性、耐酸性、耐辐射、耐高温（250~450℃）。主要用于采集有机蒸气，特别适于采集大分子、高沸点且有一定挥发性的蒸气态或气态与气溶胶共存于空气中的有机化合物。常见品牌及性能见表3-9
纤维状滤料	指由天然或合成纤维素互相重叠交织形成的材料，主要用于采集气溶胶。要求操作简便、价格便宜、携带方便、保存时间长。其作用各不相同，有直接阻截、惯性碰撞、扩散沉降、静电吸引、重力沉降等	滤纸——具有机械强度好，不易破裂，价格低廉等优点。其纤维较粗，孔隙较少，通气阻力大。主要是直接阻截、惯性碰撞和扩散沉降等机理
		玻璃纤维滤膜——由纯超细玻璃纤维制成，具有耐高温（400~500℃）、吸湿性小、通气阻力小、采样效率高等优点。适于大流量采集低浓度被测物。但因在制作过程中需添加部分某些金属元素，故这些金属元素的空白值较高，同时其机械强度低，质地疏松。其采集机理主要是直接阻截、惯性碰撞和扩散沉降等
		过氯乙烯滤膜——由过氯乙烯纤维制成，粗细介于滤纸和玻璃纤维之间。其金属元素空白值低，机械强度好，但耐热性能差。其采集机理几乎包括所有作用，静电引力作用特别强
筛孔状滤料	由纤维素基质交联成筛孔，孔径均匀。结构上不同于纤维状滤料	微孔滤膜——由硝酸纤维素和少量醋酸纤维素混合制成。其采样效率高，金属元素空白值低，适宜用于采集和分析金属性气溶胶
		核孔滤膜——由聚碳酸酯薄膜覆盖铀箔后，经中子流轰击造成铀核分裂，产生的分裂碎片穿过薄膜形成微孔，再经化学腐蚀处理，得到所需大小的孔径。核孔滤膜孔径均匀、机械强度好、不亲水，适于做精密总量分析，但采样效率较低
		银滤膜——由微细的金属银粒烧结而成。孔径均匀、耐酸耐高温、抗化学腐蚀性强，适用于采集酸、碱气溶胶及带有机溶剂性质的有机物样品

Ⅰ. 硅胶（silica gel，$SiO_2 \cdot nH_2O$） 硅胶是一种极性吸附剂，对极性物质有强烈的吸附作用。它既具有物理吸附作用，也具有化学吸附作用。空气中水分对其吸附作用有影响，吸水后会失去吸附能力。使用前，硅胶要在100~200℃活化，以除去物理吸附水。硅胶的吸附力较弱，吸附容量小，已吸附的物质容易解吸，在350℃条件下，通氮气或清洁空气可解吸所采集的物质，也可用极性溶剂（如水、乙醇等）洗脱，还可用饱和水蒸气在常压下蒸馏提取。

Ⅱ. 活性炭（activated carbon） 活性炭是一种非极性吸附剂，可用于非极性和弱极性有机蒸气的吸附；吸附容量大，吸附力强，但较难解吸。少量的吸附水对活性炭吸附性能影响不大，因所吸附的水可被非极性或弱极性物质所取代。不同原料（椰子壳、杏核、动物骨）烧制的活性炭的性能不完全相同。活性炭适宜于采集非极性或弱极性有机蒸气，可在常温下或降低采集温度的条件下，有效采集低沸点的有机蒸气。被吸附的气体或蒸气可通氮气加热（250~300℃）解吸或用适宜的有机溶剂（如二硫化碳）洗脱。

Ⅲ. 高分子多孔微球（high polymer porosity micro-sphere） 它是一种多孔性芳香族化合物的聚合物，使用较多的是二乙烯基与苯乙烯基的共聚物。高分子多孔微球表面积大、机械强度较高、热稳定性较好、对一些化合物具有选择性的吸附作用、较容易解吸；广泛用作气相色谱固定相或空气检测物的采样；主要用于采集有机蒸气，特别是采集一些分子量较大、沸点较高，又有一定挥发性的有机化合物，如有机磷、有机氯农药以及多环芳烃等。可根据被采集检测物的理化性质，选择适宜型号的高分子多孔微球，通常选用20～50目的高分子多孔微球。常用的高分子多孔微球见表3-9。

表3-9　常用于采集空气样品的高分子多孔微球

商品名	化学组成	平均孔径/nm	表面积/(m²/g)
Amberlite XAD-2	二乙烯基苯—苯乙烯共聚物	9	300
Amberlite XAD-4	二乙烯基苯—苯乙烯共聚物	5	750～800
Chromosorb 102	二乙烯基苯—苯乙烯共聚物	8.5	300～400
Porapak Q	甲苯-乙烯基苯-二乙烯基苯共聚物	7.5	840
Porapak R	二乙烯基苯-苯乙烯-极性单体共聚物	7.6	547～780
Tenax GC	聚2,6-二苯基对苯醚	72	18.6

使用前，应将高分子多孔微球进行净化处理：先用乙醚浸泡，振摇15min，除去高分子多孔微球吸附的有机物，弃除乙醚，再用甲醇清洗，以除去残留的乙醚；然后用水洗净甲醇，于102℃干燥15min。也可以于索氏提取器内用石油醚提取24h，然后在清洁空气中挥发除去石油醚，再在60℃活化24h。净化处理的高分子多孔微球保存于密封瓶内。

与溶液吸收法相比，固体填充剂采样法具有以下优点：可以长时间采样，适用于大气污染组分的日平均浓度的测定；克服了溶液吸收法在采样过程中待测物的蒸发、挥发等损失和采样时间短等缺点。只要选用适当，固体填充剂对气体、蒸气和气溶胶都有较高的采样效率，而溶液吸收法通常对烟、尘等气溶胶的采集效率不高。采集在固体填充剂上的待测检测物比在溶液中更稳定，可存放几天甚至数周。另外，去现场采样时，固体填充剂采样管携带也很方便。溶液吸收法与填充柱阻留法比较见表3-10。

表3-10　溶液吸收法与填充柱阻留法比较

项目	溶液吸收法	填充柱阻留法
采样时间	不能长时间采样	能长时间采样,适于日平均采样
测定物质吸收率	对气溶胶吸收率不高,对微量物吸收不完全时,测量难	选择合适的填充剂对蒸气、气溶胶有很好的吸收率,微量物更易测定
吸收生成物品稳定性	吸收剂的被测物不稳定,不易保存	浓缩在填充剂上的被测物稳定,可放置时间长

③ 低温冷凝浓缩法。又称为冷阱法（cold trap method）。空气中某些沸点较低的气态物质，如苯乙烯、三氯乙醛等，在常温下用固体吸附剂很难完全阻留，利用制冷剂使收集器中固体吸附剂温度降低，有利于吸附、采集空气中低沸点物质。

常用的制冷剂有冰-盐水（-10℃），干冰-乙醇（-72℃），液氮-乙醇（-117℃），液氮（-196℃）等。采样管可做成U形或蛇形，插入冷阱中（见图3-12）。经低温采样，待测组分冷凝在采样管中，将其连接在气相色谱仪进样口（六通阀），在常温下，或加热汽化，并通入载气、待测组分被解吸，进入色谱仪进行分离和测定。低温冷凝浓缩采样时，由于空气中水分及CO_2等也能被冷凝而被吸附，降低了固体填充剂的吸附能力和吸附容量。热解吸时，水分及CO_2等也将同时汽化，增大了汽化体积，导致浓缩效率降低，甚至可能影响测定。所以，采样时应在采样管的进气端连接一个干燥管，管内装有高氯酸镁、

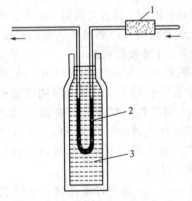

图3-12　低温冷凝浓缩采样
1—干燥管；2—采样管；3—制冷剂

烧碱石棉、氢氧化钾、氯化钙等干燥剂，以除去水分和CO_2。应该注意，所选用的干燥剂不应造成空气中待测物的损失。

(2) 无动力（无泵）采样法　无泵采样法又称为被动式采样法（passive sampling method），该法是利用气体分子的扩散或渗透作用，自动到达吸附剂表面，或与吸收液接触而被采集，一定时间后检测待测物。不需要抽气动力和流量计等装置，适宜于采集空气中气态和蒸气状态的有害物质。

根据采样原理不同，被动式采样法可分为扩散法和渗透法两类。

① 扩散法。该法利用待测物气体分子的扩散作用达到采样目的。根据费克（Fick）扩散第一定律，在空气中，待测物分子由高浓度向低浓度方向扩散，其传质速度（v，ng/s）与该物质的浓度梯度（c_1-c_0）、分子的扩散系数（D）以及扩散带的截面积（A）成正比，与扩散带的长度（L）成反比：

$$v = \frac{DA}{L}(c_0 - c_1) \times 10^{-3} \tag{3-10}$$

式中，c_0为待测检测物在空气中的浓度，mg/m^3；c_1为待测检测物在吸附（收）介质表面处的浓度，mg/m^3。如果扩散至吸附（收）介质表面的待测检测物可以迅速而定量地被吸收，则可认为$c_1=0$，此时，吸附（收）介质所采集到的待测检测物的质量为：

$$m = \frac{DA}{L} \times c_0 t \times 10^{-3} \tag{3-11}$$

式中，m为吸附（收）介质所采集到的被测检测物的质量，μg；t为采样时间，min。

上式表明，采样器采集检测物的质量与采样器本身的构造、检测物在空气中的浓度、分子的扩散系数及其采样时间有关。对于具体的检测物、构造一定的采样器来说，DA/L为常数，用K表示，单位为cm^3/min。由于其单位与有动力采样器的采样流量相当，所以称为被动式采样器的采样速率。K值可通过实验测得，因此，只要测得m和t，即可计算空气中被测检测物的浓度。

$$c_0 = \frac{m}{Kt} \times 10^3 \tag{3-12}$$

影响扩散法的因素主要是风速，因为风速直接影响有害物质在空气中的浓度梯度。风速太小（<7.5cm/s）时，空气很稳定，c_0浓度不能代表空气中有害物质的实际浓度；当风速太大，又破坏扩散层，影响采样器的准确响应。气温气压对扩散法影响不大。

② 渗透法。利用空气中气态或蒸气态分子的渗透作用达到采样目的。分子通过渗透膜后被吸附（收）剂所吸附（收）。其采样原理与扩散法相似，可用扩散法相同的公式计算空气中待测检测物的浓度。不过，采样速率K除与待测检测物的性质有关外，还与渗透膜的材料有关。

由于被动式采样器的结构不同、不同待测物的理化性质也不同，因此，采样时每种被动式采样器都有不同的采样容量、最大或最小采样时间。在规定的容量和时间范围内，采样速度应保持恒定。

随着室内空气污染监测工作的发展，个体接触量监测已经成为评价环境污染与人体健康影响的重要依据。在空气污染和人体健康的监测中，常采用无泵采样器作为个体采样器（personal sampler）。这种采样器体积小，重量轻，可以做成钢笔或徽章的形状（见图3-13），

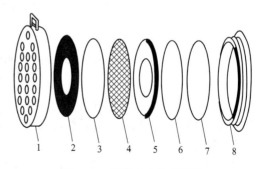

图3-13　徽章式个体采样器
1—前盖；2—密封圈；3—核孔滤膜；4—涤纶纱网；
5—压环；6—吸收层；7—托板；8—底座

佩戴在人们的上衣口袋处，跟随人们的活动实时采样，采样后送回实验室分析，用于测定人们对检测物的接触量或空气检测物的时间加权平均浓度。被动采样器不仅可以用作个体监测器；也可悬挂于室内的监测场所，连续采样一定时间后，测定检测物的浓度，以评价室内空气质量。

（二）气溶胶检测物的采样方法

气溶胶的采样方法主要有沉降法、滤料法和冲击式吸收管法。

1. 静电沉降法

静电沉降法（electrostatic sedimentation method）是使空气样品通过高压电场（12～20kV），气体分子被电离，产生离子，气溶胶粒子吸附离子而带电荷，在电场的作用下，带电荷的微粒沉降到极性相反的收集电极上，将收集电极表面的沉降物清洗下来，进行测定。此法采样速度快，采样效率高。但当现场有易爆炸性的气体、蒸气或粉尘时，不能使用该采样方法。

2. 滤料采样法

将滤料（滤纸或滤膜）安装在采样夹（见图3-14）上，抽气，空气穿过滤料时，空气中的悬浮颗粒物被阻留在滤料上，用滤料上采集检测物的质量和采样体积，计算出空气中检测物浓度，这种采样方法称为滤料采样法（sampling method with filter）。由于滤料具有体积小、重量轻，易存放，携带方便，保存时间较长等优点，滤料采样法已被广泛用于采集空气中的颗粒态检测物。

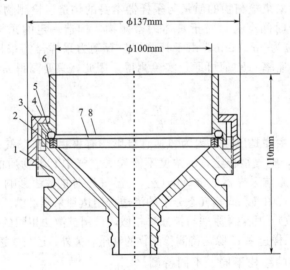

图3-14 滤料采样夹
1—底座；2—过滤网外圈；3—过滤网内圈；4—压盖；5—密封圈；6—接尘圈；
7—过滤网；8—玻璃纤维滤纸

用滤纸或滤膜等滤料采样时，滤料对颗粒物不仅有直接阻挡作用，还有惯性沉降、扩散沉降和静电吸引等作用。滤料采样法的采样效率与滤料和气溶胶的性质有关，同时还受采样流速等因素的影响。

滤料采样夹用优质塑料制成，采样时要根据采集大气样品、采集作业场所样品的不同要求，选用直径适当的滤料和滤料垫。滤料采样夹的气密性要好，用前要进行相关性能检查：在采样夹内装上不透气的塑料薄膜，放于盛水的烧杯中，然后向采样夹内送气加压，当压差达到 1kPa 时，水中不产生气泡，表明滤料采样夹的气密性好。

常用滤料有定量滤纸、玻璃纤维滤纸、有机合成纤维滤料、微孔滤膜和浸渍试剂滤料等。

(1) 定量滤纸 (quantitative filter paper) 这种滤料由植物纤维素浆制成。它的优点是灰分低，机械强度高，不易破损，耐热 (150℃)，价格低廉。但由于滤纸纤维较粗，孔隙较小，因此通气阻力大。采集的气溶胶颗粒能进入滤纸内部，解吸较困难。滤纸的吸湿性大，不宜用作称重法测定空气中颗粒物的浓度。空气采样时主要使用中、慢速定量滤纸或层析滤纸。

(2) 玻璃纤维滤纸 (glass fiber filter paper) 这种滤纸是用超细玻璃纤维制成的，厚度小于 1mm。其优点是耐高温，可在低于 500℃烘烤，去除滤纸上存在的有机杂质；吸湿性小、通气阻力小，适用于大流量法采集空气中低浓度的有害物质。玻璃纤维滤纸不溶于酸、水和有机溶剂，采样后可用水、有机溶剂和稀硝酸等提取待测物质。其缺点是金属空白值高，机械强度较差；溶液提取时，易成糊状，需要过滤；若要将玻璃纤维消解，需用氢氟酸或焦磷酸。石英玻璃纤维滤纸是以石英为原料制成的，克服了普通玻璃纤维滤纸空白值高的缺点，但是价格昂贵。

(3) 聚氯乙烯滤膜 (polyvinyl chloride filtration membrane) 聚氯乙烯滤膜又称为测尘滤膜，静电性强、吸湿性小、阻力小、耐酸碱、孔径小、机械强度好、重量轻，金属空白值较低，可溶于某些有机溶剂 (如乙酸乙酯、乙酸丁酯)，常用于粉尘浓度和分散度的测定。它的主要缺点是不耐热，最高使用温度为 55℃；采样后样品处理时，加热会发生卷曲，可能包裹颗粒物；一般不应采用高氯酸消解样品，以防发生剧烈氧化燃烧，造成样品损失。

(4) 微孔滤膜 (micro-pore filtration membrane) 这是一种用硝酸纤维素或乙酸纤维素制作的多孔有机薄膜，质轻色白，表面光滑，机械强度较好，最高使用温度为 125℃，可在沸水乃至高压釜中蒸煮。它能溶于丙酮、乙酸乙酯、甲基异丁酮等有机溶剂；也易溶于热的浓酸但几乎不溶于稀酸中。微孔滤膜的采样效率高，灰分低，所采集的样品特别适宜于气溶胶中金属元素的分析。微孔滤膜具有不同大小和孔径规格，常用的孔径规格为 $0.1 \sim 1.2 \mu m$。一般选用 $0.8 \mu m$ 孔径的微孔滤膜采集气溶胶。由于微孔滤膜的通气阻力较大，它的采样速度明显低于聚氯乙烯滤膜和玻璃纤维滤纸的采样速度。

(5) 聚氨酯泡沫塑料 (polyurethane foam plastic) 它是由泡沫塑料的细泡互相连通而成的多孔滤料，表面积大，通气阻力小，适宜于较大流量的采样。常用于同时采集气溶胶和蒸气状态两相共存的某些检测物。使用前应进行处理，先用 1mol/L NaOH 煮沸浸泡数十分钟，然后用水洗净，风干。用于有机检测物的采集时，可用正己烷等有机溶剂经索氏提取 $4 \sim 8h$ 后，除尽溶剂，再风干。处理好的聚氨酯泡沫塑料应密闭保存，使用过的聚氨酯泡沫塑料经处理后可以反复使用。

采样滤料种类较多，采样时应根据分析目的和要求，选择使用。所选的滤料应该采样效率高，采气阻力小，重量轻，机械强度好，空白值低，采样后待测物易洗脱提取。玻璃纤维滤纸和合成纤维滤料的阻力较小，可用于较大流量的采样。表 3-11 为常用滤料中杂质的含量。分析金属检测物时，最好选用金属空白值低的微孔滤膜，分析有机检测物时，要选用经高温预处理后的玻璃纤维滤纸等。

表 3-11 几种滤料中的无机元素含量 (本底值)　　　　　　　　　　单位：$\mu g/cm^2$

元素	玻璃纤维	有机滤膜	银薄膜
As	0.08	—	
Be	0.04	0.0003	0.2

续表

元素	玻璃纤维	有机滤膜	银薄膜
Bi	—	<0.001	—
Cd	—	0.005	—
Co	—	0.00002	—
Cr	0.08	0.002	0.06
Cu	0.02	0.006	0.02
Fe	4	0.03	0.3
Mn	0.4	0.01	0.03
Mo	—	0.0001	—
Ni	<0.08	0.001	0.1
Pb	0.8	0.008	0.2
Sb	0.03	0.001	—
Si	7000	0.1	13
Sn	0.05	0.001	—
Ti	0.8	2	0.2
V	0.03	0.001	—
Zn	160	0.002	0.01

（三）气态和气溶胶两种状态检测物的同时采样方法

许多空气检测物并不是以单一状态存在，常以气态和气溶胶两种状态共存于空气中，有时需要同时采集和测定，并要求采样时不能改变它们原来的存在状态。两种状态检测物的同时采样法主要有浸渍试剂滤料、泡沫塑料、多层滤料以及环形扩散管与滤料联用的采样方法。

1. 浸渍滤料法

先将某种化学试剂浸渍在滤料（滤纸或滤膜）上，采样时，利用滤料的物理阻留作用、吸附作用，以及待测物与滤料上化学试剂的反应，同时采集气态和颗粒态检测物，这种采样方法称为浸渍滤料法。浸渍滤料的采样效率高，应用范围广泛。

2. 泡沫塑料采样法

聚氨基甲酸酯泡沫塑料比表面积大，气阻小，适用于较大流量的采样。聚氨酯泡沫塑料具有多孔性，它既可以阻留气溶胶，又可以吸附有机蒸气。杀虫剂、农药等检测物是一种半挥发性的物质，常以蒸气和气溶胶两种状态共存于空气中，可用泡沫塑料采样法采集分析。

采样时，通常在滤料采样夹后联接一个圆筒，组成采样装置（见图3-15）。采样夹内安装玻璃纤维滤纸，用于采集颗粒物；圆筒内可装4块泡沫塑料（每块长4cm，直径3cm），用于采集蒸气状态的检测物。泡沫塑料使用前需预处理，除去杂质。这一方法已成功地用于空气中多环芳烃的蒸气和气溶胶的测定。

3. 多层滤料采样法

用两层或三层滤料串联组成一个滤料组合体（见图3-16），第一层滤料采集颗粒物；常用的滤料是聚四氟乙烯（teflon）滤膜、玻璃纤维滤纸或其他有机纤维滤料。第二层或第三层滤料是浸渍过化学试剂的滤纸，用于采集通过第一层的气态组分。例如，采集无机氟化物时，第一层是醋酸纤维素或硝酸纤维素滤膜，采集颗粒态氟化物，第二层是用甲酸钠或碳酸钠浸渍过的滤纸，采集气态氟化物。为了减少气态氟化物在第一层滤膜上的吸附，第一层可采用带有加热套的采样夹。

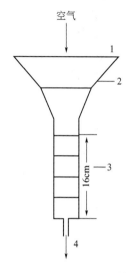
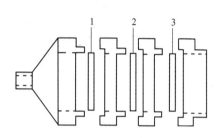

图 3-15　泡沫塑料采样装置
1—采样夹罩；2—装滤料的采样夹；
3—装泡沫塑料的圆筒；4—接抽气泵

图 3-16　多层滤料采样
1—第一层滤料；2—第二层滤料；3—第三层滤料

多层滤料采样法存在的主要问题是：气体通过第一层滤料时，可能部分气体被吸附或发生反应而造成损失，使用玻璃纤维滤膜采样时这一现象更为突出；一些活泼的气体与采集在第一层滤料上的颗粒物反应，以及颗粒物在采样过程中分解，导致气相组分和颗粒物组成发生变化，造成采样和测定误差。

4. 环形扩散管和滤料组合采样法

(1) 扩散管和滤料组合　扩散管和滤料组合采样法（denuder/filter pack sampling）是针对多层滤料采样法的缺点发展起来的。采样装置由扩散管和滤料夹组成，扩散管为内壁涂有吸收液膜的玻璃管。如图 3-17 所示，当空气进入扩散管时，气体检测物分子质量小、惯性小，易扩散到管壁上，被吸收液吸收；颗粒物则受惯性作用通过扩散管，被后面的滤料阻留。气体的采样效率与扩散管的长度和气体流量有关。通常扩散管的内径为 2～6mm，长度为 100～500mm，采气流量小于 2L/min。

(2) 环形扩散管和滤料组合采样法　环形扩散管和滤料组合采样法（annular denuder/filter pack sampling）是在扩散管和滤料组合采样法的基础上进一步发展起来的，可以在较大流量下采样。

环形扩散管和滤料组合采样装置由颗粒物切割器，环形扩散管和滤料夹三部分所组成，基本结构见图 3-18。环形扩散管是用玻璃制成的两个同心玻璃管，外管长 20～30cm，内径 3～4cm，内管为两端封闭的空心玻管，内外管之间的环缝为 0.1～0.3cm，两段环形扩散管可以涂渍不同的试剂。临用前，在环形扩散管上涂渍适当的吸收液后，用净化的热空气流干燥，密闭待用。采样时，先将涂渍不同试剂的两段环形扩散管连接，再与后面的滤膜采样夹相连接。常用的颗粒物切割器有撞击式和旋风式两种，在设计流量下，50% 的切割直径（D_{50}）为 2.5μm 或 4μm（$PM_{2.5}$ 或 PM_4）和 10μm（PM_{10}）。

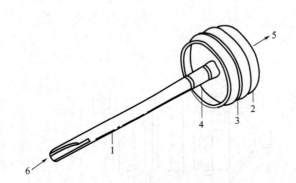
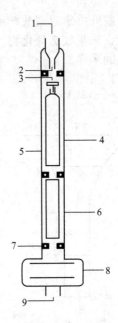

图 3-17　扩散管和滤料组合采样法示意图
1—扩散管；2—滤料夹；3—滤料；4—连接二通；
5—至抽气泵；6—样气入口

图 3-18　环形扩散管和滤料
组合采样器示意图
1—进气口；2—气体加速喷嘴；3—撞击式切割器；
4—第一环形扩散管；5—环形狭缝；6—第二环形扩散管；
7—密封圈；8—两层滤料夹；9—至采样动力

当采样气流以层流状态（雷诺数<2000）通过扩散管时，根据 Possanzini 等人的推导，环形扩散管对气体组分的采气效率可按下式计算：

$$E = 1 - \frac{C}{C_0} \approx 1 - 0.819 \exp(-22.53 \Delta \alpha) \tag{3-13}$$

$$\Delta \alpha = \frac{\pi D L (d_1 + d_2)}{4Q(d_2 - d_1)} \tag{3-14}$$

式中，C_0 为进入管内待测气体的浓度，$\mu g/m^3$；C 为从管内流出待测气体的平均浓度，$\mu g/m^3$；D 为该气体的扩散系数，cm^2/s；L 为涂渍部分的管长，cm；Q 为通过扩散管的气体流量，cm^3/s；d_1、d_2 分别为环形扩散管内管的外径、外管的内径，cm。

当采样气流呈层流状态通过环形扩散管时，环形扩散管采集气体的效率主要决定于扩散管的几何尺寸和采样速度。

环形扩散管和滤料组合采样法已广泛应用于大气、室内空气中气态和气溶胶共存的污染物采样。例如用分别涂渍 1% Na_2CO_3 甲醇溶液和 5% H_3PO_4 甲醇溶液的两段环形扩散管同时收集室内空气和大气中气态氨、硝酸、氯化氢和二氧化硫气体，并用聚四氟乙烯滤膜和尼龙（Nylon）滤膜置于环形扩散管之后采集相应的颗粒物，均获得满意的结果。

环形扩散管价格低廉，可反复使用，但是环形扩散管的设计和加工精度要求较高，否则，颗粒物通过扩散管环缝时也可能因碰撞或沉积而造成损失。

二、采样仪器

空气采样仪器又称为空气采样器（air sampler），指以一定的流量采集空气样品的仪器，通常由收集器、抽气动力和流量调节装置等组成。采样时应按照收集器、流量计、采样动力的先后顺序串联，保证空气样品首先进入收集器而不被污染和被吸附，使所采集的空气样品具有真实性。

1. 采气动力

采样过程中需要使用采气动力，使空气进入或通过收集器。实际工作中，应根据采样方法的流量和采样体积选择合适的采气动力。常用的采气动力（sampling power）有手抽气筒、水抽气瓶、电动抽气机和压缩空气吸引器等。

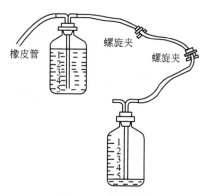

图 3-19 水抽气瓶

（1）手抽气筒 它是由一个金属圆筒和活塞构成。拉动活塞柄，利用活塞往返运动，可连续抽气采样；根据抽气筒的容积和抽气次数控制和计算采气量，利用抽气快慢控制采样速度。适用于无电源、采气量小和采气速度慢的情况下采样。手抽气筒使用前应校正容积，检查是否漏气。

（2）水抽气瓶 图 3-19 是用两个 2~10L 带容积刻度的小口玻璃瓶组成采气样装置。每个瓶口的橡胶塞内插入长短不同的玻璃管各一根，用橡胶管连接两根长玻璃管，将两瓶一高一低放置，高位瓶内充满水后盖好橡胶塞，松开螺旋夹，水由高位瓶流向低位瓶，在高位瓶形成负压，短玻璃管处产生吸气作用。采样时，将收集器与高位瓶的短玻璃管连接，并通过螺旋夹调节水流速度来调节采样速度。采集所需的气体体积后，夹紧螺旋夹，高位瓶中水面下降的体积刻度，即为所采集的空气体积。适用于采样速度≤2L/min、无电源或者易燃、易爆的现场采样。水抽气瓶可用玻璃瓶，也可采用塑料瓶。为了准确测量采样体积，采样前应对水抽气瓶进行气密性能检查。

（3）电动抽气机 电动抽气机种类较多，常见的有以下几种：

① 吸尘器。是一种流速较大、阻力较小的采气动力。采样过程中，每隔 30min 应停机片刻，以防电动机发热，损坏电动机。在电动机转动过程中，若出现声音异常，产生火花或动力突然下降，应立即停机检查。吸尘器的采样动力易受外界电压变化的影响，产生采样误差。采样时应注意观察流量的变化。

② 真空泵。适于用作阻力较大的采集器的采气动力。真空泵可长时间采样，但机身笨重，不便于现场使用。

③ 刮板泵。适用于各种流速的采集器，可进行较长时间采样，具有重量轻、体积小、使用寿命长和克服阻力性能好等特点。

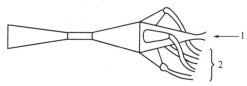

图 3-20 压缩空气吸引器
1—压缩空气；2—吸气口接吸气管

④ 薄膜泵。利用电动机通过偏心轮带动泵上的橡皮薄膜不断地抬起、压下运动，产生吸气、排气作用，达到采气目的。该泵噪声小，重量轻，能克服一定的阻力。根据泵体的大小，采气范围为 0.5~3L/min。广泛用作大气采样器和大气自动分析仪器的抽气动力。

（4）压缩空气吸引器（compressed air aspirator） 又称为负压引射器（见图 3-20）。利用压缩空气高速喷射时，吸引器产生的负压作为抽气动力。适用于禁用明火及无电源但具备压缩空气的场所，特别适用于矿山井下采样，可以连续使用。采样时控制压缩空气的喷射量可调节采样速度。

2. 气体流量计

测量气体流量的仪器称为气体流量计（gas flowmeter）。气体流量计种类很多，常用的主要有孔口流量计（orifice flowmeter），转子流量计（rotator flowmeter）、皂膜流量计

(soap bubble flowmeter)和湿式流量计（wet flowmeter）四种。孔口流量计和转子流量计轻便、易于携带，适合于现场采样；皂膜流量计和湿式流量计测量气体流量比较精确，一般用来校正其他流量计。皂膜流量计、湿式流量计直接测量气体流过的体积值；转子流量计、孔口流量计测量气体的流速。

由于空气的体积受到很多因素的影响，使用前应校正流量计的刻度。

(1) 转子流量计　转子流量计由一根内径上大下小的玻璃管和一个转子组成（见图3-21）。转子可以是铜、铝、不锈钢或塑料制成的球体或上大下小的锥体。由于玻璃管中转子下端的环形孔隙截面积比上端的大，当气体从玻璃管下端向上流动时，转子下端的流速小，上端的流速大。因此，气体对转子的压力下端比上端大，这一压力差（Δp）使转子上升。另外，气流对转子的摩擦力也使转子上升。当压力差、摩擦力共同产生的上升作用力与转子自身的重量相等时，转子就停留在某一高度，这一高度的刻度值指示这时气体的流量（Q）。气体流量与采样时间的乘积即为采集气体的量。气体流速越大，转子上升越高。气体流量计算公式如下：

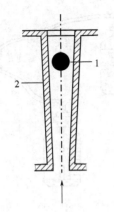

图3-21　转子流量计
1—转子；2—锥形玻璃管

$$Q = k\sqrt{\frac{\Delta p}{\rho}} \tag{3-15}$$

式中，k为常数；ρ为空气密度，mg/m^3。由于气温、气压等因素对空气密度有影响，因此气体流量也受气湿和气压的影响。

采样前，应将转子流量计的流量旋钮关至最小，开机后由小到大调节流量至所需的刻度。使用前，应在收集器与流量计之间连接一个小型缓冲瓶，以防止吸收液流入流量计而损坏采样仪。在实际采样工作中，若空气湿度大，应在转子流量计进气口前连接干燥管除湿，以防转子吸附水分增加自身质量，使流量测量结果偏低。

(2) 孔口流量计　它是一种压力差计，有隔板式和毛细管式两种类型。在水平玻璃管的中部有一个狭窄的孔口（隔板），孔口前后各连接U形管的一端（见图3-22），U形管中装有液体。不采样时U形管两侧液面在同一水平面上；采样时，气体流经孔口，因阻力产生压力差。孔口前压力大，液面下降；孔口后压力小，液面上升；液柱差与两侧压力差成正比，与气体流量成正相关关系。常用流量计的孔口为1.5mm或3.0mm，相应的流量为5L/min或15L/min。孔口流量计的流量可用下式计算：

$$Q = k\sqrt{\frac{H\gamma_A}{\gamma}} \tag{3-16}$$

式中，Q为流量，L/min；H为液柱差，mm；γ_A为空气的密度，mg/m^3；γ为孔口流量计中液体的密度，mg/mL。所用液体一般是着色的液体石蜡或水，便于读数。同转子流量计一样，孔口流量计的气体流量受气温和气压的影响。

(3) 皂膜流量计　皂膜流量计由一根有体积刻度的玻

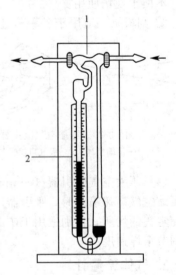

图3-22　孔口流量计
1—孔口；2—标尺

璃管和橡胶球组成（见图3-23）。玻璃管下端有一支管，橡胶球内装满肥皂水，当用手挤压橡胶球时，肥皂水液面上升至支管口，从支管流入的气流使肥皂水产生致密的肥皂膜，并推动其沿管壁缓慢上升。肥皂膜从起始刻度到终止刻度所示的体积值就是流过气体的量，记录相应的时间，即可计算出气体的流速。

肥皂膜气密性良好、质量轻，沿清洁的玻璃管壁移动的摩擦力只有20～30Pa，阻力很小。由于皂膜流量计的体积刻度可以进行校正，并用秒表计时，因此皂膜流量计测量气体流量精确，常用于校正其他种类的流量计。根据玻璃管内径大小，皂膜流量计可以测量1～100mL/min的流量，测量误差小于1%。皂膜流量计测定气体流量的主要误差来源是时间的测量，因此要求气流稳定，皂膜上升速度不超过4cm/s，保证皂膜有足够长的时间通过刻度区。

（4）湿式流量计　它由一个金属筒制成，内装半筒水，筒内装有一个绕水平轴旋转的鼓轮，将圆筒内腔分成四个小室（见图3-24）。当气体由进气管进入小室时，推动鼓轮旋转，鼓轮的转轴与筒外刻度盘上的指针连接，指针所示读数即为通过气体的流量。刻度盘上的指针每旋转一圈为5L或10L。记录测定时间内指针旋转的圈数就能算出气体流过的体积。在湿式流量计上方配有压力计和温度计，可测定通过气体的温度和压力。

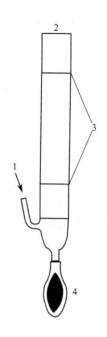

图3-23　皂膜流量计
1—进气口；2—出气口；
3—刻度线；4—橡胶球

湿式流量计上附有一个水平仪，底部装有螺旋，可以调节水平位置；前方一侧有一水位计，多加的水可从水位计的出水口溢出，保证筒内水量准确。使用前应进行漏气、漏水检查，否则会影响流量的准确测量。

不同的湿式流量计由于进气管内径不同，最大流量限额不一样。盘面最大刻度为10L的湿式流量计，其最大流量限额为25L/min；5L的则为12.5L/min。湿式流量计测量气体流量准确度较高，测量误差不超过5%。但自身笨重，携带不便，常用于实验室里校正其他流量计。

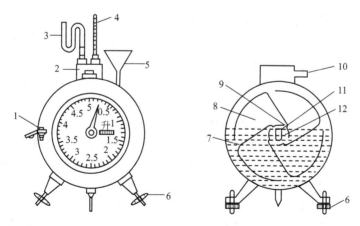

图3-24　湿式流量计
1—水位口；2—水平仪；3—开口压力计；4—温度计；5—加水漏斗；6—水平螺丝；
7—小室外孔；8—小室；9—小室内孔；10—出气管；11—进气管；12—圆柱形室

3. 专用采样器

在空气理化检验工作中，为了便于采样，通常将收集器、气体流量计和抽气动力组装在一起形成专用采样器。根据采样工作需要，采样时可以选择不同的收集器；一般专用采样器选用转子流量计测量气体流量，以电动抽气机作为采样动力。不少采样器上还装有自动计时器，能方便、准确地控制采样时间。专用采样器体积小、重量轻，携带方便，操作简便。根据其用途，专用采样器可分为以下六种。

(1) 大流量采样器　大流量采样器如图 3-25 所示。其流量范围为 $1.1 \sim 1.7 m^3/min$，滤料夹上可安装 200mm×250mm 的玻璃纤维滤纸，以电动抽气机为抽气动力。空气由山形防护顶盖下方狭缝处进入水平过滤面；采集颗粒物的粒径范围为 $0.1 \sim 100 \mu m$；采样时间可持续 8～24h，利用压力计或自动电位差计连续记录采样流量，适用于大气中总悬浮颗粒物的采集。新购置的采样器和更换电机后的采样器应进行流量校准，采样器在使用期间，每月应定期校准流量。

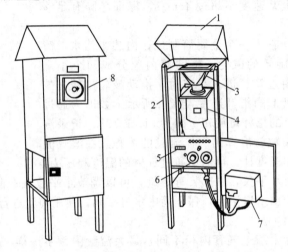

图 3-25　大流量采样器示意图
1—防护盖；2—支架；3—滤料夹；4—大容量涡流风机；5—计时器；6—计时程序控制器；
7—流量控制器；8—流量记录器

(2) 中流量采样器　中流量采样器由空气入口防护罩、采样夹、转子流量计、吸尘器等组成（见图 3-26）。工作原理与大流量采样器基本相同，但采气流量和集尘有效过滤面积较大流量采样器小，有效集尘面的直径为 100mm，通常以 200～250L/min 流量采集大气中的总悬浮颗粒物。采样滤料常用玻璃纤维滤纸或有机纤维滤膜，采样时间为 8～24h。使用前，应校准其流量计在采样前后的流量。

(3) 小流量采样器　小流量采样器的结构与中流量采样器相似。采样夹可装直径 40mm 的滤纸或滤膜，采气流量 20～30L/min。由于采气量少，需要较长时间的采样才能获得足够量的样品，通常只适宜做单项组分的测定。如可吸入颗粒物采样器或 PM_{10} 采样器，采气流量为 13L/min，入口切割器上切割粒径为 $30\mu m$，$D_{50} = (10 \pm 1) \mu m$。

(4) 分级采样器　通常可在采样器的入口处加一粒径分离切割器构成分级采样器。图 3-27 是大流量分级采样器。粗的颗粒被粒径分离切割器截留，细的颗粒通过切割器后，被装在后面的滤料收集。采样后，分别测定各级滤料上所采集颗粒物的含量和成分。分级采样器有二段式和多段式两种类型。二段式主要用于测定 TSP 和 PM_{10}，多段式可分别采集不同粒径范围的颗粒物，用于测定颗粒物的粒度分布。粒径分离切割器的工作原理有撞击式、旋风式和向心式等多种形式。

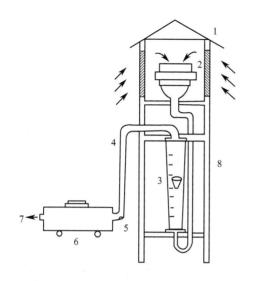 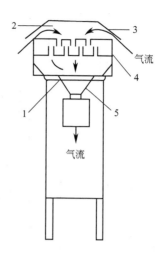

图 3-26　中流量采样器　　　　　　　　图 3-27　分级采样器
1—防护罩；2—采样夹；3—流量计；4—导气管；　　1—滤膜；2—分级挡板；3—入口盖；
5—流量调节孔；6—吸尘器；7—排气；8—支架　　　4—分离切割器；5—标准大流量采样器

(5) 粉尘采样器　携带式粉尘采样器（portable dust sampler）用于采集粉尘，以测定空气中粉尘浓度、分散度，游离二氧化硅等化学有害物质和病原微生物。粉尘采样器的采样速度一般为 10～30L/min。它配有滤料采样夹，可用滤纸或滤膜采样。粉尘采样器又分为固定式和携带式两种。携带式粉尘采样器（见图 3-28）由滤料采样夹、流量计、抽气机等组成，可用三脚支架支撑，采样高度为 1.0～1.5m。它有两个采样夹，可以进行平行采样。常用于采集工作场所空气中的烟和尘。

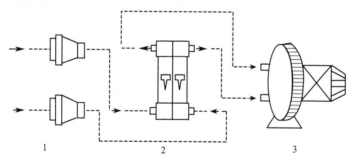

图 3-28　粉尘采样器
1—采样夹；2—转子流量计；3—电动机

(6) 气体采样器　图 3-29 为携带式气体采样器（portable gas sampler）的结构示意图。它用于采集空气中气体和蒸气状态有害物质，采样速度一般在 0.2～1.5L/min 范围内，所用抽气动力多为薄膜泵。携带式气体采样器适用于与阻力和流量较小的气泡吸收管、多孔玻板吸收管等收集器配套采样。该仪器轻便、易携，常用于现场采样。

综上所述，采样仪器在使用前，应按仪器说明书对仪器进行检验和标定；对采样系统进行气密性检查，不得漏气；要用一级皂膜流量计校准采样系统的流量，误差不超过 5%。

现场采样时，应用两个采样管不采样，并按其他样品管一样处理，作为采样过程中空白管，进行平行分析，若空白检验超过控制范围，则同批样品作废。

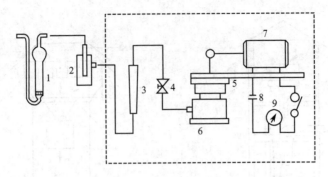

图 3-29 携带式气体采样器结构示意图
1—吸收管；2—滤水阱；3—流量计；4—流量调节阀；5—抽气泵；6—稳流器；
7—电动机；8—电源；9—定时器

采样时应记录现场的情况，包括各种污染源、采样日期、时间、地点、数量、布点方式、大气压力、气温、相对湿度、风速以及采样者签字等，并随样品一同送到实验室。在计算浓度时应将采样体积换算成标准状态下的体积。

工作任务四
空气样品采集质量控制

一、最小采气量

最小采气量（minimum sampling volume），当空气中待测有害物质的浓度为其最高容许浓度值时，保证所采用的分析方法能够检出待测有害物质所需要采集的最小空气体积称为最小采气量。它与国家卫生标准中规定的待测有害物质的最高容许浓度值、分析方法的灵敏度以及分析时所用的样品量有关。

当空气中有害物质的浓度低于国家卫生标准的最高容许浓度时，采气量对分析结果有很大的影响。如采气量足够大，就可以测得阳性结果；反之，就不能检出。对于不能检出的结果有两种可能，一种可能是空气中被测有害物质的浓度很低，不能检出；另一种可能是由于采集的空气样品量太少，没有达到分析方法灵敏度所要求的采集量。为了避免后一种情形的出现，在空气理化检验采样时提出了最小采气量的要求。空气样品的最小采气量的计算方法如下：

$$V_{min} = \frac{sa}{Tb} \times 2 \tag{3-17}$$

式中，V_{min} 为最小采气量，L；s 为分析方法的绝对检出限，μg；T 为被测物质在空气中的最高容许浓度，mg/m³；a 为样品溶液的总体积，mL；b 为分析时所取样品溶液的量，mL。

例如，用酚试剂分光光度法测定空气中的甲醛浓度，方法的检出限为 0.05μg。用 10mL 含酚试剂的水溶液作吸收液，测定时取 5mL 样液分析。大气中甲醛的最高容许浓度（一次）为 0.05mg/m³。根据上式可计算得出最小采气量为 4L。

在实际工作中，如果采样现场空气中被测有害物质的浓度较高时，可相应减少采气量，这样不仅可以减少采样时间，还可以避免样品溶液在分析时多次稀释带来的误差。如果采样现场空气中有害物质的浓度很低,又要求测出其低于最高容许浓度的具体数值时,则应增加采气量,采集比 V_{min} 更多的空气样品量。

二、采样效率及其评价方法

采样效率(sampling efficiency)是指在规定的条件(如采样流量、被采集物质浓度、采样温度和采样时间等)下,某采样方法所采集到待测物的量占其总量的百分数。

采样效率受多种因素的影响,在选择采样方法或建立新的采样方法时必须确定其采样效率。空气理化检验工作中,采样方法的采样效率应高于 90%,如果采样效率太低,将对测定结果产生较大影响。空气中待测物的存在状态不同,采样效率的评价方法也不一样。

1. 气体和蒸气态检测物采样效率的评价方法

用溶液吸收法或固体吸附剂采样法采集空气中气体和蒸气状态检测物时,可用以下方法评价采样效率。

(1)绝对比较法 亦称为精确配气法,即配制一定浓度($c_{测}$)的标准气体,然后用选定的采样法采集所配的标准气体,并测定标准气浓度($c_{标}$),则采样效率(p)为:

$$p = \frac{c_{测}}{c_{标}} \times 100\% \qquad (3-18)$$

用这种方法评价采样效率虽然很好,但因难于精确配制一定浓度的标准气,所以一般较少采用,当有标准气出售时可以选用。

(2)相对比较法 亦称串联采气法,即配制一定浓度范围的待测气体,其浓度不要求十分精确,串联 2~3 个采气瓶,采集所配气体,并测定各采气瓶中的浓度,计算第一采气瓶与各采气瓶总浓度的百分数,则采样效率为:

$$p = \frac{c_1}{c_1 + c_2 + c_3} \times 100\% \qquad (3-19)$$

c_1、c_2、c_3 分别为第一、第二和第三吸收瓶中气体污染物的含量。采样效率应高于 90%,若略低时应增加吸收瓶,采样效率过低时应更换吸收瓶的型式或更换吸收液或改变气体的流量。

2. 气溶胶状态检测物采样效率的评价方法

采样时,往往用滤料采样法采集气溶胶状态检测物,其采样效率的表示方法有两种。一种是颗粒采样效率,以采集到的气溶胶颗粒数占其总颗粒数的百分数表示;另一种是质量采样效率,以采集到的气溶胶质量占其总质量的百分数表示。这两种表示方法的结果不一致,通常质量采样效率数值大于颗粒采样效率数值。由于质量采样效率表示方法简便易行,是常用的表示方法。

一般采用相对比较的方法来评价滤料的采样效率。可用一个已知采样效率很高的方法与被评价滤纸或滤膜同时采样,通过比较得出其采样效率。颗粒采样效率常用一个灵敏度很高的颗粒计数器测量空气样品进入滤料前和通过滤料后的颗粒数来计算。

3. 影响采样效率的主要因素

(1)采集器 采集器对采样效率影响很大。气态和蒸气状态有害物质以分子形式存在于空气中,若用滤纸或滤膜采集,则采样效率很低;而用溶液吸收法或适当的试剂浸渍滤纸(膜)采样则有较高的采样效率;以气溶胶形式存在的检测物,用固体吸附采集法可获得很高的采样效率,而用气泡吸收管或多孔玻板吸收管采样,则易发生堵塞致使采样效率低。

(2)吸收液或固体吸附剂 一般要求所选用的吸收液对空气中的有害物质的溶解度大、化学反应速度快,与之能生成稳定的物质。固体吸附剂应该阻留效率大,并能使被吸附的待测物定量解吸。选择合适的吸收液或固体吸附剂直接影响采样效率。在选择采样效率高的吸收液或固体吸附剂时,还应该考虑到采样后所生成的化合物对测定方法是否有影响。

(3) 采样速度 不同的采集器应采用不同的采样速度,如用气体吸收管采集空气中的气体检测物,采样速度一般为 0.1～2L/min。若采样速度太快,吸收液还来不及吸收待测物,待测物就被抽走,导致采样效率下降。而用滤纸、滤膜法采集气溶胶时则应采用较大的流速;由于悬浮颗粒物自身的重力作用而向下沉降,只有当采样流速差不多能克服其重力引起的沉降时,颗粒物才能进入采集器而被采集。

(4) 其他因素 采样时还必须考虑气温、湿度等气象因素的影响。例如,气温较高时,低沸点的气态或蒸气态检测物易挥发或蒸发,造成待测物损失,为了提高采样效率,采样时应该降低采集器和吸收液的温度(冷阱法)。如果采样现场的温度过高(>55℃)时,则不能使用聚氯乙烯滤膜采集该工作场所空气中的待测物,否则滤膜变形,采样效率降低。另外,还必须正确掌握采样方法和采样仪器的使用,这些都是保证采样效率达到要求的重要条件。

三、空气样品采样记录

采样记录与实验室记录同等重要,在实际工作中,若对采样记录不重视,不认真填写采样记录,会导致由于采样记录不全而使一大批监测数据无法统计而作废。因此,必须引起高度重视。采样记录填写内容有污染物名称、采样点名称、采样编号、采样日期及时间、采样流量及体积、采样时的温度及压力、换算成标准状态下的体积、所用仪器、吸收液、采样时天气情况及周围情况、采样者、审核者签名,如表 3-12 和表 3-13 所示。

表 3-12 空气采样记录表

采样者:_____   审核者:_____

编号	日期	采样点名称	采样时间/min	流量/(L/min)	采样体积/mL	温度/℃	压力/kPa	标准状态下采样体积/mL	情况记录

表 3-13 工作场所空气中有害物质定点采样记录表   第 页 共 页

用人单位				项目编号			
监测类型	(评价 日常 监督)			待测物			
采样仪器				采样方法			

样品编号	仪器编号	采样地点	生产情况、工人在此停留时间以及工人个体防护措施	流量/(L/min)		采样时间		温度气压
				采样前	采样后	开始时间	结束时间	
						:	:	
						:	:	
						:	:	
						:	:	

采样人: 年   月   日   陪同人: 年   月   日

工作任务五
空气样品采集实训

——工作场所有毒物质（芳香烃化合物）的测定

一、实验目的

1. 掌握环境检测的基本采样方法（活性炭管采集溶剂解析法）；
2. 进一步掌握运用气相色谱定性、定量（外标法）工作场所中芳香烃的种类和含量；
3. 学会依据测定结果和国家的相关标准来评价工作场所受污染的程度，引发学生的环保意识。

二、实验原理

环保及劳保部门常常需对相关场所的空气中的有毒物质进行检测，其中芳香烃类物质苯、甲苯、二甲苯几乎是必测的。本次综合实验选择有机实验室作为测试的工作场所，使同学们掌握工作场所芳香烃类有毒物质的测试方法。

采集大气样品是工作场所有毒物质检测的第一步，采集空气样品一般分为直接采样法和富集采样法两大类。直接采样法适合于被测物质的浓度比较高的情况，富集采样法则适用于被测物质浓度比较低的情况，空气质量检测大多用富集采样法。富集采样法又分为溶液吸收法和固体阻留法，本实验采用固体阻留法中的活性炭吸附型采样管，当被测大气通过装有吸附剂的采样管时，由于吸附剂对气体的选择性吸附作用，使待测物阻留在采样管中从而达到气样的采集和浓缩。工作场所中的苯、甲苯、二甲苯用活性炭管采集，二硫化碳解吸后进样，经毛细管柱分离，氢焰离子化检测器检测，以保留时间定性，峰面积（外标法）定量，本方法检测限：当采样体积为 10L 时苯为 $0.05mg/m^3$；甲苯为 $0.04mg/m^3$；二甲苯（包括邻二甲苯、对二甲苯、间二甲苯）为 $0.01mg/m^3$。判断依据 GB/T 18883—2002《室内空气质量标准》，苯$\leqslant 0.11mg/m^3$；甲苯$\leqslant 0.20mg/m^3$；二甲苯$\leqslant 0.20mg/m^3$进行判定。（实验中对二甲苯与间二甲苯峰重叠，故只选其一间二甲苯作定性分析。）

三、仪器与试剂

（1）仪器　活性炭管（溶剂解吸型，内装 100mg 活性炭）；空气采样器（流量 0~1.5L/min）；溶剂解吸瓶（10mL）；微量注射器（10μL，50μL）；气相色谱仪；移液管（1mL）。

（2）试剂　苯、甲苯、间二甲苯、邻二甲苯为色谱纯；二硫化碳（色谱鉴定无干扰峰）。

四、实验步骤

（1）二硫化碳的纯化　取分析纯二硫化碳 100mL 于 200mL 烧瓶中，加入浓硫酸 25mL，接上冷凝管，加热回流 30min（二硫化碳沸点 46~47℃）。冷却后将溶液转移至分液漏斗中，静置分层，弃去酸层，水洗，加 10% 碳酸钾溶液中和 pH 至 6~8，再水洗至中性，弃去水相，二硫化碳用无水硫酸钠干燥除水备用。

（2）在采样点，打开活性炭管两端，以 1.0L/min 流量采集 10min 空气样品（注意采样管的方向），采集后立即封闭活性炭管两端。记录环境温度和气压。参照 GB/T 18883—2002《室内空气质量标准》或 GB 50325—2006《民用建筑工程室内环境控制污染控制规范》

进行。

（3）对照空白实验　在采样地点的空旷室外用活性炭管连接采样器，其余按操作步骤（2）进行样品采集，作为样品的空白对照。

（4）样品处理　将采过样品的活性炭（采气方向那一边的活性炭，不要将海绵放入试管）放入10mL具塞试管中，加入1.0mL二硫化碳（已纯化），塞紧管塞，振摇1min，解吸30min。解吸液用气相色谱仪进行测定。若溶度超过测定范围，用二硫化碳稀释后测定，计算时乘以稀释倍数。

（1）标准储备液　加约5mL二硫化碳于10mL容量瓶中，用微量注射器分别准确加入10μL苯、甲苯、二甲苯（色谱纯：在20℃，1μL苯、甲苯、邻二甲苯、间二甲苯为0.8787mg、0.8669mg、0.8802mg、0.8642mg），用二硫化碳稀释至刻度，为标准储备液。

（2）标准曲线的绘制　用二硫化碳分别稀释标准储备液10、20、100倍得表3-14所列标样系列。

表 3-14　标样系列

标样号	0	标1(稀释标准溶液10倍)	标2(稀释标准溶液20倍)	标3(稀释标准溶液100倍)
苯浓度/(mg/mL)	0.000	8.787×10^{-2} 1mL→10mL	4.394×10^{-2} 0.5mL→10mL	8.787×10^{-3} 0.1mL→10mL
甲苯浓度/(mg/mL)	0.000	8.669×10^{-2}	4.335×10^{-2}	8.669×10^{-3}
邻二甲苯浓度/(mg/mL)	0.000	8.802×10^{-2}	4.401×10^{-2}	8.802×10^{-3}
间二甲苯浓度/(mg/mL)	0.000	8.642×10^{-2}	4.321×10^{-2}	8.642×10^{-3}

（3）将气相色谱仪调节至最佳测定状态，分别进样1.0μL，测定各标准系列。每个浓度标样重复测定两次。以测定的峰面积均值与浓度分别对苯、甲苯、间二甲苯、邻二甲苯（μg/mL）绘制标准曲线。

（4）用测定标准系列的操作条件测定样品和空白对照的解吸液；测得的样品峰面积减去空白对照峰面积值后，由标准曲线得苯、甲苯、间二甲苯和邻二甲苯的浓度（μg/mL）。

五、数据记录与处理

1. 实验记录表

采样环境条件	温度/℃	大气压/kPa	采样时流量/(L/min)	采样时间/min
	采样体积 V_t/L		采样标准体积 V_0/L	

气相色谱分析条件				
分析软件	N2000型色谱工作软件			
气相条件	气相色谱仪型号	检测器	色谱柱	柱前压/MPa
	载气流量/(L/min)	氢气流量/(L/min)	空气流量/(L/min)	尾吹/(L/min)
	分流比	柱温/℃	汽化室/℃	检测器/℃

续表

定量方式			进样量/μL		
样品名称	检测项目	峰面积	平均峰面积		样品浓度/(mg/mL)
	苯				
	甲苯				
	间二甲苯				
	邻二甲苯				
	苯				
	甲苯				
	间二甲苯				
	邻二甲苯				
	苯				
	甲苯				
	间二甲苯				
	邻二甲苯				
苯标准曲线回归方程			相关系数 R^2		
甲苯标准曲线回归方程			相关系数 R^2		
间二甲苯标准曲线回归方程			相关系数 R^2		
邻二甲苯标准曲线回归方程			相关系数 R^2		
样品名称	检测项目	峰面积		样品浓度/(mg/mL)	
	苯				
	甲苯				
	间二甲苯				
	邻二甲苯				
结论					

2. 计算

按下式将采样体积换算成标准采样体积：

$$V_0 = V \times \frac{273}{273+t} \times \frac{p}{101.3}$$

式中　V_0——标准采样体积，L；
　　　V——采样体积，L；
　　　t——采样点的温度，℃；
　　　p——采样点的大气压，kPa。

按下式计算工作场所空气中苯、甲苯、邻二甲苯和间二甲苯的浓度。

$$c_空 = \frac{c_测 \cdot v}{V_0 D}$$

式中　$c_空$——空气中苯、甲苯、间二甲苯和邻二甲苯的浓度，mg/m^3；
　　　$c_测$——测得解吸液中苯、甲苯、间二甲苯和邻二甲苯的浓度，$\mu g/mL$；
　　　v——解吸液的体积，mL；
　　　V_0——标准采样体积，L；
　　　D——解吸效率，%。

PM$_{2.5}$ 和空气污染防治行动（大气"国十条"）

一、PM$_{2.5}$ 相关知识

1. 什么是 PM$_{2.5}$

空气污染指数（Air Pollution Index，简称 API）是评估空气质量状况的一组数字，它能告诉您今天或明天您呼吸的空气是清洁的还是受到污染的，以及您应当注意的健康问题。它将常见的空气污染物浓度简化为一组指数型数值，中国计入空气污染指数的项目暂定为：二氧化硫（SO_2）、氮氧化物（NO_x）和总悬浮颗粒物。

悬浮在空气中的粒径小于等于 100μm 的颗粒物叫做总悬浮颗粒物。其中粒径小于等于 10μm 的称为 PM$_{10}$，又叫做可吸入颗粒物。可吸入颗粒物中，粒径小于或等于 2.5μm 的固体颗粒或液滴就叫做 PM$_{2.5}$、细颗粒物，又称可入肺颗粒物；大于 2.5μm 而小于等于 10μm 的叫做粗颗粒物。

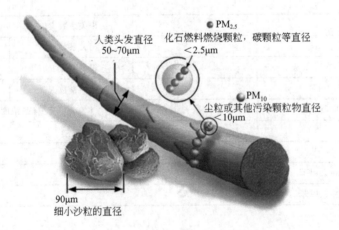

PM$_{2.5}$ 含有大量的有毒、有害物质且在大气中的停留时间长、输送距离远，因而对人体健康和大气环境质量的影响更大。2012 年 2 月，国务院同意发布新修订的《环境空气质量标准》增加了 PM$_{2.5}$ 监测指标。

2. PM$_{2.5}$的来源

PM$_{2.5}$来源广泛、成因复杂，主要为人为排放，包括燃煤、烧秸秆、烧烤、机动车出行、餐饮油烟、建筑施工扬尘、喷涂喷漆装修等，都会为增加PM$_{2.5}$做"贡献"，一些排放出的气体发生化学反应也会转化成PM$_{2.5}$。PM$_{2.5}$还有自然来源，包括风扬尘土、火山灰、森林火灾等。一般而言，粒径2.5~10μm的粗颗粒物主要来自道路扬尘等；2.5μm以下的细颗粒物则主要来自化石燃料的燃烧（如机动车尾气、燃煤）、挥发性有机物等。

3. PM$_{2.5}$的浓度和标准

2012年3月我国公布的新《环境空气质量标准（GB 3095—2012）》仍保留了之前一直执行的150μg/m³为PM$_{10}$的日均浓度限值，并按照PM$_{2.5}$占PM$_{10}$的50%的比例设立了PM$_{2.5}$日均浓度值为75μg/m³。

新的《环境空气质量标准》颁布后，环保部明确提出了新标准实施的"三步走"目标。按照计划，2012年年底前，京津冀、长三角、珠三角等重点区域以及直辖市、计划单列市和省会城市要按新标准开展监测并发布数据；2013年，113个环境保护重点城市和国家环保模范城市按新标准开展监测并发布数据；2015年，所有地级以上城市按新标准开展监测并发布数据；2016年1月1日，全国实施新标准。截至目前，全国已有195个站点完成PM$_{2.5}$仪器安装调试并试运行，有138个站点开始正式PM$_{2.5}$监测并发布数据。

二、空气污染防治行动简介

2013年9月12日，国务院发布《大气污染防治行动计划》，即大气"国十条"，这是当前和今后一个时期全国大气污染防治工作的行动指南。行动计划按照政府调控与市场调节相结合、全面推进与重点突破相配合、区域协作与属地管理相协调、总量减排与质量改善相同步的总体要求，提出要加快形成政府统领、企业施治、市场驱动、公众参与的大气污染防治新机制，本着"谁污染、谁负责，多排放、多负担，节能减排得收益、获补偿"的原则，实施分区域、分阶段治理。

行动计划提出，经过五年努力，使全国空气质量总体改善，重污染天气较大幅度减少；京津冀、长三角、珠三角等区域空气质量明显好转。力争再用五年或更长时间，逐步消除重污染天气，全国空气质量明显改善。具体指标是：到2017年，全国地级及以上城市可吸入颗粒物浓度比2012年下降10%以上，优良天数逐年提高；京津冀、长三角、珠三角等区域细颗粒物浓度分别下降25%、20%、15%左右，其中北京市细颗粒物年均浓度控制在60μg/m³左右。为实现以上目标，行动计划确定了十项具体措施。

一是加大综合治理力度，减少多污染物排放。全面整治燃煤小锅炉，加快重点行业脱硫、脱硝、除尘改造工程建设。综合整治城市扬尘和餐饮油烟污染。加快淘汰黄标车和老旧车辆，大力发展公共交通，推广新能源汽车，加快提升燃油品质。

二是调整优化产业结构，推动经济转型升级。严控高耗能、高排放行业新增产能，加快淘汰落后产能，坚决停建产能严重过剩行业违规在建项目。

三是加快企业技术改造，提高科技创新能力。大力发展循环经济，培育壮大节能环保产业，促进重大环保技术装备、产品的创新开发与产业化应用。

四是加快调整能源结构，增加清洁能源供应。到2017年，煤炭占能源消费总量比重降到65%以下。京津冀、长三角、珠三角等区域力争实现煤炭消费总量负增长。

五是严格投资项目节能环保准入，提高准入门槛，优化产业空间布局，严格限制在生态脆弱或环境敏感地区建设"两高"行业项目。

六是发挥市场机制作用，完善环境经济政策。中央财政设立专项资金，实施以奖代补政策。调整完善价格、税收等方面的政策，鼓励民间和社会资本进入大气污染防治领域。

七是健全法律法规体系，严格依法监督管理。国家定期公布重点城市空气质量排名，建立重污染企业环境信息强制公开制度。提高环境监管能力，加大环保执法力度。

八是建立区域协作机制，统筹区域环境治理。京津冀、长三角区域建立大气污染防治协作机制，国务院与各省级政府签订目标责任书，进行年度考核，严格责任追究。

九是建立监测预警应急体系，制定完善并及时启动应急预案，妥善应对重污染天气。

十是明确各方责任，动员全民参与，共同改善空气质量。

本章小结

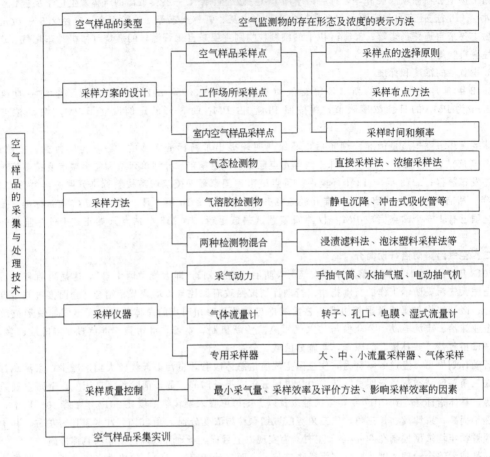

思考与练习

一、名词解释

1. 气体状态检测物 2. 分散性气溶胶 3. 体积浓度 4. 数量浓度 5. 烟雾强度系数
6. 直接采样法 7. 洗脱效率 8. 最小采气量 9. 浓缩采样法 10. 主风向

二、判断题（正确的划"√"，错误的划"×"）

1. 空气检测物的存在状态，只取决于他们本身的理化性质和形成过程。（　）
2. 采样点的选择是否正确对所采集样品的代表性和真实性无关。（　）
3. 风向频率最高的风向成为主导方向，简称主风向。（　）
4. 判断污染程度的指标是烟雾强度系数。（　）
5. 室内采样，采样前至少关闭门窗 4h。（　）
6. 无泵采样法又称为被动式采样法。（　）
7. 静电沉降法所使用的高压电场为 12～30kV。（　）
8. 一般采样速度为 0.1～2.2L/min。（　）
9. 大气中甲醛的最高容许浓度为 $0.5mg/m^3$。（　）
10. 小流量采样器的采气流量一般为 10～20L/min。（　）
11. 聚氨基甲酸酯泡沫塑料比表面积大，气阻小，适用于较大流量的采样。（　）

12. 冰-盐水制冷体系最低可制冷－20℃。( )
13. 活性炭是一种极性吸附剂。( )
14. 污染源周围区域受污染的程度与风向频率成正比，与风速成反比。( )
15. 废气排除高度就是烟囱本身的高度。( )
16. 功能区划分法多用于区域性常规监测。( )
17. 扇形布点法中，扇形夹角一般为45°～60°。( )
18. 50m²的房间应设2～3个采样点。( )
19. 当平行样品测定结果的偏差不超过20%时，所采样样品为有效样品。( )
20. 影响扩散法的因素主要是风速。( )
21. 在扇形布点法中，每条弧线设4～6个点。( )

三、填空题

1. 空气样品具有_____性和_____性。
2. 气溶胶按其形式可分为_____、_____和_____三大类。
3. 空气检测物的浓度通常表示方法有_____、_____和_____三种。
4. 采样布点方法可分为_____、_____、_____和_____四种。
5. _____、_____和_____是采样时间按长短划分的三种形式。
6. 气体检测物检测方法中的直接采样法包括_____、_____、_____和_____四种。
7. 气溶胶的采样方法主要有_____、_____和_____三大类。
8. 气体和蒸气态检测物采样效率的评价方法主要有_____和_____两种。
9. 空气监测物有_____、_____和_____三种存在状态。
10. 气溶胶是由_____和_____分散在空气中形成的一种多相分散体系。
11. 采集空气样的地点称为_____。
12. 采样点水平线与周围建筑物高度的夹角不应大于_____。
13. 交通密集区的采样点应设在人行道边缘_____m的地点。
14. 室内采样点的数量应按房间的面积，原则上小于50m²的房间应设_____个点；50～100m²应设_____个点。100m²以上至少设_____个点。
15. 室内采集气体样品，采集前至少关闭门窗_____h。
16. 常用的吸收液有_____、_____或_____。
17. 用气相色谱分析的项目常用_____采集法采集。
18. _____和_____可以表示填充柱对被采集的某组分的采样效率。
19. 用填充柱采样后，通常采用_____和_____两种方式洗脱待测物。
20. 目前，监测大气污染最有效的方法是建立_____。
21. 研究大气污染对人体健康的危害时，采样点应离地面_____m；连续采样例行监测，采样口高度应距离地面_____m。
22. 气态检测物的采样方法通常分为_____和_____两大类。
23. 劳动者的工作流动时，在其流动的范围内，一般每_____m设置一个采样点。
24. 在空气中有害物质浓度最高时段进行采样，采样时间一般不超过_____min。
25. 根据采样原理不同，被动式采样法可分为_____和_____两类。

四、选择题

1. 气溶胶的物成形态不包括( )。
  A. 尘   B. 烟   C. 露   D. 雾
2. 室内采样点的数量应按房间的面积设置，如果房间面积为80m²，下面哪个点数最为合理（　　）。

A. 1　　　　　　B. 2　　　　　　C. 4　　　　　　D. 3

3. 大型气泡吸收管可盛（　　）mL 吸收液。

A. 1～3　　　　B. 2～4　　　　C. 1～4　　　　D. 5～10

4. 下面列出的，不属于常用颗粒填充剂是（　　）。

A. 硅胶　　　　B. 活性炭　　　C. 二氧化硅　　D. 氧化铝

5. 工作场所空气污染情况调查不包括（　　）。

A. 使用的原料　B. 工作流程　　C. 工作地点　　D. 工作时间

6. 工作场所 10 台以上设备，至少设置（　　）个采样点？

A. 1　　　　　　B. 2　　　　　　C. 3　　　　　　D. 4

7. 室内空气采样，在采样前至少关闭门窗（　　）h。

A. 1　　　　　　B. 2　　　　　　C. 3　　　　　　D. 4

8. 雾是悬浮在空气中的液体颗粒，粒径一般在（　　）以下。

A. 40μm　　　　B. 30μm　　　　C. 20μm　　　　D. 10μm

9. 大流量采样器，其流量范围为（　　）。

A. 1.1～1.7m³/min　B. 1.5～210m³/min　C. 2.0～2.5m³/min　D. 2.5～3.0m³/min

10. 在注射器采样法中，在采样现场，先抽取空气将注射器清洗（　　）次。

A. 1～2 次　　　B. 3～5 次　　　C. 5～7 次　　　D. 7～9 次

11. 在扇形布点法中，相邻两天弧线的夹角为（　　）。

A. 10°～20°　　B. 20°～30°　　C. 30°～40°　　D. 40°～50°

12. 以下不属于空气检测物浓度常规表示方法的是（　　）。

A. 质量体积浓度　B. 体积浓度　　C. 数量浓度　　D. 物质量的浓度

13. 下列不属于分散性气溶胶的是（　　）。

A. 煤粉尘　　　B. 矿山粉尘　　C. 硫酸雾　　　D. 金属氧化

14. 下列属于常见气体状态监测物的是（　　）。

A. 二氧化硫　　B. 一氧化碳　　C. 二氧化氮　　D. 臭氧

15. 下列与空气污染物扩散关系最小的是（　　）。

A. 温度　　　　B. 风向　　　　C. 风速　　　　D. 检测物的排放高度

16. 对于工作地空气质量采样点的选择原则下述说法错误的是（　　）。

A. 采样点应设在工作地点的下风向　　B. 靠近排气口和可能产生涡流的地点
C. 采样点尽可能靠近劳动者　　　　　D. 采样点应该选择有代表性的工作地点

17. 有些气体样品可吸收后测定，如臭氧可用（　　）溶液吸收。

A. $Zn(CH_3COO)_2$　B. H_2SO_4　　C. $KMnO_4$　　D. KI

18. 利用制冷剂使收集器中固体吸附剂温度降低，有利于吸附、采集空气中低沸点物质，下列哪个不属于制冷剂（　　）。

A. 冰-盐水　　B. 干冰-乙醇　　C. 丙醇　　　　D. 液氮-乙醇

19. 静电沉降法采集气体样品的说法错误的是（　　）。

A. 使空气样品通过高压电场，气体分子被电离产生离子，气溶胶粒子吸附离子而带电荷
B. 带电荷的微粒沉降到极性相反的收集电极上
C. 此法采样速度快，采样效率高
D. 运用范围广，现场有易燃的气体、蒸气或粉尘时也可以使用

20. 冲击式吸收管适用于吸收（　　）的样品。

A. 吸收液中溶解度很大或与吸收液反应速度很快的气体分子

B. 质量摩尔浓度大气体分子
C. 性质活泼的气体分子
D. 以上说法都不对

21. 对于费克（Fick）扩散第一定律，下列说法错误的是（　　）。
A. 传质速度与该物质的浓度梯度成正比　　B. 传质速度与分子的扩散系数成正比
C. 传质速度与扩散带的长度成反比　　D. 传质速度与扩散带的截面积成正比

22. 测定 SO_2 气体可选择的吸收剂为（　　）。
A. H_2SO_4 溶液　　B. $K_2[HgCl_4]$ 溶液　　C. $KMnO_4$ 溶液　　D. $Zn(CH_3COO)_2$

五、简答题

1. 根据空气理化检验的目的，怎样正确选择采样点？
2. 什么是主导风向和烟污强度系数？
3. 采样方法分为哪几类？选择采样方法的依据是什么？
4. 同时采集以气态和气溶胶两种状态存在的空气检测物，有哪几种采样方法？
5. 用来采集气态检测物的收集器有哪几种类？简述其适用范围。
6. 什么是穿透容量和最大采气量？
7. 空气采样动力主要有哪几种？
8. 采集空气样品时，有时要用气体流量计，有时不要用气体流量计。为什么？
9. 简述转子流量计测定气体流量的原理。
10. 常用的专用采样器有哪些？
11. 如何准确评价方法的采样效率？影响采样效率的因素有哪些？
12. 什么是最小采气量？最小采气量有何意义？

学习情境四

固体废物及土壤样品的采集与处理技术

知识目标

- 了解固体废物的定义、分类及土壤污染的来源和危害
- 掌握固体废物及土壤监测方案的制订方法
- 掌握固体废物及土壤样品的布点、采样、保存方法
- 了解土壤样品的一般预处理方法

能力目标

- 能够根据固体废物及土壤样品取样标准方法进行取样操作
- 能够正确处理有关取样操作中的技术和安全问题
- 能够正确处理和保存样品
- 能够正确进行固体废物及土壤样品的一般预处理

  生活垃圾和工业固体废物正成为困扰人类社会的问题之一，全世界每年要产生超过10亿吨的垃圾，大量的生活和工业废物由于缺少处理系统而露天堆放，垃圾围城现象日益严重，成堆的垃圾臭气熏天，病菌滋生；而有些有毒有害的工业废物在堆放的过程中有毒物质会通过雨水的淋滤作用污染地表和地下水，严重危害人类的健康。

  土壤是指陆地表面具有肥力、能够生长植物的疏松表层，其厚度一般在2m左右。土壤不但为植物生长提供机械支撑能力，并能为植物生长发育提供所需的水、肥、气、热等要素，同时土壤也是各种污染物的最终受体。土壤中的污染物会通过土壤-植物体系进入生物相，致使生物体也受到污染物的侵袭，而生物体的污染也会通过食物链最终进入人体。因此，监测固体废物和土壤中污染物的含量是十分必要的。而固体废物及土壤样品的采集是固体废物和土壤监测的一个重要环节。要采集有代表性的样品，如实反映客观情况，就必须根据不同分析项目采用相关的采样和处理方法。

工作任务一
固体废物及土壤样品

一、固体废物的定义和分类

固体废物是指在生产、建设、日常生活和其他活动中产生的污染环境的固态、半固态废弃物质。

固体废物主要来源于人类的生产和消费活动。它的分类方法很多：按化学性质可分为有机废物和无机废物；按形状可分为固体和泥状的；按它的危害状况可分为危险废物（亦称有害废物）和一般废物；按来源可分为矿业固体废物、工业固体废物、城市垃圾（包括下水道污泥）、农业废物和放射性固体废物等。

工业固体废物是指在工业、交通等生产活动中产生的固体废物。城市生活垃圾是指在城市日常生活中或者为城市日常生活提供服务的活动中产生的固体废物以及法律、行政法规规定视为城市生活垃圾的固体废物。被丢弃的非水液体，如废变压器油等由于无法归入废水、废气类，习惯上归在废物类。

在固体废物中对环境影响最大的是工业有害固体废物和城市垃圾。

二、危险废物的定义和鉴别

危险废物是指在国家危险废物名录中，或根据国务院环境保护主管部门规定的危险废物鉴别标准认定的具有危险性的废物。工业固体废物中危险废物量约占总量的5%~10%，并以3%的年增长率发展。因此，对危险废物的管理已经成为重要的环境管理问题之一。

我国于1998年公布了"国家危险废物名录"，其中包括47个类别，175种废物来源和约626种常见危害组分或废物名称。凡"国家危险废物名录"中规定的废物直接属于危险废物，其他废物可按下列鉴别标准予以判别。

一种废物是否对人类环境造成危害可用下列四点来定义鉴别：①引起或严重导致人类和动植物死亡率增加；②引起各种疾病的增加；③降低对疾病的抵抗力；④在处理、贮存、运送、处置或其他管理不当时，对人体健康或环境会造成现实的或潜在的危害。

由于上述定义没有量值规定，因此在实际使用时往往根据废物具有潜在危害的各种特性及其物理、化学和生物的标准实验方法对其进行定义和分类。危险废物特性包括易燃性、腐蚀性、反应性、放射性、浸出毒性、急性毒性（包括口服毒性、吸入毒性和皮肤吸收毒性），以及其他毒性（包括生物蓄积性、刺激或过敏性、遗传变异性、水生生物毒性和传染性等）。

美国对有害废物的定义和鉴别标准如表4-1所示。

表4-1 美国对有害废物的定义及鉴别标准

序号	特性	有害废物的特性及其定义	鉴别值
1	易燃性	闪点低于定值，或经过摩擦、吸湿、自发的化学变化有着火的趋势，或在加工、制造过程中发热，在点燃时燃烧剧烈而持续，以致管理期间会引起危险	美国ASTM法，闪点低于60℃
2	腐蚀性	对接触部位作用时，使细胞组织、皮肤有可见性破坏或不可治愈的变化；使接触物质发生质变，使容器泄漏	pH>12.5或pH<2的液体；在55.7℃以下时对钢制品腐蚀率大于0.64cm/a
3	反应性	通常情况下不稳定，极易发生剧烈的化学反应，与水猛烈反应，或形成可爆炸性的混合物，或产生有毒的气体、臭气，含有氰化物或硫化物；在常温、常压下即可发生爆炸反应，在加热或有引源时可爆炸，对热或机械冲击有不稳定性	

续表

序号	特性	有害废物的特性及其定义	鉴别值
4	放射性	由于核变,而能放出α射线、β射线、γ射线的废物中放射性同位素量超过最大允许浓度	^{226}Ra浓度等于或大于$10\mu Ci/g$废物性
5	浸出毒性	在规定的浸出或萃取方法的浸出液中,任何一种污染物的浓度超过标准值。污染物指镉、汞、砷、铅、铬、硒、银、六氯化苯、甲基氯化物、毒杀芬 2,4-D 和 2,4,5-T 等	美国 EPA/EP 法试验,超过饮用水 100 倍
6	急性毒性	一次投给试验动物的毒性物质,半致死量(LD_{50})小于规定值的毒性	美国国家安全卫生研究所试验方法 口服毒性$LD_{50} \leqslant 50mg/kg$体重;吸入毒性$LD_{50} \leqslant 2mg/kg$;皮肤吸收毒性$LD_{50} \leqslant 200mg/kg$体重
7	水生生物毒性	用鱼类试验,常用96h半数(TL_{m96})受试鱼死亡的浓度值小于定值	$TL_m < 1000 \times 10^{-6}$(96h)
8	植物毒性	生物体内富集某种元素或化合物达到环境水平以上,试验时呈阳性结果	半抑制浓度$TL_{m50} < 1000mg/L$ 阳性
9	生物积蓄性		
9	遗传变异性	由毒物引起的有丝分裂或减数分裂细胞的脱氧核糖核酸或核糖核酸的分子变化产生致癌、致变、致畸的严重影响,使皮肤发炎	阳性 使皮肤发炎≥8级
10	刺激性		

2007 年,我国出台并实施了《危险废物鉴别标准》,该标准规定了固体废物危险特性技术指标,危险特性符合标准规定的技术指标的固体废物属于危险废物,必须依法按危险废物进行管理。国家危险废物鉴别标准由以下 7 个标准组成:《GB 5085.1—2007 危险废物鉴别标准 腐蚀性鉴别》、《GB 5085.2—2007 危险废物鉴别标准 急性毒性初筛》、《GB 5085.3—2007 危险废物鉴别标准 浸出毒性鉴别》、《GB 5085.4—2007 危险废物鉴别标准 易燃性鉴别》、《GB 5085.5—2007 危险废物鉴别标准 反应性鉴别》、《GB 5085.6—2007 危险废物鉴别标准 毒性物质含量鉴别》和《GB 5085.7—2007 危险废物鉴别标准 通则》。

该标准对有害特性的定义和鉴别标准如表 4-2 所示。浸出毒性鉴别标准值如表 4-3 所示。

表 4-2 中国对有害废物的定义及鉴别标准

序号	特性	有害废物的特性及其定义	鉴别值	标准
1	腐蚀性	对接触部位作用时,使细胞组织、皮肤有可见性破坏或不可治愈的变化;使接触物质发生质变,使容器泄漏	① 按照 GB/T 15555.12—1995 的规定制备的浸出液,pH≥12.5,或者pH≤2.0。② 在55℃条件下,对 GB/T 699 中规定的 20 号钢材的腐蚀速率≥6.35mm/a	《GB 5085.1—2007 危险废物鉴别标准 腐蚀性鉴别》
2	急性毒性	① 口服毒性半数致死量LD_{50}[LD_{50} (median lethal dose) for acute oral toxicity] 是经过统计学方法得出的一种物质的单一计量,可使青年白鼠口服后,在14d内死亡一半的物质剂量。② 皮肤接触毒性半数致死量LD_{50} (LD_{50} for acute dermal toxicity) 是使白兔的裸露皮肤持续接触24h,最可能引起这些试验动物在14d内死亡一半的物质剂量。③ 吸入毒性半数致死浓度LC_{50} (LC_{50} for acute toxicity on inhalation) 是使雌雄青年白鼠连续吸入1h,最可能引起这些试验动物在14d内死亡一半的蒸气、烟雾或粉尘的浓度	按照 HJ/T 153 中指定的方法 ① 经口摄取: 固体$LD_{50} \leqslant 200mg/kg$,液体$LD_{50} \leqslant 500mg/kg$; ② 经皮肤接触:$LD_{50} \leqslant 1000mg/kg$; ③ 蒸气、烟雾或粉尘吸入:$LC_{50} \leqslant 10mg/L$	《GB 5085.2—2007 危险废物鉴别标准 急性毒性初筛》

续表

序号	特性	有害废物的特性及其定义	鉴别值	标准
3	浸出毒性	在规定的浸出或萃取方法的浸出液中,任何一种污染物的浓度超过标准值。污染物指镉、汞、砷、铅、铬、硒、银、六氯化苯、甲基氯化物、毒杀芬 2,4-D 和 2,4,5-T 等性	按照 HJ/T 299 制备的固体废物浸出液中任何一种危害成分含量超过表 4-3 中所列的浓度限值,则判定该固体废物是具有浸出毒性特征的危险废物	《GB 5085.3—2007 危险废物鉴别标准 浸出毒性鉴别》
4	易燃性	含闪点低于 60℃ 的液体,经摩擦或吸湿和自发的变化具有着火倾向的固体,着火时燃烧剧烈而持续,以及在管理期间会引起危险	① 液态易燃性危险废物 闪点温度低于 60℃(闭杯试验)的液体、液体混合物或含有固体物质的液体 ② 固态易燃性危险废物 在标准温度和压力(25℃, 101.3kPa)下因摩擦或自发性燃烧而起火,经点燃后能剧烈而持续地燃烧并产生危害的固态废物。 ③ 气态易燃性危险废物在 20℃, 101.3kPa 状态下,在与空气的混合物中体积分数≤13% 时可点燃的气体,或者在该状态下,不论易燃下限如何,与空气混合,易燃范围的易燃上限与易燃下限之差大于或等于 12 个百分点的气体	《GB 5085.4—2007 危险废物鉴别标准 易燃性鉴别》
5	反应性	当具有下列特性之一者为不稳定:①在无爆震时就很容易发生剧烈变化;②和水剧烈反应;③能和水形成爆炸性混合物;④和水混合会产生毒性气体、蒸汽或烟雾;⑤在有引发源或加热时能爆震或爆炸;⑥在常温、常压下易发生爆炸和爆炸性反应;⑦根据其他法规所定义的爆炸品	1. 具有爆炸性质 ① 常温常压下不稳定,在无引爆条件下,易发生剧烈变化。 ② 标准温度和压力下(25℃, 101.3kPa),易发生爆轰或爆炸性分解反应。 ③ 受强起爆剂作用或在封闭条件下加热,能发生爆轰或爆炸反应。 2. 与水或酸接触产生易燃气体或有毒气体 ① 与水混合发生剧烈化学反应,并放出大量易燃气体和热量。 ② 与水混合能产生足以危害人体健康或环境的有毒气体、蒸汽或烟雾。 ③ 酸性条件下,每千克含氰化物废物分解产生≥250mg HCN 气体,或者每千克含硫化物废物分解产生≥500mg H_2S 气体。 3. 废弃氧化剂或有机过氧化物 ① 极易引起燃烧或爆炸的废弃氧化剂。 ② 对热、震动或摩擦极为敏感的含过氧基的废弃有机过氧化物	《GB 5085.5—2007 危险废物鉴别标准 反应性鉴别》

续表

序号	特性	有害废物的特性及其定义	鉴别值	标准
6	毒性物质含量	① 剧毒物质(acutely toxic substance) 具有非常强烈毒性危害的化学物质,包括人工合成的化学品及其混合物和天然毒素。 ② 有毒物质(toxic substance) 经吞食、吸入或皮肤接触后可能造成死亡或严重健康损害的物质。 ③ 致癌性物质(carcinogenic substance) 可诱发癌症或增加癌症发生率的物质。 ④ 致突变性物质(mutagenic substance) 可引起人类的生殖细胞突变并能遗传给后代的物质。 ⑤ 生殖毒性物质(reproductive toxic substance) 对成年男性或女性性功能和生育能力以及后代的发育具有有害影响的物质。 ⑥ 持久性有机污染物(persistent organic pollutants) 具有毒性、难降解和生物蓄积等特性,可以通过空气、水和迁徙物种长距离迁移并沉积,在沉积地的陆地生态系统和水域生态系统中蓄积的有机化学物质	符合下列条件之一的固体废物是危险废物: 含有一种或一种以上剧毒物质的总含量≥0.1%; 含有一种或一种以上有毒物质的总含量≥3%; 含有一种或一种以上致癌性物质的总含量≥0.1%; 含有一种或一种以上致突变性物质的总含量≥0.1%; 含有一种或一种以上生殖毒性物质的总含量≥0.5%; 含有任何一种持久性有机污染物(除多氯二苯并对二噁英、多氯二苯并呋喃外)的含量≥50mg/kg; 含有多氯二苯并对二噁英和多氯二苯并呋喃的含量≥15μg TEQ/kg	《GB 5085.6—2007 危险废物鉴别标准 毒性物质含量鉴别》

表 4-3 浸出毒性鉴别标准值

序号	危害成分项目	浸出液中危害成分浓度限值/(mg/L)	序号	危害成分项目	浸出液中危害成分浓度限值/(mg/L)
	无机元素及化合物			非挥发性有机化合物	
1	铜(以总铜计)	100	27	硝基苯	20
2	锌(以总锌计)	100	28	二硝基苯	20
3	镉(以总镉计)	1	29	对硝基氯苯	5
4	铅(以总铅计)	5	30	2,4-二硝基氯苯	5
5	总铬	15	31	五氯酚及五氯酚钠(以五氯酚计)	50
6	铬(六价)	5	32	苯酚	3
7	烷基汞	不得检出①	33	2,4-二氯苯酚	6
8	汞(以总汞计)	0.1	34	2,4,6-三氯苯酚	6
9	铍(以总铍计)	0.02	35	苯并[a]芘	0.0003
10	钡(以总钡计)	100	36	邻苯二甲酸二丁酯	2
11	镍(以总镍计)	5	37	邻苯二甲酸二辛酯	3
12	总银	5	38	多氯联苯	0.002
13	砷(以总砷计)	5		挥发性有机化合物	
14	硒(以总硒计)	1	39	苯	1
15	无机氟化物(不包括CaF_2)	100	40	甲苯	1
16	氰化物(以CN^-计)	5	41	乙苯	4
	有机农药类		42	二甲苯	4
17	滴滴涕	0.1	43	氯苯	2
18	六六六	0.5	44	1,2-二氯苯	4
19	乐果	8	45	1,4-二氯苯	4
20	对硫磷	0.3	46	丙烯腈	20
21	甲基对硫磷	0.2	47	三氯甲烷	3
22	马拉硫磷	5	48	四氯化碳	0.3
23	氯丹	2	49	三氯乙烯	3
24	六氯苯	5	50	四氯乙烯	1
25	毒杀芬	3			
26	灭蚁灵	0.05			

注:① "不得检出"指甲基汞<10ng/L,乙基汞<20ng/L。

三、土壤污染的来源及危害

土壤是环境的重要组成部分,是人类生存的基础和活动的场所。人类的生活活动与生产活动活动造成了土壤的污染,污染的结果又影响到人类的生活和健康。如日本富山县神通川流域著名的土壤污染事件就是如此,该地区引用含镉的废水灌溉农田,使土壤受到了严重的镉污染,致使生产出的稻米也含有镉,因而使数千人得了骨痛病。出于土壤污染的功能、组成、结构、特征以及土壤在环境生态系统中的特殊地位和作用,使得土壤污染不同于大气污染,也不同于水体污染,而且比它们要复杂得多。因此,防止土壤污染及时进行土壤污染监测是当前环境监测中不可缺少的重要内容。

1. 土壤的功能及组成

土壤是覆盖于地球表面岩石圈上面薄薄的一层特殊的物质。它是由地球表面的岩石在自然条件下经过长时期的风化作用而形成的。

（1）土壤的功能　土壤有两个重要功能：一是从农业生产的角度来看,土壤具有高的天然肥力和生长植物的能力,同时能不断地供应调节植物生长和发育所需要的水分、肥料、空气、热量等肥力要素和环境条件,所以土壤是农业生产的物质基础和生产手段,是人类生活宝贵的自然资源。二是从环境科学角度来看,土壤具有同化和代谢外界环境进入土体的物质能力,即土壤能将输入的物质经过迁移转化,变为土壤的组成部分或转化为向外界环境输出的物质。因此土壤是保护环境的主要净化剂。

（2）土壤的组成　土壤的组成十分复杂,从相态分有固态、液态和气态,其基本组成可划分为矿物质、有机质、水分或溶液、空气和土壤微生物五种成分。其中土壤矿物质占土壤总量的90%以上,加上土壤有机质,可以说土壤是以固态物质为主的多相复杂体系。从土壤的化学组成上看,土壤中含有的常量元素有碳、氢、硅、氮、硫、磷、钾、铝、铁、钙、镁等；含有的微量元素有硼、氯、铜、锰、钼、钠、锌等。

从环境污染角度看,土壤又是藏污纳垢的场所,常含有各种生物的残体、排泄物、腐烂物以及来自大气、水及固体废物中的各种污染物、农药、肥料残留物等。

2. 土壤污染源

土壤依靠自身的功能、组分和特性,对介入的外界物质有很大的缓冲能力和自身更新作用。因为土壤有极大的比表面,其颗粒物层对污染物有过滤、吸附作用；土壤空气中的氧可作氧化剂；土壤中的水分可作溶剂；特别是土壤微生物有强大的生物降解能力,能将污染物降解产物纳入天然循环轨道。但必须指出的是,土壤的自净能力是有限的,外来污染物超过土壤自净能力,影响土壤的正常功能或用途,甚至引起生态变异或生态平衡的破坏时,就造成土壤污染。土壤污染最明显的标志是农产品产量和质量的下降,即土壤的生产能力降低。

土壤污染源同水、大气一样,可分为天然污染源和人为污染源两大类。

（1）天然污染源　在某些自然矿床中,元素和化合物富集中心的周围往往形成自然扩散晕,使附近土壤中某些元素的含量超出一般土壤含量时造成的地区性土壤污染；某些气象因素造成的土壤淹没、冲刷流失、风蚀；地震造成的"目沙"、"冒黑水"；火山爆发的岩浆和降落的火山灰等,都不同程度地污染着土壤。这类污染源是由一些自然现象引起的,因此称为自然污染源。

（2）人为污染源　随着科学技术的发展,人类消费水平的提高,人类活动能力的日益加大,造成了大气和水的污染,而这些污染最终必然归结为土壤污染,加之人类活动直接造成的土境污染,这些污染均是由于人类活动的结果而产生的,因此统称为人为污染源。人为污染源污染土壤的途径很多,归结起来,有下列几种。

① 土壤历来就作为城市垃圾、工业废渣、污泥、尾矿等固体废物的处理排放场所，被当成人类天然的大"垃圾箱"用，这些固体废物中的有害物质经雨水浸泡后进入土壤，这是造成土境污染的主要原因。

② 由于历年来施肥、施农药等增产措施，也使污染物随之进入土壤中，并在土壤中逐渐积蓄，是造成土壤污染的重要途径之一。尤其是难降解的人工合成有机农药和人畜粪便中的病原微生物及寄生虫卵造成的土壤污染更为严重。目前我国不同程度遭受农药污染的土壤面积已达到 1.4 亿亩❶。

③ 长期使用不符合灌溉标准的水、生活污水、工业废水等灌溉农田，以及雨水将废渣中的污染物淋洗流入农田，一些有害元素会在土壤和作物中积累，直接危害人体健康，这是造成土壤污染的重要途径。据农业部此前进行的全国污灌区调查显示：在约 140 万公顷❷的受调查污灌区中，遭受重金属污染的土地面积占污灌区面积的 64.8%，其中轻度污染的占 46.7%，中度污染的占 9.7%，严重污染的占 8.4%。2013 年 1 月，国务院办公厅发布《近期土壤环境保护和综合治理工作安排》文件，文件首次公开提出，未来农业生产将禁止使用污水、污泥。

④ 大气污染物的"干降"或"湿降"进入土壤，也是造成土壤污染的一个不可轻视的途径。与污水灌溉面积相比，受酸雨和大气污染影响的耕地面积则更大。2002 年，受酸雨污染的农田总面积据报告达 234.7 万公顷（3520 万亩）；受大气污染的耕地面积为 530 多万公顷（7950 万亩），占全国耕地总面积的 6%；另外，工业固体废弃物占用的耕地面积也高达 13 万公顷（195 万亩）。

⑤ 大型水利工程、截流改道和破坏植被也可造成土壤污染。如沙漠化、盐渍化等的出现有时就与河流改道有直接的关系。

(3) 土壤污染物　土壤中的污染物质，是指进入土壤中并影响土壤正常功能，降低农产品产量和质量，有害于人体健康的物质。土壤污染物质大体可分为无机和有机两大类。

① 无机污染物

a. 重金属。汞、镉、铬、铜、锌、铅等。

b. 非金属及其化合物。砷、氰化物、氟化物、硫化物等。

c. 放射性元素。锶、铯。

② 有机污染物

a. 有害有机物。有机农药、酚、石油、苯并[α]芘。

b. 一般有机物。含氮、含磷有机化合物。

c. 有害微生物。肠细菌、寄生虫、霍乱病菌、破伤风杆菌、结核杆菌。

3. 土壤污染对环境的危害

(1) 土壤污染会引起土壤酸碱度的变化　如果长期给土壤施用酸性肥（NH_4NO_3），会引起土壤酸化。施用碱性肥（K_2CO_3、氨水）及粉尘（水泥）长期散落在土壤中，又可引起土壤的碱化。最近几年世界各地不断出现的酸雨，尤其是北欧造成土壤酸化的现象比较普遍和严重，以至影响农作物的生长发育，最后导致减产。

(2) 土壤中的有害物质直接影响植物的生长　土壤中如有较浓的砷残留物存在时，会阻止树木生长，使树木提早落叶，果实萎缩、减产。土壤中如有过量的铜和锌，能严重地抑制植物的生长和发育。实践证明，土壤用镉溶液灌溉，对小麦和大豆的生长及产量均有影响，

---

❶ 1 亩＝666.667 平方米（m^2）。

❷ 1 公顷（ha）＝10000 平方米（m^2）。

随着施镉量的增加，植物体内镉含量也增加，从而使产量降低，当使用2.5mg/L镉溶液灌溉时，大豆除生长缓慢外，还表现出病状（中毒症状），使靠近主茎的叶脉变为微红棕色，如果镉浓度再加大时，叶脉的棕色进一步扩大到整片叶子，剧烈中毒时大豆的叶绿素也会遭到破坏。目前全国农产品有毒有害物质残留问题日趋严重，已成为制约农村经济发展的重要因素。

（3）土壤污染危害人体健康　土壤污染物被植物吸收后，通过食物链危害人体健康。如日本的骨痛病就是镉污染土壤，并通过水稻，引起人的镉中毒事件。总之，某些污染物，特别是重金属污染物进入土壤后，能被土壤吸收积累，然后又被植物吸收积累，当人畜食用这些植物或种子、果实时便会引起慢性或急性中毒，从而影响人体健康。

工作任务二
固体废物及土壤样品采集方案的制订

一、固体废物采样方案的制订

固体废物的监测分析包括：采样计划的设计和实施、分析方法、质量保证等方面，各国都有具体规定。例如，美国环境保护局固体废弃物办公室根据资源回收法（RCRA）编写的"固体废物试验分析评价手册"（U.S. EPA, Test Methods for Evaluating Solid Waste）较为全面地论述了采样计划的设计和实施；质量控制；方法选择；金属分析方法；有机物分析方法；综合指标实验方法；物理性质测定方法；有害废物的特性、法规定义和可燃性、腐蚀性、反应性、浸出毒性的试验方法；地下水、土地处理监测和废物焚烧监测等。我国于1986年颁发了《工业固体废物有害特性试验与监测分析方法》（试行）。

为了使采集样品具有代表性，根据我国颁布的《工业固体废物采样制样技术规范（HJ/T 20—1998）》的要求，在采集之前要调查研究生产工艺过程、废物类型、排放数量、堆积历史、危害程度和综合利用情况。如采集有害废物则应根据其有害特性采取相应的安全措施。

在工业固体废物采样前，应首先进行采样方案（采样计划）设计。方案内容包括采样目的和要求、背景调查和现场踏勘、采样程序、安全措施、质量控制、采样记录和报告等。

（1）采样目的　采样的基本目的是：从一批工业废物中采集具有代表性的样品，通过试验和分析，获得在允许误差范围内的数据。在设计采样方案时，应首先明确以下具体目的和要求：

① 特性鉴别和分类；
② 环境污染监测；
③ 综合利用或处置；
④ 污染事故调查分析和应急监测；
⑤ 科学研究；
⑥ 环境影响评价；
⑦ 法律调查、法律责任、仲裁等。

（2）背景调查和现场踏勘　采样的目的明确后，要调查以下影响采样方案制定的因素，并进行现场踏勘：

① 工业固体废物的产生（处置）单位、产生时间、产生形式（间断还是连续）、贮存（处置）方式；
② 工业固体废物的种类、形态、数量、特性（含物性和化性）；
③ 工业固体废物实验及分析的允许误差和要求；

④ 工业固体废物污染环境、监测分析的历史资料；

⑤ 工业固体废物产生或堆放或处置或综合利用现场踏勘，了解现场及周围环境。

(3) 采样程序　采样按图 4-1 步骤进行，首先根据固体废物批量大小确定应采的份样（由一批废物中的一个点或一个部位，按规定量取出的样品）个数（见表 4-4），再根据固体废物的最大粒度（95％以上能通过的最小筛孔尺寸）确定份样量（见表 4-5），最后根据采样方法，随机采集份样，组成总样，并认真填写采样记录表。

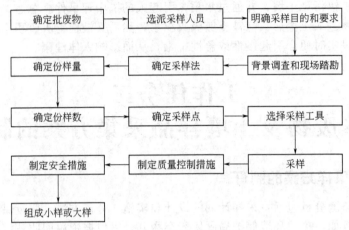

图 4-1　固体废物样品的采样程序示意图

表 4-4　批量大小与最少份样数　　单位：液体，1000L；固体，t

批量大小	最少份样数	批量大小	最少份样数
<5	5	500～1000	25
5～10	10	1000～5000	30
50～100	15	>5000	35
100～500	20		

表 4-5　份样量和采样铲容量

最大粒度/mm	最小份样质量/kg	采样铲容量/mL	最大粒度/mm	最小份样质量/kg	采样铲容量/mL
>150	30	—	20～40	2	800
100～150	15	16000	10～20	1	300
50～100	5	7000	<10	0.5	125
40～50	3	1700			

(4) 份样量　一般，样品量多一些，才具有代表性。因此，份样量不能少于某一限度；但是份样量达到一定限度后，再增加重量也不能显著提高采样的准确度。份样量取决于废物的粒度上限，废物的粒度越大，均匀性越差，份样量就越多，它大致与废物的最大粒度直径某次方成正比，与废物不均匀程度成正比。份样量可按切乔特公式计算：

$$Q \geqslant K d^a \tag{4-1}$$

式中　Q——份样量应采的最低重量，kg；

　　　d——废物中最大粒度的直径，mm；

　　　K——缩分系数，代表废物的不均匀程度，废物越不均匀，K 值越大，可用统计误差法由实验测定，有时也可由主管部门根据经验指定；

α——经验常数，随废物的均匀程度和易破碎程度而定。

对于一般情况，推荐 $K=0.05$，$\alpha=1$。

(5) 份样数

① 公式法。当已知份样间的标准偏差和允许误差时，可按式（4-2）计算份样数。

$$n \geqslant \left(\frac{ts}{\Delta}\right)^{\frac{1}{2}} \tag{4-2}$$

式中　n——必要份样数；

　　　s——份样间的标准偏差；

　　　Δ——采样允许误差；

　　　t——选定置信水平下的概率度；

取 $n \to \infty$ 时的 t 值作为最初 t 值，以此算出 n 的初值。用对应于 n 初值的 t 值代入，不断迭代，直至算得的 n 值不变，此 n 值即为必要份样数。

② 查表法。当份样间标准偏差或允许误差未知时，可按表 4-4 经验确定份样数。

(6) 采样点的确定

① 运输车及容器采样。在运输一批固体废物时，当车数不多于该批废物规定的份样数时，每车应采份样数按下式计算：

$$每车应采份样数（小数应进为整数）= \frac{规定份样数}{车数} \tag{4-3}$$

当车数多于规定的份样数时，按表 4-6 选出所需最少的采样车数，然后从所选车中各随机采集一个份样。在车中，采样点应均匀分布在车厢的对角线上（如图 4-2 所示），端点距车角应大于 0.5m，表层去掉 30cm。

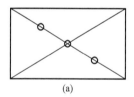
(a)
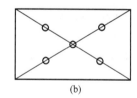
(b)
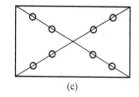
(c)

图 4-2　车厢中的采样布点

对于一批若干容器盛装的废物，按表 4-6 选取最少容器数，并且每个容器中均随机采两个样品。

表 4-6　所需最少的采样车数表

车数（容器）	所需最少采样车数	批量大小	最少份样数
<10	5	50~100	30
10~25	10	>100	50
25~50	20		

需要说明的是：当把一个容器作为一个批量时，就按表 4-4 中规定的最少份样数的 1/2 确定；当把 2~10 个容器作为一个批量时，就按式（4-4）确定最少容器数：

$$最少容器数 = \frac{表 4\text{-}4 中规定的最少份样数}{容器数} \tag{4-4}$$

② 废渣堆采样。在渣堆两侧距堆底 0.5m 处画第一条横线，然后每隔 0.5m 画一条横线；再每隔 2m 画一条横线的垂线，其交点作为采样点。按表 4-4 确定的份样数，确定采样点数，在每点上从 0.5~1.0m 深处各随机采样一份（如图 4-3 所示）。

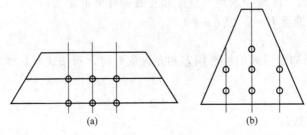

图 4-3　废渣堆中采样点的分布

二、土壤样品采样方案的制订

由于土壤分析属痕量分析范畴，加之土壤环境的不均一性，故土壤分析结果的准确性是个十分令人关注的问题。土壤分析与大气、水质分析不同，大气、水体皆为流体，污染物进入后较易混合，在一定范围内污染物分布比较均匀，相对来说较易采集具有代表性的样品。土壤是固、气、液三相组成的分散体系，呈不均一状态，污染物进入土壤后流动、迁移、混合都较困难，如当污灌水流经农田时，污染物在各点的分布差别较大，即使多点采样，所收集的样品也往往具有局限性。由此可见，土壤分析中采样误差，对分析结果的影响往往大于分析误差。为使所采集的样品具有代表性，分析结果能表征土壤客观情况，应把采样误差降至最低。在实施采样方案时，首先必须对采样地区进行调查研究。主要调研的内容包括。

① 地区的自然条件，包括母质、地形、植被、水文、气候等。

② 地区的农业生产情况，包括土地利用、作物生长与产量情况，水利及肥料、农药使用情况等。

③ 地区的土壤性状，土壤类型及性状特征等。

④ 地区污染历史及现状。

通过以上调查，选择一定量的采样单元，布设采样点。

1. 采样点的布设

（1）污染土壤采样点的布设　在调查研究基础上，选择一定数量能代表被调查地区的地块作为采样单元（0.13～0.2公顷），在每个采样单元中，布设一定数量的采样点。同时选择对照采样单元布设采样点。

为减少土壤空间分布不均一性的影响，在一个采样单元内，应在不同方位上进行多点采样，并且均匀混合成为具有代表性的土壤样品。

对于大气污染物引起的土壤污染，采样点布设应以污染源为中心，并根据当地的风向、风速及污染强度系数等选择在某一方位或某几个方位上进行。采样点的数量和间距依调查目的和条件而定，通常，在近污染源处采样点间距小些，在远离污染源处间距大些。对照点应设在远离污染源，不受其影响的地方。由城市污水或被污染的河水灌溉农田引起的土壤污染，采样点应根据灌水流的路径和距离等考虑。总之，采样点的布设既应尽量照顾到土壤的全面情况，又要视污染情况和监测目的而定。下面介绍几种常用采样布点方法，见图 4-4。

① 对角线布点法 ［见图 4-4（a）］。该法适用于面积小、地势平坦的污水灌溉或受污染河水灌溉的田块。布点方法是由田块进水口向对角线引一斜线，将此对角线三等分，在每等分的中间设一采样点，即每一田块设三个采样点。根据调查目的、田块面积和地形等条件可做变动，多划分几个等分段，适当增加采样点。图中记号"○"作为采样点。

② 梅花形布点法 ［见图 4-4（b）］。该法适用于面积较小、地势平坦、土壤较均匀的田块，中心点设在两对角线相交处，一般设 5～10 个采样点。

③ 棋盘式布点法[见图 4-4（c）]。这种布点方法适用于中等面积、地势平坦、地形完整开阔、但土壤较不均匀的田块，一般设 10 个以上采样点。此法也适用于受固体废物污染的土壤，因为固体废物分布不均匀，应设 20 个以上采样点。

④ 蛇形布点法[见图 4-4（d）]。这种布点方法适用于面积较大，地势不很平坦，土壤不够均匀的田块。布设采样点数目较多。

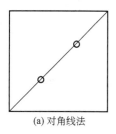 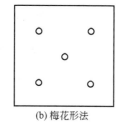 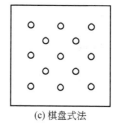 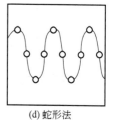

(a) 对角线法　　　(b) 梅花形法　　　(c) 棋盘式法　　　(d) 蛇形法

图 4-4　土壤采样点的布设方式

（2）土壤背景值采样点的布设　土壤背景值又称土壤本底值。它代表一定环境单元中的一个统计量的特征值。背景值这一概念最早是地质学家在应用地球化学探矿过程中引出的。背景值指在各区域正常地质地理条件和地球化学条件下元素在各类自然体（岩石、风化产物、土壤、沉积物、天然水、近地大气等）中的正常含量。在环境科学中，土壤背景值是指在未受或少受人类活动影响下，尚未受或少受污染和破坏的土壤中元素的含量。当今，由于人类活动的长期积累和现代工农业的高速发展，使自然环境的化学成分和含量水平发生了明显的变化，要想寻找一个绝对未受污染的土壤环境是十分困难的，因此土壤环境背景值实际上是一个相对概念。

土壤背景值采样点的布设原则是：

① 采集土壤背景值样品时，应首先确定采样单元。采样单元的划分应根据研究目的、研究范围及实际工作所具有的条件等综合因素确定。我国各省、自治区土壤背景值研究中，采样单元以土类和成土母质类型为主，因为不同类型的土类母质其元素组成和含量相差较大。

② 不在水土流失严重或表土被破坏处设置采样点。

③ 采样点远离铁路、公路至少 300m 以上。

④ 选择土壤类型特征明显的地点挖掘土壤剖面，要求剖面发育完整、层次较清楚且无侵入体。

⑤ 在耕地上采样，应了解作物种植及农药使用情况，选择不施或少施农药、肥料的地块作为采样单元，以尽量减少人为活动的影响。

2. 采样深度

采样深度视分析目的而定。如果只是一般了解土壤污染状况，只需取 0～15cm 或 0～20cm 表层（或耕层）土壤。使用土铲采样。如要了解土壤污染深度，则应按土壤剖面层次分层采样。土壤剖面指地面向下的垂直土体的切面。在垂直切面上可观察到与地面大致平行的若干层具有不同颜色、性状的土层。典型的自然土壤剖面分为 A 层（表层，腐殖质淋溶层）、B 层（亚层，淀积层）、C 层（风化母岩层、母质层）和底岩层，见图 4-5。采集土壤剖面样品时，需在特定采样地点挖掘一个 1.0m×1.5m 左右的长方形土坑，深度约在 2m 以内，一般要求达到母质或潜水处即可，见图 4-6。根据土壤剖面颜色、结构、质地、松紧度、温度、植物根系分布等划分土层，并进行仔细观察，将剖面形态、特征自上而下逐一记录。随后在各层最典型的中部自下而上逐层采样，在各层内分别用小土铲切取一片片土壤样，每个采样点的取土深度和取样量应一致。根据分析目的和要求可获得分层试样或混合样。用于重金属分析的样品，应将和金属采样器接触部分的土样弃去。

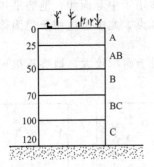

图 4-5 土壤剖面 A、B、C 层示意图（单位：cm）

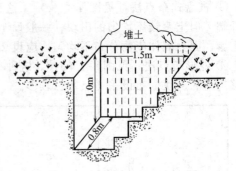

图 4-6 土壤剖面土层示意图

3. 采样时间

为了解土壤污染状况，可随时采集样品进行测定。如需同时掌握在土壤上生长的作物受污染状况，可依季节变化或作物收获期采集。一年中在同一地点采样两次进行对照。

4. 采样量

由上述方法所得土壤样品一般是多样点均量混合而成，取土量往往较大，而一般只需要 1～2kg 即可，因此对所得混合样需反复按四分法弃取，最后留下所需的土量，装入塑料袋或布袋内。对于土壤背景值采样点数可按以下要求确定。

通常，采样点的数目与所研究地区范围的大小、研究任务所设定的精密度等因素有关。在全国土壤背景值调查研究中，为使布点更趋合理，采样点数依据统计学原则确定，即在所选定的置信水平下，与所测项目测量值的标准差、要求达到的精度相关。每个采样单元采样点位数可按下式估算：

$$n = \frac{t^2 s^2}{d^2} \tag{4-5}$$

式中　n——每个采样单元中所设最少采样点位数；

　　　t——置信因子（当置信水平 95% 时，t 取值 1.96）；

　　　s——样本相对标准差；

　　　d——允许偏差（若抽样精度不低于 80% 时，d 取值 0.2）。

5. 采样注意事项

（1）采样点不能设在田边、沟边、路边或肥堆边；

（2）将现场采样点的具体情况，如土壤剖面形态特征等做详细记录；

（3）现场填写标签两张（地点、土壤深度、日期、采样人姓名），一张放入样品袋内，一张扎在样品口袋上。

工作任务三　固体废物及土壤样品的采集

一、固体废物样品的采集

1. 采样方法

（1）简单随机采样法　一批废物，当对其了解很少，且采取的份样比较分散也不影响分析结果时,对这一批废物不做任何处理,不进行分类也不进行排队,而是按照其原来的状况从一批废物中随机采取份样。

① 抽签法。先对所有采份样的部位进行编号,同时把号码写在纸片上(纸片上号码代表采份样的部位),掺合均匀后,从中随机抽取份样数的纸片,抽中号码的部位,就是采份样的部位,此法只宜在采份样的点不多时使用。

② 随机数字表法。先对所有采份样的部位进行编号,有多少部位就编多少号,最大编号是几位数,就使用随机数表的几栏(或几行),并把

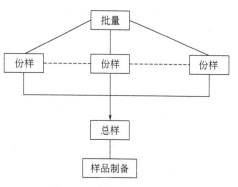

图 4-7 系统取样法示意图

几栏(或几行)合在一起使用,从随机数字表的任意一栏、任意一行数字开始数,碰到小于或等于最大编号的数码就记下来(碰上已抽过的数就不要它),直到抽够份数为止,抽到的号码就是采份样的部位。

(2) 系统采样法 一批按一定顺序排列的废物,按照规定的采样间隔,每隔一个间隔采取一个份样,组成小样或大样,如图 4-7 所示。

在一批废物以运输带、管道等形式连续排出的移动过程中,按一定的质量或时间间隔采份样,份样间的间隔可按表 4-4 中规定的批量大小和少份样数按式(4-6)计算:

$$T \leqslant \frac{Q}{n} \quad \text{或} \quad T' \leqslant \frac{60Q}{Gn} \tag{4-6}$$

式中　T——采样质量间隔,t;

　　　Q——批量,t;

　　　n——按式(4-2)计算出的份样数或表 4-4 中规定的份样数;

　　　G——每小时排出量,t/h;

　　　T'——采样时间间隔,min。

采第一个份样时,不可在第一间隔的起点开始,可在第一间隔内随机确定。在运送带上或落口处采份样,须截取废物流的全截面。所采份样的粒度比例应符合采样间隔或采样部位的粒度比例,所得大样的粒度比例应与整批废物流的粒度分布大致相符。

(3) 分层采样法 根据对一批废物已有的认识,将其按照有关标志分若干层,然后在每层中随机采取份样。

一批废物分次排出或某生产工艺过程的废物间歇排出过程中,可分 n 层采样,根据每层的质量,按比例采取份样。同时,必须注意粒度比例,使每层所采份样的粒度比例与该层废物粒度分布大致相符。

第 i 层采样份数 n_i 按式(4-7)计算:

$$n_i = \frac{nQ_L}{Q} \tag{4-7}$$

式中　n_i——第 i 层应采份样数;

　　　n——按式(4-2)计算出的份样数或表 4-4 中规定的份样数;

　　　Q_L——第 i 层废物质量,t;

　　　Q——批量,t。

(4) 两段采样法 简单随机采样、系统采样、分层采样都是一次就直接从批废物中采取份样,称为单阶段采样。当一批废物由许多车、桶、箱、袋等容器盛装时,由于各容器件比较分散,所以要分阶段采样。首先从批废物总容器件数 N_0 中随机抽取 n_1 件容器,然后再从

n_1件的每一件容器中采n_2个份样。

推荐当$N_0 \leqslant 6$时，取$n_1 = N_0$；当$N_0 > 6$时，n_1按式（4-8）计算：

$$n_1 \geqslant 3 \times \sqrt[3]{N_0} \text{（小数进整数）} \tag{4-8}$$

推荐第二阶段的采样数$n_2 \geqslant 3$，即n_1件容器中的每个容器均随机采上、中、下最少3个份样。

(5) 权威采样法　由对被采批工业固体废物非常熟悉的个人来采取样品而置随机性于不顾。这种采样法，其有效性完全取决于采样者的知识。尽管权威采样有时也能获得有效的数据，但对大多数采样情况，建议不采用这种采样方法。

2. 采样工具

(1) 固体废物的采样工具　包括：尖头钢锹、采样探子、采样钻、气动和真空探针、钢尖镐（腰斧）、采样铲（采样器）、具盖采样桶或内衬塑料的采样袋。所有取样工具应由不会污染或改变被取样物料性质的材料制成。

① 采样探针。探针用直径不大于30mm的不锈钢管制成，长度以能穿过整个料层为准，手柄形式不限，如图4-8所示。适用于盛装在袋中的粉末状或者泥状废物的采样。

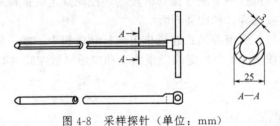

图4-8　采样探针（单位：mm）

② 采样钻。手钻，尺寸按需要制定，如图4-9。防爆电钻，钻头直径10~15mm。

③ 采样铲或锹。采样铲用不锈钢制作，如图4-10所示。根据产品粒度和份样量采用不同形式和尺寸的采样铲或锹。适用于散装堆积的块、粒状废物的采样。

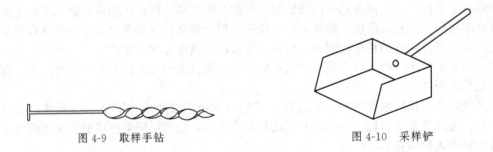

图4-9　取样手钻　　　　图4-10　采样铲

(2) 液态废物的采样工具

液态废物的采样工具包括：采样勺（见GB 6680—86：《液体化工产品采样通则》，如图4-11所示）、采样管（见GB 6680—86，如图4-12~图4-15所示）、采样瓶/罐（见GB 6680—86，如图4-16~图4-20所示）、搅拌器（见GB 6680—86，如图4-21所示）。

① 采样管：适用于盛装在较小容器中的液态废物的全层采样。

② 采样勺：适用于盛装在槽、罐中的液态废物的采样。

③ 重瓶采样器：适用于盛装在较大贮罐或者贮槽中的液态废物的分层采样。

④ 勺式采样器：适用于积存在池、坑、塘内的液态废物的采样。

⑤ 各式搅拌器。

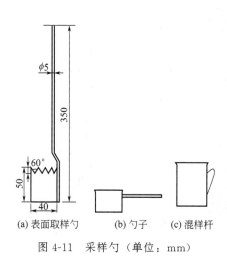

图 4-11 采样勺（单位：mm）

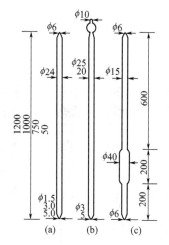

图 4-12 玻璃采样器（单位：mm）

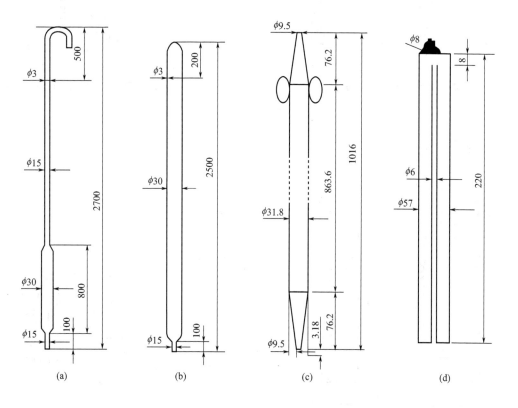

图 4-13 采样管（金属制）（单位：mm）

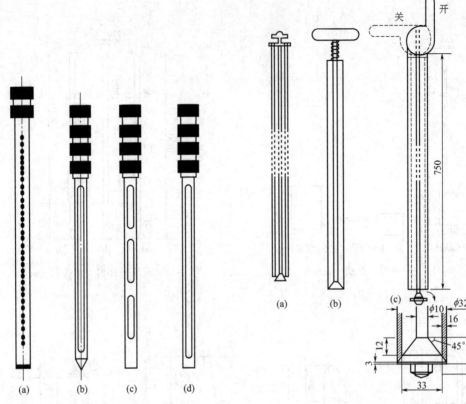

图 4-14 采样管（不锈钢制）（单位：mm）　　图 4-15 采样管规格示意图（不锈钢制）（单位：mm）

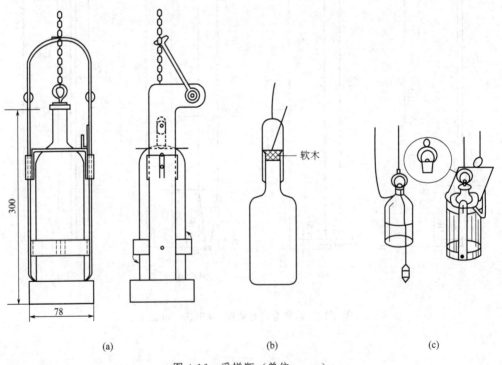

图 4-16 采样瓶（单位：mm）

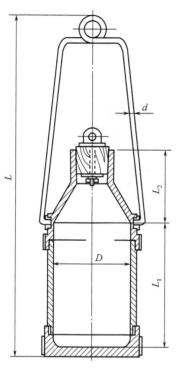

图 4-17 可卸式采样器

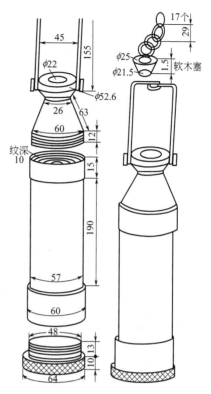

图 4-18 不锈钢采样器（单位：mm）

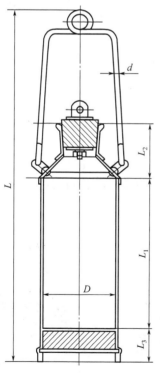

图 4-19 加重型采样器

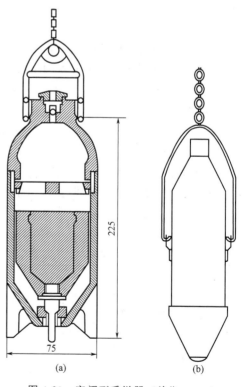

图 4-20 底阀型采样器（单位：mm）

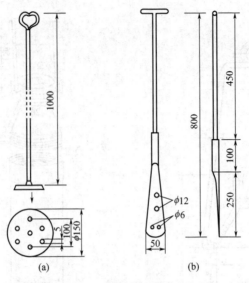

图 4-21 人工搅拌器（单位：mm）

二、土壤样品的采集

1. 采样方法

（1）在每个采样点均需挖掘土壤剖面进行采样。我国环境背景值研究协作组推荐，剖面规格一般为长 1.5m、宽 0.8m、深 1.0m，每个剖面采集 A、B、C 三层土样。过渡层（AB、BC）一般不采样，见图 4-5。当地下水位较高时，挖至地下水出露时止。现场记录实际采样深度，如 0～20cm、50～65cm、80～100cm。在各层次典型中心部位自下而上采样，切忌混淆层次、混合采样。

（2）在山地土壤土层薄的地区，B 层发育不完整时，只采 A、C 层样。

（3）干旱地区剖面发育不完整的土壤，采集表层（0～20cm）、中土层（50cm）和底土层（100cm）附近的样品。

2. 采样工具

采样方法随采样工具而不同。常用的采样工具有三种类型：小土铲、管形土钻和普通土钻（如图 4-22 所示）。

（1）小土铲　在切割的土面上根据采土深度用土铲采取上下一致的一薄片（如图 4-23 所示）。这种土铲在任何情况下都能运用，但比较费工，多点混合采样，往往因其费工而不用它。

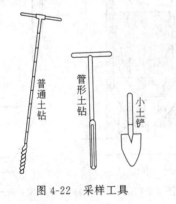

图 4-22 采样工具　　　　　　　图 4-23 土铲取土

(2) 管形土钻 下部为一圆柱形开口钢管，上部为柄架，根据工作需要可用不同管径的管形土钻。将土钻钻入土中，在一定的土层深度处，取出一均匀土柱。它的取土速度快，又少混习，特别适用于大面积多点混合样品的采集，但它不太适用于很砂性的土壤，或干硬的黏重土壤。

(3) 普通土钻 普通土钻使用起来也是比较方便的，但它只适用于潮湿的土壤，不适于很干的土壤，同样也不适用于砂土。另外普通土钻容易混杂，也是其缺点之一。

用普通土钻采取的土样，分析结果往往比其他工具采取的土样要低，特别是有机质、有效养分等的分析结果较为明显。这是因为用普通土钻取样，容易损失一部分表层土样。由于表层土样往往较干，容易掉落，而表层土的有效养分、有机质的含量较高。

不同的取土工具带来的差异主要是上下土体不一致。这也说明采样时应注意采土深度、上下土体保持一致。

工作任务四
固体废物及土壤样品的制备与预处理

一、固体废物样品的制备及保存

1. 制样要求

(1) 在制样全过程中，应防止样品产生任何化学变化和污染。若制样过程中，可能对样品的性质产生显著影响，则应尽量保持原来状态。

(2) 湿样品应在室温下自然干燥，使其达到适于破碎、筛分、缩分的程度。

(3) 制备的样品应过筛后（筛孔为5mm），装瓶备用。

2. 制样程序

固体废物样品的制备一般是按粉碎、混合、缩分三个操作顺序进行（必要时进行预先干燥）。典型的制样程序如图4-24所示。

(1) 粉碎 用机械或人工方法把全部样品逐级破碎，通过5mm筛孔。粉碎过程中，不可随意丢弃难于破碎的粗粒。

(2) 混合 使样品达到均匀。一般有手工混合和机械混合两种。小粒度样品（<1mm）可用手工三次转堆混合；样品破碎至小于10mm后可使用双锥混合器（见图4-25）或V形混合器（见图4-26）混合。

(3) 缩分 将样品于清洁、平整不吸水的板面上堆成圆锥形，每铲物料自圆锥顶端落下，使均匀地沿锥尖散落，不可使圆锥中心错位。反复转堆，至少三周，使其充分混合。然后将圆锥顶端轻轻压平，摊开物料后，用十字板自上压下，分成四等份，取两个对角的等份，重复操作数次，直至不少于1kg试样为止。在进

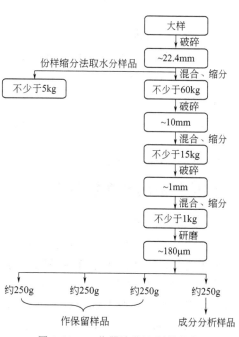

图4-24 二分器缩分法制样程序

行各项有害特性鉴别试验前，可根据要求的样品量进一步进行缩分。样品的缩分可以采用机械方法或手工方法。最小缩分量见表4-7。

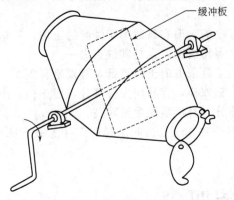

图4-25 双锥混合器示意图

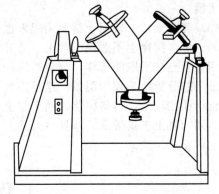

图4-26 V形混合器示意图

表4-7 最小缩分量

最大粒度/mm	缩分大样的最小留量/kg	缩分副样的最小留量/kg
22.4	60	30
10	15	7.5
1	1	0.5

3. 制样工具

制样工具包括粉碎机（破碎机）；药碾；钢锤；标准套筛；十字分样板；机械缩分器。

(1) 破碎机械　破碎机械用锰钢或不锈钢制成。

钢板：（600mm×600mm）～（1000mm×1000mm），带三个边框。用于破碎和缩分。

压辊：ϕ100～200mm。或锤子。

小筛子与缩分钢片，用不锈钢薄板或镀锌铁皮制成。

(2) 筛子　标准试验筛：13mm, 3mm, 1mm, 0.5mm, 0.2mm。

(3) 两分器　格槽两分器、圆锥两分器和格子两分器，如图4-27～图4-29所示。

4. 样品的保存

制好的样品密封于容器中保存（容器应对样品不产生吸附、不使样品变质），贴上标签备用。标签上应注明：编号、废物名称、采样地点、批量、采样人、制样人、时间。特殊样品，可采取冷冻或充惰性气体等方法保存。

制备好的样品，一般有效保存期为三个月，易变质的试样不受此限制。

二、土壤样品的制备与保存

1. 土样的风干

除测定游离挥发酚、铵态氮、硝态氮、低价铁等不稳定项目需要新鲜土样外，多数项目需用风干土样。因为风干土样较易混合均匀，重复性、准确性都比较好。

从野外采集的土壤样品运到实验室后，为避免受微生物的作用引起发霉变质，应立即将全部样品倒在塑料薄膜上或瓷盘内进行风干。当达半干状态时把土块压碎，除去石块、残根等杂物后铺成薄层，经常翻动，在阴凉处使其慢慢风干，切忌阳光直接曝晒。样品风干处应防止酸、碱等气体及灰尘的污染。

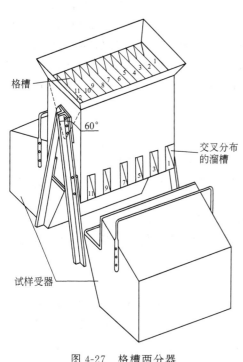

图 4-27 格槽两分器

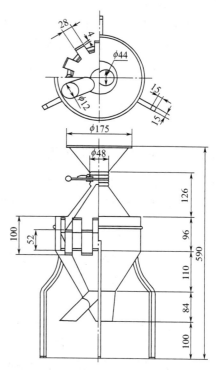

图 4-28 圆锥两分器（单位：mm）

2. 磨碎与过筛

进行物理分析时，取风干样品 100~200g，放在木板上用圆木棍辗碎，经反复处理使土样全部通过 2mm 孔径的筛子，将土样混匀储于广口瓶内，作为土壤颗粒分析及物理性质测定。1927 年国际土壤学会规定通过 2mm 孔径的土壤用作物理分析，通过 1mm 或 0.5mm 孔径的土壤用作化学分析。

作化学分析时，根据分析项目不同而对土壤颗粒细度有不同要求。土壤监测中，称样误差主要取决于样品混合的均匀程度和样品颗粒的粗细程度，即使对于一个混合均匀的土样，由于土粒的大小不同，其化学成分也不同，因此，称样量会对分析结果的准确与否产生较大影响。一般常根据所测组分及称样量决定样品细度。分析有机质、全氮项目，应取一部分已过 2mm 筛的土样，用玛瑙研钵继续研细，使其全部通过 60 号筛 (0.25mm)。用原子吸收光度法（AAS 法）测 Cd、Cu、Ni 等重金属时，土样必须全部通过 100 号筛（尼龙筛）。研磨过筛后的样品混匀、装瓶、贴标签、编号、储存。网筛规格有两种表达方法，一种以筛孔直径的大小表示，如孔径为 2mm、1mm、0.5mm；另一种以每英寸长度上的孔数来表示，如每英寸长度上有 40 孔为 40 目筛（或称 40 号筛），每英寸有 80 孔为 80 号筛等。孔数越多，孔径越小。

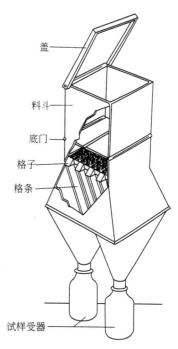

图 4-29 格子两分器

3. 土样保存

土壤样品需保存半年至一年，以备必要时查核之用。环境监测中用以进行质量控制的标准土样或对照土样则需长期妥善保存。储存样品应尽量避免日光、潮湿、高温和酸碱气体等的影响。玻璃材质容器是常用的优质贮器，聚乙烯塑料容器也属美国环保局推荐容器之一，该类贮器性能良好、价格便宜且不易破损。将风干土样、沉积物或标准土样等贮存于洁净的玻璃或聚乙烯容器之内。在常温、阴凉、干燥、避阳光、密封（石蜡涂封）条件下保存30个月是可行的。

三、土壤样品的预处理方法

在土壤样品的监测分析中，根据分析项目的不同，首先要经过样品的预处理工作，然后才能进行待测组分含量的测定。常用的预处理方法有湿法消化、干法灰化、溶剂提取和碱熔法。

分析土壤样品中的痕量无机物时，通常将其所含的大量有机物加以破坏，使其转变为简单的无机物，然后进行测定。这样可以排除有机物的干扰，提高检测精度。破坏有机物的方法有湿法消化和干法灰化两种。

1. 湿法消化法

湿法消化又称湿法氧化。它是将土壤样品与一种或两种以上的强酸（如硫酸、硝酸、高氯酸等）共同加热浓缩至一定体积，使有机物分解成二氧化碳和水除去。为了加快氧化速度，可加入过氧化氢、高锰酸钾、过硫酸钾和五氧化二钒等氧化剂和催化剂。表4-8为土壤样品某些金属、非金属组分的消化方法。

表 4-8　土壤样品某些金属和非金属组分的消化方法

元素	消化方法	元素	消化方法
Cd、Cu、Zn、Pb	HCl-HNO_3-HF-$HClO_4$ HNO_3-HF-$HClO_4$	Hg	H_2SO_4-$KMnO_4$ HNO_3-H_2SO_4-V_2O_5
Cr	HNO_3-H_2SO_4-H_3PO_4	As	HNO_3-H_2SO_4

2. 干法灰化法

干法灰化又称燃烧法或高温分解法。根据待测组分的性质，选用铂、石英、银、镍或瓷坩埚盛放样品，将其置于高温电炉中加热，控制温度450～550℃，使其灰化完全，将残渣溶解供分析用。

对于易挥发的元素，如汞、砷等，为避免高温灰化损失，可用氧瓶燃烧法进行灰化。此法是将样品包在无灰滤纸中，滤纸包钩在磨口塞的铂丝上（如图4-30所示），瓶中预先充入氧气和吸收液，将滤纸引燃后，迅速盖紧瓶塞，让其燃烧灰化，摇动瓶子让燃烧产物溶解于吸收液中，溶液供分析用。

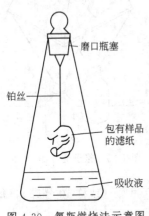

图 4-30　氧瓶燃烧法示意图

3. 溶剂提取法

分析土壤样品中的有机氯、有机磷农药和其他有机污染物时，出于这些污染物质的含量多数是微量的，如果要得到正确的分析结果，就必须在两方面采取措施：一方面是尽量使用灵敏度较高的先进仪器及分析方法；另一方面是利用较简单的仪器设备，对环境分析样品进行浓缩、富集和分离。常用的方法是溶剂提取法，用溶剂将待测组分从土壤样品中提取出来，提取液供分析用。提取方法有下列几种。

(1) 振荡浸取法 将一定量经制备的土壤样品置于容器中，加入适当的溶剂，放置在振荡器上振荡一定时间，过滤，用溶剂淋洗样品，或再提取一次，合并提取液。此法用于土壤中酚、油类等的提取。

(2) 索式提取法 索式提取器（Soxhlet extractor method，如图4-31所示）是提取有机物的有效仪器，它主要用于提取土壤样品含苯并[α]芘、有机氯农药、有机磷农药和油类等。将经过制备的土壤样品放入滤纸筒中或用滤纸包紧，置于回流提取器内。蒸发瓶中盛装适当有机溶剂，仪器组装好后，在水浴上加热。此时，溶剂蒸气经支管进入冷凝器内，凝结的溶剂掉入回流提取器，对样品进行浸泡提取，当溶剂液面达到虹吸管顶部时，含提取液的溶剂回流入蒸发瓶中，如此反复进行直到提取结束。选取什么样的溶剂，应根据分析对象来定。例如，极性小的有机氯农药采用极性小的溶剂（如己烷、石油醚）；对极性强的有机磷农药和含氧除草剂用极性强的溶剂（如二氯甲烷、三氯甲烷）。该法因样品都与纯溶剂接触，所以提取效果好，但较费时。

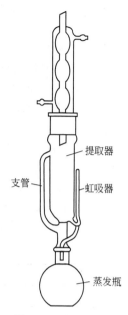

图4-31 索式提取器

(3) 柱层析法 一般是当被分析样品的提取液通过装有吸附剂的吸附柱时，相应被分析的组分吸附在固体吸附剂的活性表面上，然后用合适的溶剂洗脱出来，达到浓缩、分离、净化的目的。常用的吸附剂有活性炭、硅胶、硅藻土等。

此外还有碱熔法。碱熔法常用氢氧化钠和碳酸钠作为碱熔剂与土壤试样在高温下熔融，然后加水溶解，一般用于土壤中氟化物的测定。因该法添加了大量可溶性的碱熔剂，易引进污染物质，另外有些重金属如Cd、Cr等在高温熔融时易损失。

工作任务五
固体废物及土壤样品采集过程中的质量控制

一、固体废物采样中的质量控制

为保证在允许误差范围内获得固体废物的具有代表性的样品，应在采样的全过程进行质量控制，具体措施有。

① 在固体废物采样前，应设计详细的采样方案（采样计划）；在采样过程中，应认真按采样方案进行操作。

② 对采样人员进行培训。固体废物采样时一项技术性很强的工作，应由受过专门培训、有经验的人员承担。采样人员应熟悉固体废物的性状、掌握采样技术、懂得安全操作的有关知识和处理方法。采样时，应由2人以上在场进行操作。

③ 采样工具、设备所用的材质不能和待采固体废物有任何反应，不能使待采固体废物污染、分层和损失。采样工具应干燥、清洁、便于使用、清洗、保养、检查和维修。任何采样装置（特别是自动采样器）在正式使用前应作可行性实验。

④ 采样过程中要防止待采固体废物受到污染和发生变质。与水、酸、碱有反应的固体废物，应在隔绝水、酸、碱的条件下采样（如反应十分缓慢，在采样精确度允许的条件下，

可以通过快递采样消除这一影响）；组成随温度变化的固体废物，应在其正常组成所要求的温度下采样。

⑤ 盛放容器应满足以下要求：

a. 盛样容器材质与样品物质不起作用，没有渗透性；

b. 具有符合要求的盖、塞或阀门，使用前应洗净、干燥；

c. 对光敏性固体废物样品，盛放容器应是不透光的（使用深色材质容器或容器外罩深色外套）。

⑥ 样品盛放入容器后，在容器上应随即贴上标签。标签内容包括：样品名称及编号、固体废物批及批量、产生单位、采样部位、采样日期、采样人等。

⑦ 样品运输过程中，应防止不同固体废物样品间的交叉污染，盛放容器不可倒置、倒放，应防止破损、浸湿和污染。

⑧ 填写好、保存好采样记录和采样报告，如表4-9所示。

表 4-9　采样记录表

样品登记号		样品名称	
采样地点		采样数量	
采样时间		废物所属单位名称	
采样现场简述			
废物产生过程简述			
样品可能含有的主要有害成分			
样品保存及注意事项			
样品采集人及接受人			
备注		负责人签字	

二、土壤样品采集中的质量控制

1. 采样质量保证

为保证土壤样品的采集质量，在采样之前，要由具有野外调查经验，且熟练掌握土壤采样技术规程的专业技术人员组队，并组织全体成员学习有关技术文件，了解操作技术规程。

(1) 采样点位　根据点位布设方案，结合地形图和具体实际情况，确定采样点位。采样结束后，将采样点信息（样点编号、经纬度、日期和时间）保存，任何人不得私自调用和修改。

(2) 采样记录　正确、完整地填写样品标签（如表4-10所示）和土壤样品采集现场记录表（如表4-11所示）。

(3) 样品采集　本次采样选择0～20cm表层样。采样前应清除土壤表面腐殖质，无机类土壤样品用木铲、竹片等采集；有机类土壤样品用铁铲、木铲等采集，并用500mL棕色磨口玻璃瓶装，在装样时应避免土壤接触容器磨口处。

土壤样品需在作物收获后至下一次施肥前进行采集。避免在施用化肥、农药后立即采样。每份土壤样品采集量为2kg。

表 4-10 土壤样品采集标签格式

土壤样品采集标签	
样品编号：	
采样地点：	
东经	北纬
采样深度：	
土壤类型：	
土地利用类型：	
监测项目：	
采样日期：	
采样人员：	

表 4-11 土壤样品采集现场记录表

采样地点	省　　市　　县(市、区)　　乡　　村　　组			
采样时间	年　月　日	天气		
样品编号				
经纬度	东经	北纬	海拔	m
网格类型		网格 ID	与交通干线的距离	m
采样深度/cm		土地利用类型	1. 水田　2. 旱田	
作物类型	1. 水稻　2. 豆类　3. 玉米　4. 其他(请注明)			
灌溉类型	1. 河水灌　2. 塘水灌　3. 水库灌　4. 雨水灌　5. 污灌　6. 雨养			
土壤类型	1. 红壤　2. 黄壤　3. 黄棕壤　4. 山地黄棕壤　5. 棕壤　6. 暗棕壤　7. 草甸土　8. 紫色土　9. 石灰土　10. 潮土　11. 水稻土			
母岩	1. 花岗岩　2. 闪长岩　3. 安山岩　4. 流纹岩　5. 玄武岩　6. 砂岩　7. 页岩　8. 砂砾岩　9. 红砂岩　10. 石灰质岩类　11. 紫色砂页岩　12. 板岩　13. 千枚岩　14. 片岩　15. 片麻岩			
母质	1. 残积母质　2. 坡积母质　3. 冲积母质　4. 湖积母质　5. Q2　6. Q3			
地形地貌	1. 平原(a. 河漫滩　b. 阶地)　2. 岗地　3. 丘陵(a. 低丘　b. 中丘　c. 高丘)　4. 山地(a. 低山　b. 中山　c. 高山)			
坡度		坡向		
侵蚀情况	1. 无　2. 轻度　3. 中度　4. 高度　5. 严重			
土壤质地	1. 砂土　2. 砂壤土　3. 轻壤土　4. 中壤土　5. 重壤土　6. 黏土			
土壤湿度	1. 干　2. 潮　3. 湿　4. 重潮　5. 极潮			
植物根系含量	1. 无根系　2. 少量　3. 中量　4. 多量　5. 根密集			
地下水情况	水位：　　离地面　　m　　水质：			
pH 值	碳酸钙反应	1. 无　2. 微弱　3. 中等　4. 强烈		
土壤特征及自然环境情况综合叙述				
采样点周边信息	东:1. 村庄或建筑物　2. 农田　3. 工厂　4. 森林　5. 草地　6. 山　7. 其他(请注明) 南:1. 村庄或建筑物　2. 农田　3. 工厂　4. 森林　5. 草地　6. 山　7. 其他(请注明) 西:1. 村庄或建筑物　2. 农田　3. 工厂　4. 森林　5. 草地　6. 山　7. 其他(请注明) 北:1. 村庄或建筑物　2. 农田　3. 工厂　4. 森林　5. 草地　6. 山　7. 其他(请注明)			
备注				

记录：＿＿＿＿＿　采样：＿＿＿＿＿　摄影：＿＿＿＿＿

2. 样品流转质量保证

① 采样结束后,采样小组需填好样品流转单,同样品一起交给样品管理员。

② 交接双方需对样品数量、标签、重量、样品冷藏温度(有机样)、采样清单或送样单进行核对。

③ 对编号不清、重量不足、盛样容器破损、受沾污的样品,样品管理员均拒绝接受,并告知项目负责人,由项目负责人决定是否要进行重采。

3. 样品保存质量保证

新鲜样品的保存:用于测定有机污染物的样品,均贮存于带聚四氟乙烯密封垫或磨口的棕色玻璃瓶内,样品要充满容器,置于4℃冷藏保存。

样品库要求:应干燥、通风,避免阳光直射,无污染;并定期清理样品,防止霉变、鼠害及标签脱落。

各站可根据自身需求定制多层不锈钢样品风干架和样品保存柜,同时需建立样品入库记录册以及样品目录,建立土壤样品档案,可根据样品采集地、样品编号等查找样品相关信息。

样品保存要求:

(1) 样品保存标签需包含样品编号、采样地点、东经北纬、采样深度、土壤类型、土壤粒径、土地利用类型、采样日期、制样人员等信息。

(2) 样品保存标签根据土地利用类型采用不同颜色,耕地为褐色、林地和草地为绿色、未利

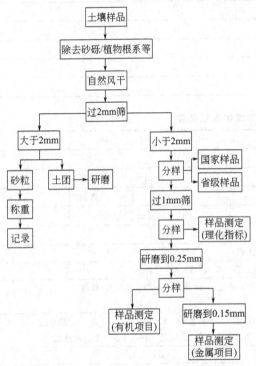

图 4-32 土壤样品制备规范流程方框图

用地为黄色。本次土壤例行监测以基本农田(即耕地)作为监测区域,应选择褐色标签。

(3) 样品保存标签贴于瓶上后,再用宽透明胶绕一圈将标签粘紧。

4. 样品制备质量保证

样品制备间应清洁、通风、无污染。每加工完一个样品均对加工工具进行彻底清理,防止交叉沾污。样品的制备流程按照图 4-32 进行。

风干土样过2mm筛后,用四分法弃取、称重,保留三份样品,其中一份500g样品置于棕色磨口玻璃瓶中,注明国家样品库样品;另一份500g样品置于棕色磨口玻璃瓶中,注明省级样品库样品;剩余样品称重(保留大约分析用量四倍的土样),四分法分成两份,一份装瓶备分析用,另一份继续进行细磨。

工作任务六
土壤样品的采集与预处理实训

一、实验目的和要求

土壤样品(简称土样)的采集与处理,是土壤分析工作的一个重要环节,直接关系到分

析结果的正确与否。因此必须按正确的方法采集和处理土样，以便获得符合实际的分析结果。

二、实验内容与原理

学习土壤农化样品的采样布点方法及分样方法。在大田中，采用蛇形取样法采集1kg有代表性的土壤样品，采用四分法分样。土样标签书写内容，样品风干要求。

三、实验仪器

小土铲、布袋或塑料袋、标签。

四、操作方法与实验步骤

1. 采样路线

采样时应沿着一定的线路按照"随机"、"等量"和"多点混合"的原则进行采样。一般采用蛇形布点法采样。在地形变化小、地力较均匀、采样单元面积较小的情况下也可采用"梅花"形布点取样。要避开路边、田埂、沟边、肥堆等特殊部位。蔬菜地混合样点的样品采集要根据沟、垄面积的比例确定沟、垄采样点数量。果园采样要以树干为圆点向外延伸到树冠边缘的2/3处采集每株对角采2点。

2. 土样的采集

分析某一土壤或土层，只能抽取其中有代表性的少部分土壤，这就是土样。采样的基本要求是使土样具有代表性，即能代表所研究的土壤总体。根据不同的研究目的，可有不同的采样方法。每个采样点的取土深度及采样量应均匀一致，土样上层与下层的比例要相同。取样器应垂直于地面入土深度相同。用取土铲取样应先铲出一个耕层断面再平行于断面下铲取土。所有样品都应采用不锈钢取土器采样。

（1）土壤剖面样品 土壤剖面样品是为研究土壤的基本理化性质和发生分类。应按土壤类型，选择有代表性的地点挖掘剖面，根据土壤发生层次由下而上的采集土样，一般在各层的典型部位采集厚约10cm的土壤，但耕作层必须要全层柱状连续采样，每层采1kg；放入干净的布袋或塑料袋内，袋内外均应附有标签，标签上注明采样地点、剖面号码、土层和深度。

（2）耕作土壤混合样品 为了解土壤肥力情况，一般采用混合土样，即在一采样地块上多点采土，混合均匀后取出一部分，以减少土壤差异，提高土样的代表性。

① 采样点的选择。选择有代表性的采样点，应考虑地形基本一致、近期施肥耕作措施、植物生长表现基本相同。采样点5～20个，其分布应尽量照顾到土壤的全面情况，不可太集中，应避开路边、地角和堆积过肥料的地方。

② 采样方法。在确定的采样点上，先用小土铲去掉表层3mm左右的土壤，然后倾斜向下切取一片片的土壤。将各采样点土样集中一起混合均匀，按需要量装入袋中带回。

3. 土壤物理分析样品

测定土壤的某些物理性质。如土壤容重和孔隙度等的测定，须采原状土样，对于研究土壤结构性样品，采样时须注意湿度，最好在不粘铲的情况下采取。此外，在取样过程中，须保持土块不受挤压而变形。

4. 采样时间

土壤某些性质可因季节不同而有变化，因此应根据不同的目的确定适宜的采样时间。一一般在秋季采样能更好地反映土壤对养分的需求程度,因而在定期采样时将一年一熟的农田的采样期放在前茬作物收获后和后茬作物种植前为宜,一年多熟农田放在一年作物收获后。不少情况下均以放在秋季为宜。当然,只需采一次样时,则应根据需要和目的确定采样时间。在进行大田长期定位试验的情况下,为了便于比较,每年采样时间应固定。

5. 四分法分样

一般 1kg 左右的土样即够化学物理分析之用,采集的土样如果太多,可用四分法淘汰。四分法的方法是:将采集的土样弄碎,除去石砾和根、叶、虫体,并充分混匀铺成正方形,画对角线分成四份,淘汰对角两分,再把留下的部分合在一起,即为平均土样,如果所得土样仍嫌太多,可再用四分法处理,直到留下的土样达到所需数量(1kg),将保留的平均土样装入干净布袋或塑料袋内,并附上标签。

到达田间以后,先要确定采样方法,如果是采集耕作层土壤,则先在样点部位把地面的作物残茬、杂草、石块等除去。如果是新耕翻的土地,就将土壤略加踩实,以免挖坑时土块散落。用铁铲挖一个小坑,坑的一面修成垂直的切面,再用铁铲垂直向下切取一片土壤,采样深度应等于耕作层的深度,用采土刀把大片切成宽度一致的长方形土块。各个土坑中取的土样数量要基本一致,合并在一起,装入干净的布袋,携回室内。一般每个混合样品约需 1kg 左右,如果样品取得过多,可用四分法将多余的土壤弃去。四分法的做法是:将采集的土壤样品放在干净的塑料薄膜上弄碎,混合均匀并铺成四方形,划分对角线,分成四份,保留对角的两份,其余两份弃去,如果保留的土样数量仍很多,可再用四分法处理,直至对角的两份达到所需数量为止。将土样装入布袋或塑料袋中,用铅笔写两张标签,一张放在布袋内,将有字的一面向里叠好,字迹不得搞模糊。另一张扎在布袋外面。标签上应该填写样品编号(采样地点、土壤名称、采样深度、采样日期、采样人等)。

6. 风干处理

野外取回的土样,除田间水分、硝态氮、亚铁等需用新鲜土样测定外,一般分析项目都用风干土样。方法是将新鲜湿土样平铺于干净的纸上,弄成碎块,摊成薄层(厚约 2cm),放在室内阴凉通风处自行干燥。切忌阳光直接暴晒和酸、碱、蒸气以及尘埃等污染。从野外采回的土壤样品要及时放在样品盘上摊成薄薄的一层置于干净整洁的室内通风处自然风干,严禁曝晒,并注意防止酸、碱等气体及灰尘的污染。风干过程中要经常翻动土样,并将大土块捏碎以加速干燥,同时剔除土壤以外的侵入体。风干后的土样按照不同的分析要求研磨过筛充分混匀后,装入样品瓶中备用。瓶内外各放标签一张写明编号、采样地点、土壤名称、采样深度、样品粒径、采样日期、采样人及制样时间、制样人等内容。制备好的样品要妥善贮存,避免日晒、高温、潮湿和酸碱等气体的污染。全部分析工作结束、分析数据核实无误后,试样一般还要保存 3 个月至 1 年以备查询。

a. 一般化学分析试样。将风干后的样品平铺在制样板上用木棍或塑料棍碾压并将植物残体、石块等侵入体和新生体剔除干净(细小已断的植物须根可采用静电吸附的方法清除)。压碎的土样要全部通过 2mm 孔径筛。未过筛的土粒必须重新碾压过筛直至全部样品通过 2mm 孔径筛为止。有条件时可采用土壤样品粉碎机粉碎。过 2mm 孔径筛的土样可供 pH 值、盐分、交换性能及有效养分项目的测定。将通过 2mm 孔径筛的土样用四分法取出一部分继续碾磨使之全部通过 0.25mm 孔径筛供有机质、全氮、碳酸钙等项目的测定。

b. 微量元素分析试样。用于微量元素分析的土样,其处理方法同一般化学分析样品,但在采样、风干、研磨、过筛、运输、贮存等环节都要特别注意不要接触金属器具,以防污染,如采样、制样使用木、竹或塑料工具过筛使用尼龙网筛等。通过 2mm 孔径尼龙筛的样品可用于测定土壤有效态微量元素。

c. 颗粒分析试样。将风干土样反复碾碎使之全部通过2mm孔径筛，留在筛上的碎石称量后保存。同时，将过筛的土壤称量，以计算石砾质量百分数，然后将土样混匀后盛于广口瓶内，用于颗粒分析及其他物理性质测定。若在土壤中有铁锰结核、石灰结核、铁子或半风化体，不能用木棍碾碎，应细心拣出再称量保存。

五、报告

1. 按实物绘出采样布点示意图。
2. 对采样情况进行记录，并对采样点编号，认真填写采样记录表。

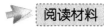

"土十条"落地　将破"污土"与"净土"矛盾

随着工业化、城市化、农业高度集约化快速发展的影响，我国土壤安全问题日趋严峻，严重威胁到国家粮食安全、人居环境安全、生态安全甚至社会和谐发展。如何解决土壤污染问题成了人们关注的焦点。

2015年是"国际土壤年"，土壤环境安全对人类发展至关重要。在中国，土壤污染防治与大气污染防治、水污染防治并称为向污染宣战的"三大战役"。与大气、水等其他环境要素的污染相比，中国的土壤污染在严重程度上有过之而无不及。

中国的土壤污染究竟有多严重呢？为了掌握全国土壤环境质量的总体状况，环保部、国土资源部从2005年起开展了首次全国土壤污染状况调查，历时8年完成了《全国土壤污染状况调查公报》。数据显示，全国土壤污染超标率为16.1%，耕地的点位超标率竟然达19.4%，耕地土壤环境质量堪忧，且工矿业废弃地土壤环境问题十分突出。我国污染耕地约有1.5亿亩，中重度污染耕地高达5000万亩。而且，当前守住我国耕地红线的形势非常严峻，2012年中国耕地保有量为18.24亿亩，直逼18亿亩警戒线；工业化和城市化的加速发展，大量优质土壤资源转变为非农业用地，部分地区土壤资源数量和质量同步下降；我国农村大量耕地撂荒现象普遍，许多传统的商品粮基地已不复存在。这些都说明，我们急需加强土壤资源保护，保证耕地土壤资源数量，提高耕地资源质量，从根本上保障国家粮食安全。

加强土壤污染防治立法，是有效遏制土壤污染加重趋势的关键环节。

继"气十条""水十条"相继发布后，2015年4月《中共中央国务院关于加快推进生态文明建设的意见》明确提出："制定实施土壤污染防治行动计划，优先保护耕地土壤环境，强化工业污染场地治理，开展土壤污染治理与修复试点。"目前我国有关土壤污染治理的《全国土壤污染防治行动计划》（又称"土十条"）落地可期。"土十条"相关政策的出台，将有效填补内地土壤污染和防治领域的空白，完善整体环保政策。长期以来，我国土壤污染防治未受到足够重视，相关政策很少，立法亦处于空白状态，此次"土十条"对土壤污染和防治进行了顶层设计，可以为未来具体的污染防治行动提供指引。

针对当前土壤污染防治面临的严峻形势，土壤污染防治工作应该按照"一二三四"的总体思路来考虑，即：实现一个目标，突出二个重点，抓住三个环节，夯实四个基础，切实抓好土壤环境保护重点工作。

一个目标，就是争取利用6~7年时间，使土壤污染恶化趋势得到遏制，全国土壤环境状况稳中向好。

二个重点，即耕地和建设用地土壤污染防治。耕地土壤质量安全是农产品安全的首要保障，建设用地，特别是居住和商业用地安全是人居环境健康的重要基础。

三个环节，即"防、控、治"。"防"就是通过建立严格的法规制度，实施严格的监督监管，严防新的土壤污染产生，保护现有良好的土壤。"控"就是开展调查、排查，掌握土壤污染状况及分布，采取有效手段，防范和控制污染风险。"治"就是开展土壤污染治理修复，针对不同污染程度、不同污染类型分类施策，在典型地区组织开展土壤污染治理试点示范，逐步建立土壤污染治理修复技术体系，有计划、分步骤地推进土壤污染治理修复。

四个基础，即摸清底数，完善制度，创新技术，提升能力。摸清底数，就是要在第一次全国土壤污染状况调查的基础上，组织开展土壤污染状况详查工作，全面会诊土壤污染现状，尽快摸清土壤污染家底，为进一步搞好土壤污染防治规划、计划和污染治理修复提供科学依据。完善制度，就是通过推进土壤保护立法，建立部门制度，完善相关标准规范，使土壤保护和治理工作有章可循，有据可依。创新技术，就是不断加大土壤领域科研投入，不断完善土壤修复技术、防控技术、风险管控技术等，加强技术支撑。提升能力，主要是加强土壤环境监测和监管能力建设,建立土壤环境例行监测制度,设立土壤环境质量监测国控点位,建立"统一监管、分工负责"的土壤环境管理体制,加强部门联动,形成监管合力,共同推进土壤环境保护。

当前,我国经济发展进入新常态,全面改善环境质量面临重要机遇和重大挑战,土壤污染防治任务繁重艰巨,必须解决"污土"与"净土"的矛盾。如同大气治污要解决"蓝天"与"霾天"、水体治污要解决"碧水"与"浊水"的矛盾一样,必须在解决"净土"的基础上,统筹解决"蓝天"与"碧水"的问题。有了"蓝天常在,碧水长流,净土常存",最终才有"洁食",才会有土壤安全、生命安全,才能确保土壤污染防治目标如期实现,才能深入推进生态文明建设。

本章小结

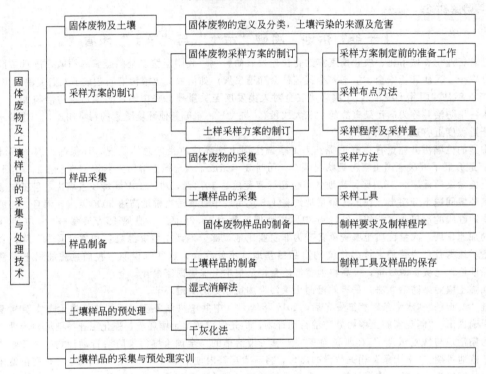

思考与练习

一、名词解释

1. 固体废物　2. 危险废物　3. 土壤污染物　4. 土壤背景值　5. 对角线布点法
6. 湿法消化　7. 干法灰化　8. 单阶段采样　9. 系统采样法　10. 四分法分样

二、判断题(正确的划"√",错误的划"×")

1. 土壤酸性增大,使土壤中许多金属离子的溶解度增大,其有效性或毒性均增大。
(　　)
2. 土壤的壤土分为砂壤土、轻壤土、中壤土、重壤土。(　　)
3. 土壤湿度的野外估测,一般可分为6级。(　　)
4. 土壤采样的布方法包括简单随机法、分块随机法、系统随机法等。(　　)
5. 土壤监测一般要求每个监测单元最多设3个采样点。(　　)
6. 农田土壤采样采集耕作层土样一般为20～40cm。(　　)
7. 农田土壤监测混合样中对角线采样法适用于污灌农田土壤。(　　)

8. 土壤样品粉碎用金属或木质工具均可。（　　）
9. 对贮存土壤样品的房间无特殊要求。（　　）
10. 采集土壤样品时每个样品均应填写 2 个标签。（　　）
11. 在运送带上或落口处采集工业废物样品时，应截取废物流的全截面。（　　）
12. 工业废物的采样过程中要防止样品受到污染和发生变质。（　　）
13. 可以用实验室日常的采样工具采集工业废物样品。（　　）
14. 组成随温度变化的工业废物，采样时应考虑温度的影响。（　　）
15. 棋盘式布点法适用于中等面积、地势平坦、地形完整开阔、但土壤较不均匀的田块。（　　）
16. 组成随温度变化的工业废物，采样时应考虑温度的影响。（　　）
17. 小块固体样品可以用手任意选取几块作为试样。（　　）
18. 土壤背景值是指在未受或少受人类活动影响下，尚未受或少受污染和破坏的土壤中元素的含量。（　　）
19. 土壤在常温、阴凉、干燥、避阳光、密封条件下保存 30 个月是可行的。（　　）
20. 点样的测定结果能够代表样品的整体性质。（　　）

三、填空题

1. 土壤背景值采样一般用_____布点法。
2. 土壤背景值采样点可采_____或_____，一般监测采集_____，采样深度_____。
3. 土壤剖面的规格一般为长____、宽____、深____，土壤剖面的观察面____。
4. 农田土壤采集混合样有_____、_____、_____、_____方法。
5. 农田土壤的对角线采样法适用于____农田土壤，梅花点采样法适用于____、____和土壤组成_____的地块。
6. 农田土壤的棋盘式采样法适用于_____、_____、土壤不够_____的地块，蛇形采样法适用于_____、土壤_____的地块。
7. 对需要较长期存放的土样，应该在_____、_____、_____的地方保存。
8. 工业固体废物是指在_____、_____等生产活动中产生的固体废物。
9. 工业固体废物采样法包括_____、_____、_____、_____等。
10. 工业固体废物采样法中的简单随机采样法分为_____和_____。
11. 装工业固体废物的容器材质应不与_____起反应，应没有_____，使用前应洗净并干燥。
12. 工业固体废物的制样过程包括_____、_____、_____、_____。
13. 在固体废物中对环境影响最大的是_____和_____。
14. 对于采样深度的确定，如果只是一般了解土壤污染状况，只需取_____或_____表层（或耕层）土壤。
15. 在土壤样品的监测分析中，首先要经过样品的预处理工作。常用的须处理方法有_____、_____、_____、_____。
16. 采样时应沿着一定的线路按照"_____"、"_____"和"_____"的原则进行采样。

四、选择题

1. 土壤污染最明显的标志是（　　）。
A. 金属元素富集化　　　　　　　　B. 土壤的流失
C. 农产品产量和质量的下降　　　　D. 以上答案都不对

2. 土壤中测定、铵态氮、硝态氮、低价铁项目需要（　　）。
   A. 新鲜土样　　　　　　　　　　　　B. 风干的土样
   C. 太阳晒干的土样　　　　　　　　　D. 以上答案都不对
3. 土壤样品含苯并[α]芘、有机氯农药、有机磷农药和油类等时用（　　）方法好。
   A. 索式提取法　　　　　　　　　　　B. 柱层析法
   C. 振荡浸取法　　　　　　　　　　　D. 以上答案都不对
4. （　　）采样点布置法适用于面积小、地势平坦的污水灌溉或受污染河水灌溉的田块。
   A. 对角线布点法　　B. 梅花形布点法　　C. 棋盘式布点法　　D. 蛇形布点法
5. 对于土壤正确采样必须遵循的原则是说法错误的是（　　）。
   A. 采样方法必须与分析目的保持一致
   B. 采集样品必须要大量才能满足分析要求
   C. 采样及样品制备过程中设法保持原有的理化指标
   D. 要防止和避免待测组分的沾污
6. 土壤中被测组分在分离过程中的损失要小到可以忽略不计，常用被测组分的回收率 R 来衡量，对于回收率的说法错误的是（　　）。
   A. 如果回收率小于60%，则需要改进方法以提高回收率
   B. 对于主要组分，回收率应大于99.9%
   C. 对于含量在1%以上的组分，回收率应大于99%
   D. 对于微量组分，回收率应在95%~105%之间
7. （　　）采样点布置法适用于中等面积、地势平坦、地形完整开阔、但土壤较不均匀的田块。
   A. 对角线布点法　　B. 梅花形布点法　　C. 棋盘式布点法　　D. 蛇形布点法
8. 对于土壤采样注意事项说法错误的是（　　）。
   A. 采样前，应调查物料的货主、来源、种类、批次、生产日期等
   B. 采样器械可分为电动的、机械的和手工的三种类型
   C. 盛样容器为玻璃制品
   D. 采集的样品应由专人妥善保管，尽快送达指定地点
9. 人工缩分常用"四分法"，对此说法错误的是（　　）。
   A. 每次缩分后试样粒度与保留的试样量之间，都应符合采样公式
   B. 通常留下200~500g，送化验室作为分析试样
   C. 试样最后的细度应便于溶解
   D. 对于较难溶解的试样，要研磨至能通过10~20目细筛
10. 对于土壤的采样，在实施采样方案时，首先必须对采样地区进行调查研究，主要调研的内容不包括（　　）。
    A. 地区的人类活动情况　　　　　　　B. 地区的自然条件
    C. 地区的农业生产情况　　　　　　　D. 地区的土壤性状
11. 土壤背景值采样点的布设原则不包括（　　）。
    A. 在水土流失严重或表土被破坏处设置采样点
    B. 采样点远离铁路、公路至少300m以上
    C. 选择土壤类型特征明显的地点挖掘土壤剖面
    D. 在耕地上采样，应了解作物种植及农药使用情况
12. 固体试样的采样全过程要进行质量控制，对具体措施说法不正确的是（　　）。

A. 在固体废物采样前，应设计详细的采样方案
B. 对采样人员进行培训
C. 采样过程中要防止待采固体废物受到污染和发生变质
D. 组成随温度变化的固体废物，应在低温下保存

13. 在分离过程中要尽可能地消除干扰，被测组分与干扰组分分离效果的好坏一般用分离因数 S 表示，对于分离因数的说法错误的是（   ）。
A. 干扰物与被分析物质的回收率的比值
B. 对于有大量干扰存在下的痕量物质的分离，S 应为 10^{-7}
C. 对于分析物和干扰物存在的量相当的情况，S 应为 10^{-3}
D. 理想的分离效果是 $S=1$

14. 工业固体废物采样法中的简单随机采样法分为（   ）。
A. 分层采样法　　B. 抽签法　　C. 随机数字表法　　D. 两段采样法

15. 装工业固体废物的容器材质应不与（   ）起反应，应没有（   ），使用前应洗净并干燥。
A. 空气　　B. 样品物质　　C. 渗透　　D. 易挥发成分

16. 工业固体废物是指在（   ）等生产活动中产生的固体废物。
A. 工业　　B. 交通　　C. 日常生活　　D. 农业生产

五、简答题

1. 什么是危险废物？其主要判别依据有哪些？
2. 如何采集固体废物样品？采集后应怎样处理才能保存？为什么固体废物采样量与粒度有关？
3. 简述土壤主要组成，土壤污染有何特点？
4. 如何布点采集污染土壤样品？
5. 如何布点采集背景值样品？
6. 如何制备土壤样品？制备过程中应注意哪些问题？
7. 如何选择土样贮存器？
8. 分析比较土样各种酸式消化法的特点，有哪些注意事项？消化过程中各种酸起何作用？
9. 索氏提取法的原理是什么？

学习情境五
油品的采集与处理技术

知识目标

- 了解石油产品试样的分类，理解石油产品取样原则
- 掌握气体、液体和固体石油产品的取样方法
- 掌握与石油产品取样有关的安全知识

能力目标

- 能够根据石油产品取样标准方法进行取样操作
- 能够正确处理有关取样操作中的技术和安全问题
- 能够正确处理和保存样品

工作任务一 油品试样分类

一、按油品性状分类

油品试样是指向给定试验方法提供所需要产品的代表性部分。油品试样必须具备充分的代表性，以避免错误判定整批油品质量，给生产和使用带来重大损失。

油品取样是按规定方法，从一定数量的整批物料中采集少量有代表性试样的一种行为、过程或技术。按规定取样是保证样品代表性的关键。

石油产品种类很多，性状各异，表5-1列举油品试样按性状划分的类别。

表 5-1　油品试样类别及其实例

试样类别	实例	试样类别		实例
气体试样	液化石油气、天然气	固体试样	可熔性试样	蜡、沥青
液体试样	汽油、煤油、柴油、润滑油		不熔性试样	石油焦、硫黄块
膏状试样	润滑脂、凡士林		粉末状试样	焦粉、硫黄粉

二、按取样位置和方法分类

油品分析中最为常见的是液体油品，GB/T 4756—1998《石油液体手工取样法》按取样位置和方法将油品试样分类如下。

1. 点样

点样是指从油罐内规定位置或在泵送操作期间按规定时间从管线中采取的试样。点样仅代表油品局部或某段时间的性质。如图 5-1 所示，按取样位置点样划分如下。

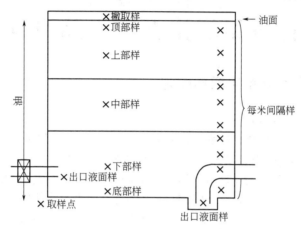

图 5-1 液体油品取样位置示意图

(1) 撇取样（表面样） 从油罐内顶液面处采取的试样。
(2) 顶部样 在油品顶液面下 150mm 处采取的试样。
(3) 上部样 在油品顶液面下深度 1/6 处采取的试样。
(4) 中部样 在油品顶液面下深度 1/2 处采取的试样。
(5) 下部样 在油品顶液面下深度 5/6 处采取的试样。
(6) 底部样 从油罐或容器底表面（底板）上，或者从管线最低点处油品中采取的试样。
(7) 出口液面样 从油罐内抽出油品的最低液面处取得的试样。

说明：此外，属于点样的还有排放样（从油罐排放活栓或排放阀门采取的试样）；罐侧样（从罐侧取样管线采取的点样）。

2. 代表性试样

代表性试样是指试样的物理、化学特性与取样总体的平均特性相同的试样，通常用按规定从同一容器各部位或几个容器中所采取的混合试样来代表该批石油产品质量，测定油品平均性质。油品试样一般指代表性试样。

(1) 组合样 按规定比例合并若干个点样，用以代表整个油品性质的试样。常见组合样是由按下述任何一种情况合并试样而得到的。
① 按等比例合并上部样、中部样和下部样。
② 按等比例合并上部样、中部样和出口液面样。
③ 对于非均匀油品，应在多于 3 个液面上采取的一系列点样，按其所代表油品数量比例掺合而成。
④ 从几个油罐或油船的几个油舱中采取单个试样，按每个试样所代表油品数量比例掺合而成。

⑤ 在规定间隔从管线流体中采取的一系列等体积的点样混合（时间比例样）。

（2）全层样　取样器在一个方向上通过整体液面，使其充满约 3/4（最大 85%）液体时所取得的试样。

（3）例行样　将取样器从油品顶部降落到底部，然后再以相同速度提升到油品的顶部，提出液面时取样器应充满约 3/4 时的试样。

工作任务二
石油和液体石油产品取样

一、执行标准的适用范围和取样原则

1. 执行标准的适应范围

液体石油产品取样方法主要有手工取样法和半自动取样法两种。手工取样法按 GB/T 4756—1998《石油液体手工取样法》进行，该方法等效采用 ISO 3170—1988《石油液体手工取样法》；半自动取样法执行 SH/T 0635—1996《液体石油产品采样法（半自动法）》。

GB/T 4756—1998《石油液体手工取样法》规定了用手工法从固定油罐、铁路罐车、公路罐车、油船和驳船、桶和听、或从正在输送液体的管线中采取液态烃、油罐残渣和沉淀物样品的方法。取样时，要求贮存容器（罐、油船、桶、听等）或输送管线中的油品处于常压范围，且油品在环境温度～100℃之间应为液体。

SH/T 0635—1996《液体石油产品采样法（半自动法）》规定了从立式油罐中采取液体石油和石油化工产品试样的方法。对于原油和非均匀石油液体用半自动法所取试样的代表性较好。

2. 取样原则

取样基本原则：用于试验的试样必须对被取样油品具有充分的代表性。

二、取样工具和取样操作方法

1. 取样工具

（1）试样容器　试样容器是用于贮存和运送试样的接受器，配有合适的帽、塞、盖或阀，不渗漏油品，能耐溶剂，具有足够的强度。容量通常在 0.25～5L 之间，常用以下几种。

① 玻璃瓶。配软木塞、玻璃塞、塑料或金属螺旋帽（有耐油垫片）等。对光敏感的油品，用深色玻璃瓶；挥发性液体不应使用软木塞。

② 油听。用镀锌铁皮冲压制成，接缝或焊缝用松香焊剂在油听外表面焊接。油听用带耐油垫片的螺旋帽封闭，垫片使用一次后就应更换。

③ 塑料瓶。用高密度聚乙烯或聚四氟乙烯制成的厚壁未着色的塑料瓶在不影响油品被测性质时可用于取样，但不能用非线型聚乙烯材料制成的塑料容器，以免引起样品污染或样品容器损坏。

（2）取样器

① 点取样器和例行取样器。适于在油罐、油槽车、油船中采取点样、例行样及组合样。常用取样笼（见图 5-2）、加重取样器（见图 5-3）等。

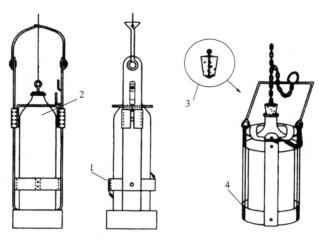

图 5-2 取样笼示意图

1—转动环；2—试样瓶；3—软木塞详图；4—加重的瓶子保持架

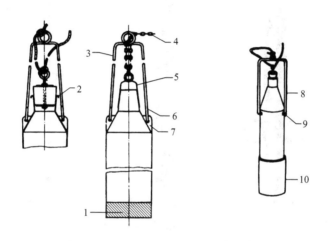

图 5-3 加重的取样器示例

1—外部铅锤；2—加重器嘴；3—铜丝手柄；4—可防火花的绳或长链；5—紧密装配的锥形帽；
6—黄铜焊接头；7,9—黄铜焊的耳状柄；8—铜丝手柄；10—铅板

取样笼是一个安装在加重金属框内的玻璃瓶，瓶口用系有绳索的瓶塞塞紧，取样器塞子能在任一要求的液面开启。加重取样器是一个底部加重（一般灌铅）并设有开启器盖机构的金属容器；例行取样器与点取样器类似，只是在取样瓶口处安装有钻孔的软木塞或有开口的螺纹帽，以限制取样时的充油速度。

② 底部取样器。用于采取距油罐底部 3~5cm 处试样的取样器，如图 5-4 所示，当其降落到罐底时能通过与罐底板的接触打开阀或启闭器，而在离开罐底时又能关闭阀或启闭器。该取样器应有足够的质量，可以在 15℃时密度为 $1g/cm^3$ 的液体中下沉。

③ 沉淀物取样器。用来采取液态油品中残渣或沉淀物的取样器。如图 5-5 所示，取样器是一个带有抓取装置的坚固黄铜盒，其底部是两个由弹簧关闭的夹片组，取样器由吊缆放松。取样器顶上的两块轻质盖板可防止从液体中提升取样器时样品被冲洗出来。

④ 桶或听取样器。通常使用管状取样器，如图 5-6（a）所示，它是一根由玻璃、金属或塑料制成的管子，能插入到油桶或汽车油罐车中所需的液面上，从一个选择液面上采取点样或底部样；有时用于从液体的纵向截面采取代表性试样。

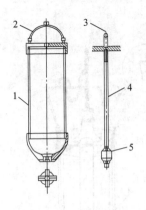

图 5-4 底部取样器　　　　　　　图 5-5 沉淀取样器
1—外壳；2—挂钩；3—放空提手；4—内芯；5—重物

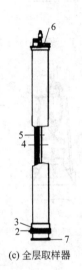

(a) 取样管　　　(b) 界面取样器　　　(c) 全层取样器

图 5-6 其他取样器示意图

1—触发关闭机构的重物；2—底座充油孔；3—夹紧底座的滚花的环；
4—停止杆；5—温度计；6—搬倒开关；7—接触线

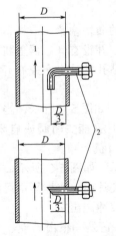

图 5-7 管线取样位置示意图
1—流体方向；2—带阀的取样管线

⑤ 界面取样器。用于从选择液面上采集点样或底部样，界面取样器在缓慢降落时能够收集任何选择液面处或罐底上的垂直液柱。如图 5-6（b）所示，由一根两端开口的玻璃管、金属管或塑料管制成，取样器在向下降落时液体能自由流过其内管，通过关闭机构可以使其下端在要求的液面处关闭。

⑥ 全层取样器。用于采取均匀油品的代表性试样。如图 5-6（c）所示，这种取样器有液体进口和气体出口，通过在油品中降落和提升时取得试样，但不能确定油品是否在均匀速率下充满的，故所取试样代表性稍差。

⑦ 管线取样器。由管线取样头、隔离阀和输油管组成。输油管的长度应能达到试样容器底部，以便浸没充油。如图 5-7 所示，管线取样器试样入口中心点应在不小于管线内径的 1/3 处。

⑧ 气体闭锁机构。用于从压力罐特别是使用惰性气体系统保护的油罐中取样。它由一个装在取样阀顶的气密外壳与油罐

相连，取样时先将取样器通过气密窗口连接到降落齿轮上，然后关闭窗口，打开顶阀，降落取样器取样，提起取样器后，关闭顶阀，通过气密窗取出取样器。

⑨ 试样冷却器。用于高温液体取样。试样冷却器是由内径为 6～10mm 的无缝铜管制成的冷却盘管。盘管出口端连接到便携式取样容器上，盘管的进口端连接到管线取样器的隔离阀上，冷却盘管在使用时浸没到冰水混合器中。

2. 取样操作方法

（1）立式油罐取样　立式油罐的取样分为取点样、组合样、底部样、界面样、罐侧样、全层样、例行样等。

① 点样。降落取样器或瓶，直到其口部达到要求的深度（看标尺），用适当的方法打开塞子，在要求的液面处保持取样器直到充满为止。当采取顶部试样时，小心降落不带塞子的取样器，直到其颈部刚刚高于液体表面，再突然地将取样器降到液面下 150mm 处，当气泡停止冒出表示取样器充满时，将其提出。如需在不同液面取样时，要从上到下依次取样，以避免搅动下面的液体。

注意：油罐内液体是静止状态时才能进行取样操作，对于原油和重油应先放出底部的游离水。

② 底部样。降落底部取样器，将其直立停在油罐底上，待装满（不冒气泡）后提出取样器。如需要将其内含物全部转移进样品容器时，要注意正确地转移全部样品，包括取样器壁上黏附的水和固体。

③ 罐侧样。取样阀应装到油罐的侧壁上，与其连接的取样管至少伸进罐内 150mm。下部取样管应安装在出口管的底液面上。

④ 组合样。制备组合样是把具有代表性地单个试样的等分样转到组合样容器中混合均匀而成。除非特殊要求才制备用于试验的组合样，否则，只应对点样进行试验，然后由点样结果和每个点样所代表的数量按比例计算整体的试验值。

说明：立式圆筒形油罐在成品油交接过程中，多采用上部、中部和下部样方案，若罐内油品是均匀的，则将具有代表性的单个样品按等比例分别转移到组合样容器中混合均匀。

⑤ 界面样。降落打开的界面取样器，使液体通过取样器冲流，到达要求液面后，关闭阀，提出取样器。若使用透明的管子，可以通过管壁目视确定界面的存在，然后根据量油尺的量值确定界面在油罐内的位置。检查阀是否正确关闭，否则要重新取样。

⑥ 全层样。用全层取样器在油品中降落或提升，使其充满约 3/4（最大 85%）液体。取样时要掌握好降落或提升的速度。

⑦ 例行样。以匀速将取样瓶和笼子从油品表面降到罐底，再提出油品表面，不能在任何点停留，当从油品中提出取样瓶时，瓶内应充入约 75% 的油品，绝不能超过 85%。

说明：由于全层样、例行样在取样时不能够保证试样是按均匀的速率充满取样器的，因此它们的代表性比组合样稍差，一般用于较均匀的液体取样。

（2）卧式圆筒形和椭圆形油罐取样　从这类油罐采取点样方法与立式油罐相同，但要求按表 5-2 标明的深度取样；需制备组合样时，应按表 5-2 规定的比例进行混合。

（3）油船或驳船的取样　油船的装载容积一般划分若干个大小不同的舱室。可以按表 5-2 的要求从每个舱室采取点样；对于装载相同油品的油船也可按 GB/T 4756—1998 中规定的方法进行随机抽查取样。

（4）油罐车取样　把取样器降到罐内油品深度的 1/2 处，以急速动作拉动绳子，打开取样器塞子，待取样器内充满油后，提出取样器。对于整列装有相同石油或液体石油产品的油罐车，也可按 GB/T 4756—1998 中规定的方法进行随机抽查取样，但必须包括首车。

表 5-2　卧式圆筒形油罐的取样

液体深度（直径的百分数）/%	取样液面(罐底上方直径的百分数)/%			组合样(比例的份数)		
	上部	中部	下部	上部	中部	下部
100			20			3
90			20			3
80		50	20		4	3
70	80	50	20	3	5	4
60	75	50	20	3	6	5
50	70	50	20	2	6	6
40		50	20		4	10
30		40	15			10
20			10			10
10			5			10

(5) 桶或听取样　取样前，将桶口或听口向上放置，打开盖子，放在桶口或听口旁边，粘油的一面朝上。用拇指封闭清洁干燥的取样管上端，把管子插进油品中约 300mm 深，移开拇指，让油品进入取样管，再用拇指封闭上端，抽出取样器。水平持管，润洗内表面。要避免触摸管子已浸入油品中的部分，舍弃并排净管内的油品。再用同样的方法取样，取出的油品转入试样容器中，然后封闭试样容器，放回桶盖，拧紧。对容量少于 20L 的听装容器，用其全部内含物作为试样。

(6) 管线取样　管线样有流量比例样和时间比例样两种。推荐使用流量比例样。采取管线流量比例样前，先放出一些要取样的油品，把全部取样设备冲洗干净，取样时，按表 5-3 规定从取样口采取试样，并将所取试样等体积掺合成一份组合样。时间比例样，按表 5-4 规定从取样口采取试样，并将采取的试样以等体积掺合成一份组合样。

提示：采取高倾点试样时，要注意线路保温，防止油品凝固。采取挥发性试样时，要防止轻组分损失，必要时要使用在线冷却器。

表 5-3　管线流量比例样取样规定

输油数量/m³	取样规定
≤1000	在输油开始时(指罐内油品流到取样口时)和结束时(指停止输油前 10min)各一次
1000~10000	在输油开始时 1 次，以后每隔 1000m³，取样 1 次
>10000	在输油开始时 1 次，以后每隔 2000m³，取样 1 次

表 5-4　管线时间比例样取样规定

输油时间/h	取样规定	输油时间/h	取样规定
≤1	在输油开始时和结束时各 1 次	2~24	在输油开始时 1 次，以后每隔 1h，取样 1 次
1~2	在输油开始时，中间和结束时各 1 次	>24	在输油开始时 1 次，以后每隔 2h，取样 1 次

(7) 油罐残渣和沉淀物取样　罐底残渣是一层软而黏稠的有机或无机沉淀物。残渣厚度不同，取样方法不同。厚度不大于 50mm 时，使用沉淀抓取器（见图 5-5）；厚度大于 50mm 的软残渣可使用重力管取样器，硬残渣则用撞锤管取样器或其他合适的工具。

(8) 非均匀石油或液体石油产品的取样　非均匀石油或液体石油产品最好用自动管线取样器取样。如果用手工取样法，则应先从上部、中部和出口液面处采取试样，送到实验室并用标准方法分别试验它们的密度和水含量，当试验结果之差值在规定范围内时，试样可视为具有代表性；否则要从罐的出口液面开始向上以每米间隔采取试样，并分别进行试验，用这些试验结果去确定罐内油品的性质和数量。

三、样品处理

样品处理是指在样品取出点到分析点或贮存点之间对样品的均化、转移等过程。样品处理要保证保持样品的性质和完整性。

含有挥发性物质的油样应用初始样品容器直接送到试验室,不能随意转移到其他容器中,如必须就地转移,则要冷却和倒置样品容器;具有潜在蜡沉淀的液体在均化、转移过程中要保持一定的温度,防止出现沉淀;含有水或沉淀物的不均匀样品在转移或试验前一定要均化处理。手工搅拌均化不能使其中的水和沉淀物充分地分散,常用高剪切机械混合器和外部搅拌器循环的方法均化试样。

四、试样的保存

(1) 试样保存数量　液体石油产品为1L,固体石油产品为0.5kg。
(2) 试样保留时间　燃料油类(汽油、煤油、柴油等)保存3个月;润滑油类(各种润滑油、润滑脂及特殊油品等)保存5个月;固体石油产品类(沥青、石蜡、地蜡、石油焦等)保存3个月;有些样品的保存期由供需双方协商后可适当缩短或延长。

样品在整个保存期间应保持签封完整无损,超过保存期的样品由试验室适当处置。

五、取样注意事项

1. 一般注意事项

① 取样人员应完全了解取样目的,正确确定取样和处理方法。
② 所有取样设备、容器和收集器都必须不渗漏、不受溶剂作用,具有足够的强度。取样设备应彻底检查,保证清洁、干燥,采取油品试样时,至少用被取样产品冲洗1次。
③ 需要采取上部、中部和下部试样时,应按从上到下的顺序进行,以免取样时扰动较低一层液面,影响试样的代表性。
④ 试样容器应至少留出10%用于膨胀的无油空间,然后立即用塞子塞上容器,或者关闭收集器的阀。
⑤ 采取的试样要分装在两个清洁干燥的瓶子里。第1份试样送往化验室作为分析之用,第2份试样留存发货人处,供仲裁试验使用。仲裁试验用样品必须按规定保留一定的时间。
⑥ 试样容器应贴上标签,并用塑料布将瓶塞瓶颈包裹好,然后用细绳捆扎并铅封。标签上的记号应是永久的。应使用专用的记录本作取样详细记录。

说明:标签一般填写项目如下:①取样地点;②取样日期;③取样者姓名;④石油或石油产品的名称和牌号;⑤试样所代表的数量;⑥罐号、包装号(和类型)、船名等;⑦被取试样的容器的类型和试样类型(例如上部样、平均样、连续样)。

⑦ 如果试样由公共运输设备发送,必须注意遵守安全和环保等有关规定。
⑧ 当试验项目有特殊要求时,应按方法要求采取和保存样品。

2. 安全环保注意事项

① 取样者必须穿戴不产生静电火花的鞋和服装。
② 在油罐或油船上取样前,应接触在距离取样口至少1m远的某个导电部件,消除身体静电荷。
③ 浮顶油罐取样必须下到浮顶取样时,应至少两个人戴上呼吸器在现场,若一人取样时,应有其他人员站在楼梯头处,可清楚看到取样者,以防发生意外。

④ 油罐取样时，应站在上风口，避免吸入油品蒸气。

⑤ 取样时，应戴不溶于烃类的防护手套，在有飞溅危险的地方，要戴眼罩或面罩。

⑥ 为在油罐中降落及提升取样器具，应使用导电、不打火花材料制成的绳（不能完全用人造纤维制作，最好用天然纤维，如剑麻制作）或链。

⑦ 需要照明时，应使用防爆手电。

⑧ 取样时，要准备废油桶，作为冲洗或排放取样器剩余油样的专用设施。

工作任务三 其他油品取样

一、固体和半固体油品的取样

石油产品中固体和半固体产品的取样方法执行 SH/T 0229—1992（2004）《固体和半固体石油产品取样法》，该标准参照采用 ГОСТ 2517—1969《石油产品取样法》。

1. 取样工具

① 采取膏状或粉状石油产品试样时，使用螺旋形钻孔器或活塞式穿孔器，其长度有 400mm 和 800mm 两种。在活塞式穿孔器的下口，焊有一段长度与口部直径相等的金属丝。

② 采取固体石油产品试样时，使用刀子或铲子。

2. 取样的一般要求

① 根据分析任务确定合适的取样量。

② 取样工具和容器必须清洁。采取试样前应该用汽油洗涤工具和容器，待干燥后使用。

③ 用来掺合成一个平均试样时，允许用同一件取样器或钻孔器取样，这件工具在每次取样前不必洗涤。

3. 取样方法

（1）膏状石油产品的取样

① 取样件数。装在小容器中的膏状石油产品，要按包装容器总件数的 2%（但不应少于 2 件）采取试样，取出试样要以相等体积掺合成一份平均试样。车辆运载的大桶、木箱或鼓形桶按总件数的 5% 采取平均试样。

② 取样。将执行取样的容器顶部或盖子朝上立起，用抹布擦净顶部或盖子，取下的顶盖表面朝上，放在包装容器旁边。然后，从润滑脂表面刮掉直径 200mm、厚度约 5mm 的脂层。

用螺旋形钻孔器采取试样时，将钻孔器旋入润滑脂内，使其通过整个脂层一直达到容器底部，然后取出钻孔器，用小铲将润滑脂取出。若用活塞式穿孔器采取试样时，将穿孔器插入润滑脂内，使其通过整个脂层一直达到容器底部，然后将穿孔器旋转 180°，使穿孔器下口的金属丝切断试样，取出穿孔器，用活塞挤出试样。但在大桶或木箱中取样时，应先弃去钻孔器下端 5mm 脂层。

从每个取样容器中，采取相等数量试样，将其装入一个清洁而干燥的容器里，用小铲或棒搅拌均匀（不要熔化）。取出试样后，白铁桶、铁盒、木箱要用盖子盖好，大桶、鼓形桶要把顶盖装好。

（2）可熔性固体石油产品的取样

① 取样件数。装在容器中的可熔性固体石油产品，要按包装容器总件数的2%（但不应少于两件）采取试样。取出的试样要以大约相等的体积制成一份平均试样。

② 取样。打开桶盖或箱盖（方法同前），从石油产品表面刮掉直径200mm，厚度约10mm的一层，利用灼热的刀子割取一块约1kg重的试样。

从每块试样的上、中、下部分别割取3块体积大约相等的小块试样；将割取的小块试样装在一个清洁、干燥的容器中，由实验室进行熔化，注入铁模。

从散装用模铸成的可熔性固体石油产品采取试样时，在每100件中，采取的件数不应少于10件；未经模铸的产品，要在每吨中采取一块样品（总数不少于10块）。从不同的位置选取一些大小相同的块料作为试样，再从每块试样的不同部分割3块体积大致相等的小块试样，装在一个容器中，交给实验室去熔化，搅拌均匀后注入铁模。

(3) 粉末状石油产品的取样

① 取样件数。包装中的粉末状石油产品，要按袋子总件数的2%或按小包总件数的1%（但不应少于两袋或两包）采取试样，取出的试样要以相等体积掺成一份平均试样。

② 取样。从袋子或小包中取样时，将穿孔器插入石油产品内，使穿孔器通过整个粉层，将取出的试样装入一个清洁、干燥的容器中，搅拌均匀。随后，将袋或包的缺口堵塞。

(4) 散装不熔性固体石油产品的取样　不熔性固体石油产品在成堆存放或在装车和卸车时，按规定用铲子采取试样，取出的试样要以大约相等的数量掺成一份平均试样。不允许用手任意选取几块固体石油产品作为试样。目视大于250mm的块料，不能作为试样。将取出的试样装入一个箱子里，拌匀后用盖子盖好。在24h内将试样捣碎成不大于25mm的小块。将试样捣碎，执行四分法直至试样质量达到2～3kg为止。

4. 试样保管和使用

① 按规定所采取的膏状石油产品试样，要分装在两个清洁、干燥的牛皮纸袋或玻璃罐中。一份试样作为分析之用，另一份试样是留在发货人处保存两个月，供仲裁试验时使用。

② 装有试样的玻璃罐要用盖子盖严，可用牛皮纸或羊皮纸封严。

③ 在每个装有试样的玻璃罐上或纸包上，要把叠成两折的细绳固定在贴上标签的地方，细绳的两个绳头要用火漆或封蜡黏在塞子上，盖上监督人的印戳。标签必须写明：产品名称和牌号；发货工厂名称或油库名称；取样时货物的批号或车、铁盒、大桶和运输等编号；取样日期；石油产品的国家标准、行业标准或技术规格的代号。

二、石油沥青取样

石油沥青作为一类产品具有特殊性，其取样方法执行GB/T 11147—2010《沥青取样法》，该标准参照采用ASTM D140-01（2007年确认）《沥青材料取样法》，适用于所有沥青材料在生产、贮存或交货地点的取样。

1. 样品数量要求

(1) 液体沥青样品量　常规检验样品从桶中取样为1L（乳化沥青4L），从贮罐中取样为4L。

(2) 固体或半固体样品量　取样量为1～2kg。

2. 盛样器

① 液体沥青或半固体沥青盛样器使用具有密封盖的广口金属容器，乳化石油沥青宜用具有密封盖的广口塑料容器。

② 固体沥青盛样器应为有密封盖的广口金属容器，也可用有可靠外包装的塑料袋。

3. 取样方法

(1) 从沥青贮罐或桶中取样　从不能搅拌的贮罐（流体或经加热可变成流体）中取样时，应先关闭进料阀和出料阀，然后取样。对于安装取样阀的贮罐，依次从上、中、下取样阀取样，每个取样阀至少要放掉4L沥青产品后取1~4L样品，从贮罐中取出的上、中、下三个样品经充分混合均匀后，取1~4L进行所要求的检验。对于没有安装取样阀的贮罐则用上部取样器或底部进样取样器在实际液面高度的上、中、下位置各取样1~4L，经充分混合后留取1~4L进行所要求的检验；从有搅拌设备的罐中取样（流体或经加热可变成流体的沥青），经充分搅拌后由罐中部取样；大桶包装则按随机取样的要求，从充分混合后的桶中取1L液体沥青样品。

(2) 从槽车、罐车、沥青洒布车中取样　当车上设有取样阀、顶盖、出料阀时，可从取样阀、顶盖、出料阀处取样。从取样阀取样至少应先放掉4L沥青后取样；从顶盖处取样时，用取样器从该容器中部取样；从出料阀取样时，应在出料至约1/2时取样。

(3) 从油轮和驳船中取样　在卸料前取样时用上部取样器或底部进样取样器从罐中取上、中、下三个样品混匀，取1~4L进行检验。在装料或卸料中取样时，应在整个装卸过程中，时间间隔均匀地取至少3个4L样品，将其充分混合后再从中取出4L作为检验样品。

(4) 半固体或未破碎的固体沥青取样　从桶、袋、箱中取样应在样品表面以下及容器侧面以内至少75mm处采取。对于同一批产品，随机取一件按以上规定取4kg供检验用；如果是不同批次的产品，则要按随机取样的原则挑选出若干件按以上规定取样，其件数等于总件数的立方根，当取样件数超过一件，每个样品重量应不少于0.1kg，经充分混合均匀后取出4kg作为检验用。

(5) 碎块或粉末状沥青的取样　散装贮存的碎块或粉末状固体沥青取样，应按SH/T 0229从散装不熔性固体石油产品中采取试样的方法操作，总样量应不少于25kg，再从中取出1~2kg供检验。装在桶、袋、箱中的碎块或粉末状固体沥青，按前述随机取样原则挑选出若干件，从每一件接近中心处取至少0.5kg样品，这样采集的总样量应不少于25kg，然后按SH/T 0229从散装不熔性固体石油产品中采取试样的方法执行四分法操作，从中取出1~2kg供检验用。

三、液化石油气取样

液化石油气取样不同于液体、固体及半固体石油产品，属于带压液体取样，目前执行SH/T 0233—92《液化石油气采样法》。

取样过程一般先用试样冲洗取样管和取样器，然后将液相试样装满取样器，再排出占取样器容量20%的试样，留下80%的试样在取样器中。

1. 取样要求

为确保安全取样及采得符合要求的代表性试样，要求取样人员懂得安全技术，具有必需的经验和技巧，在取样期间，严格注意有关细节。

混合的液化石油气所采得的试样只能是液相；避免从罐底取样；如果贮罐容积较大，在取样前可先使样品循环至均匀；在管线采取流动状态试样时，管线内的压力应高于其蒸气压力，以避免形成两相。

2. 取样仪器

液化石油气取样器用不锈钢制成，能耐压约3.1MPa以上，要求定期进行约2.0MPa气密试验。常见取样器类型见图5-8，大小可按试验需要确定。

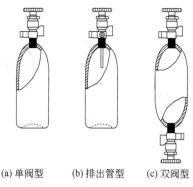

图 5-8 液化石油气取样器
(a) 单阀型 (b) 排出管型 (c) 双阀型

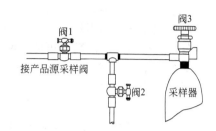

图 5-9 取样连接示意图
1—产品源控制阀；2—排出控制阀；3—入口控制阀

如图 5-9 所示，取样器用铜、铝、不锈钢或尼龙等材料制成的软管与取样管连接，并通过产品源控制阀（阀 1）、取样管排出控制阀（阀 2）和入口控制阀（阀 3）3 个控制阀控制取样。

3. 取样方法

（1）取样准备

① 选择取样器。按试验所需试样量，选择清洁、干燥的取样器。对于单阀型取样器，应先称出其质量。

② 冲洗取样管。如图 5-9 所示，连接好阀 3 与取样管，关闭阀 1、阀 2 和阀 3，然后依次打开产品源取样阀、阀 1 和阀 2，用试样冲洗取样管。

单阀型取样器的冲洗　冲洗取样管后，先关闭阀 2，再打开阀 3，让液相试样部分注满取样器，然后关闭阀 1，打开阀 2，排出一部分气相试样，再颠倒取样器，让残余液相试样通过阀 2 排出，重复上述冲洗操作至少 3 次。

双阀型取样器的冲洗　将其置于直立位置，出口阀在顶部，当取样管冲洗完毕后，先关闭阀 2 和阀 3，再打开阀 1，然后缓慢打开阀 3 和取样器出口阀，让液相试样部分充满容器，关闭阀 1，从取样器出口阀排出部分气相试样后，关闭出口阀，打开阀 3 排出液相试样的残余物，重复此冲洗操作至少 3 次。

（2）取样　当最后一次冲洗取样器的液相残余物排完后，立即关闭阀 2，打开阀 1 和阀 3，使液相试样充满容器，再关闭阀 3、出口阀和阀 1，然后打开阀 2，待完全卸压后，拆卸取样管。调整取样量，排出超过取样器容积 80% 的液相试样。

对于非排出管型的取样器，采用称重法；对于排出管型的取样器采用排出法。

（3）泄漏检查　在排去规定数量的液体后，把容器浸入水浴中检查是否泄漏，在取样期间，如发现泄漏，则试样报废。

（4）试样保管　试样应尽可能置于阴凉处存放，直至所有试验完成为止，为了防止阀的偶然打开或意外碰坏，应将取样器放置于特制的框架内，并套上防护帽。

四、天然气取样

天然气取样执行国家标准 GB/T 13609—1999《天然气取样导则》，该标准适用于对经过处理的天然气气源中有代表性样品的采集和处理，标准还规定了取样原则、取样方法和取样设备的选择。标准涉及点取样、组合取样（累积取样）和连续取样系统，不包括液相或多相流体的取样。该标准等效采用国际标准 ISO 10715—1997。

1. 取样要求

（1）**取样方法** 取样的主要作用是获得足够量的有代表性的气体样品。取样主要分为直接取样和间接取样；直接取样方法中，样品直接从气源输送到分析单元；间接取样主要包括取点样和取累积样（时间累积和流量累积），样品在转移到分析单元之前被贮存在容器内。由天然气分析获得的所需的数据可分为两种基本类型：平均值和限定值。

（2）**安全要求** 取样以及样品处理应当遵循国家和企业有关的各种安全法规。相关人员应接受适当的培训，能够估计出潜在的危险，保证能够在有关的安全规程之内完成取样。

用于高压天然气取样的设备应定期进行检查和检定。取样设备应能满足有关的取样条件，如压力、温度、腐蚀性、流量、化学相容性、振动、热膨胀与收缩等。如玻璃容器不能在压力下使用；取样钢瓶在运输和存放过程中气瓶上应装有盖帽，要保护气瓶不被损坏；气瓶标签应耐磨损不易脱落，且永久性地标明其容积、工作压力和试验压力，以及试样相关信息；气瓶及其附件应定期进行检查并试漏，气瓶的试验压力应至少是工作压力的 1.5 倍。

气体传输和取样导管应正确保管，要防止传输导管被固体或液体污染物堵塞，有可能破裂的连接处应便于试漏；取样探头应配备一个切断阀；气体出口应安装双重的截止阀和泄压阀；传输导管的切断阀应尽可能靠近气源安装。

取样时应配备必需的个人防护装备，还要避免使用可能产生静电的设备，避免使用可能产生火花的设备或工具。

2. 取样设备

取样设备包括取样接头、取样导管和样品容器等。与样品或标准气接触的材料应该对所有气体无渗透性，具有最小的吸附和对被传输的组分具有化学惰性。为了减少对试样的吸附效应，一般对取样设备内表面要进行抛光、电镀或钝化等处理。取样和传输导管中与气体接触的所有部分均应无脂、无油、无霉或其他任何污染性物质。

天然气工业中常见的取样探头是直管探头和减压调节探头（减压条件下将气体输送到分析系统）。取样探头一般安装在水平管道的上部，探头外部配有适当的阀，方便取样导管的装卸，探头内部应插到气体管道直径 1/3 处，以便从管中心取样。

取样导管可选用不锈钢管、碳钢管、玻璃管或聚四氟乙烯管等。取样导管应尽可能短，管直径应尽可能小，但不小于 3mm。高压降可能导致冷却和凝析，这会影响样品的代表性。此外，为去除样品中杂质、不使样品冷凝、方便气体冲洗置换，在采样管路上可能装有尘雾捕集、加热、减压等装置和旁通管路等。

取样的容器通常由玻璃（用于低压，总压小于 0.2MPa）、不锈钢、钛合金或铝合金制成，金属容器内部经过磨光或抛光处理，或有特殊内涂层。样品容器在每次采集样品前都应进行专门的清洗和吹扫，如用氮气、氦气、氩气或其他气体来干燥或吹扫气瓶，最后用上述气体充满样品容器，以防止被空气污染。常用的取样容器如图 5-10 所示。

3. 取样方法

（1）**取直接样** 在取样介质和分析单元直接相连接的情况下进行直接采样和现场分析。图 5-11 是直接取样系统的一个示例，采样系统包括探头、减压装置、自动排液（会使样品产生偏差，一般不可取）、惰性气吹扫、导管加热、标准气切换、LEL 检测（爆炸下限）、分析单元等组成，以适应不同的分析需求。

（2）**取点样** 点样是指在规定时间在规定地点从气流采集的具有规定体积的样品。适合在高压和低压下取点样的方法有。

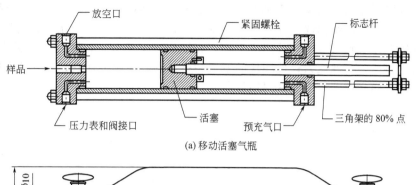

(a) 移动活塞气瓶

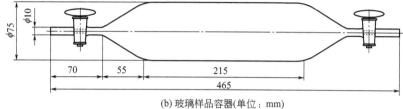

(b) 玻璃样品容器(单位：mm)

图 5-10 取样容器

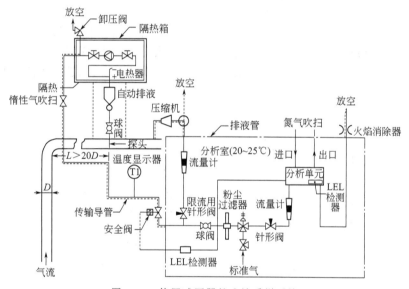

图 5-11 使用减压器的连续采样系统

① 充气排空法。如图 5-12 所示，适用于样品容器温度等于或高于气源温度，且气源压力大于大气压的情况。其主要取样过程如下：连接取样探头及导管；打开取样点的阀，彻底排出任何积聚物；将样品容器的一端通过取样系统和气源相连接；缓慢地用气体吹扫以置换导管和样品容器内的空气；关闭延伸管阀，使压力迅速增至选定的样品容器压力；关闭样品容器进气阀，并将样品容器通过延伸管缓慢放空至大气压；打开进气阀；重复上述最后两个操作步骤若干次；观察放空管尾端是否有液体的痕迹；在最后一次吹扫后，先关闭延伸管阀，当压力达到选定的样品容器压力后，再关闭取样阀；记录样品容器压力和气源温度；关闭样品容器的进口阀和出口阀；将取样导管卸压并取下样品容器；将各阀浸入水中检漏，或用肥皂水检漏，封堵好各阀。

② 抽空容器法。如图 5-13 所示，在样品采集前预先将气瓶抽真空后进行采样，不受气源温度和压力的限制。取样时首先将样品容器抽空使其压力降至 100Pa 或以下，并确保阀

不泄漏；安装取样探头并用管道气体吹扫探头；按图 5-13 安装样品容器；部分打开放空阀和取样阀，用气体缓慢吹扫取样导管以排尽空气，直至管道气体慢慢流出放空阀；关闭取样阀，使取样导管放空到大气压；关闭放空阀，将取样阀全打开，缓慢打开样品容器进口阀，使样品容器压力达到气源压力；关闭样品容器的进口阀，关闭取样阀；打开放空阀，将取样导管卸压，取下样品容器，检漏并封堵好瓶阀。

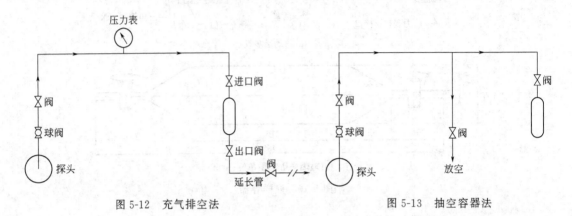

图 5-12　充气排空法　　　　　　　图 5-13　抽空容器法

③ 控制流量法。如图 5-14 所示，用针形阀来控制样品流量。同样要求样品容器温度等于或高于气源温度的情况，气源压力应大于大气压。取样过程与前述步骤相似，也包括安装、冲扫、采样、封堵、检漏等环节（请思考并设计使用这种取样器的合理操作步骤）。

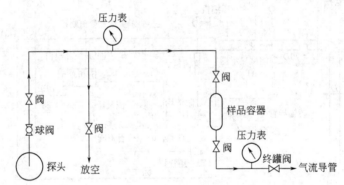

图 5-14　控制流量法

④ 预充氦气法。适用于那些不测定氦气和可忽略氦气的场合，如以氦气作载气的气相色谱分析。除了在取样前用氦气预充来保持样品容器内"无空气"之外，本方法与抽空容器法相似。

⑤ 移动活塞气瓶法。一般在管道压力下和用可伴热的取样导管将样品充入移动活塞气瓶，由此获得的分析结果与正确的在线分析结果非常吻合。

(3) 取累积样　累积样相当于一系列点样的集合。由于流量和组成可能会随时间而变化，如果可能的话，累积取样系统应按照流量比例取样。只有在取样期间流量稳定或组成稳定时才可以采用与时间成正比的取样，这样才能得到有代表性的样品。

常用的置换式累积取样器，能够在恒定的管道压力下将样品泵入移动活塞气瓶。还有一些累积采样器可通过计时器或根据从流量计算机内发出的与流量成正比的信号来控制。

4. 试样标签

完成取样的容器标签应该标注以下信息：气瓶编号、气瓶类型、取样地点、被取管道的必要信息、取样日期和时间，或取样周期、取样方法、气瓶的实际目的地、气瓶的维护要求（如泄漏）、实验室需要的有关气样的信息、气样压力、输气管道静压、气流温度、压差、现场备注等。

工作任务四
油品取样实训

一、实验目的

1. 了解主要取样器具和油罐、装置上设置的取样口位置标识；
2. 掌握液体、固体和气体的基本取样操作方法。

二、仪器与试剂

取样笼；加重取样器；金属卷尺（带有测深锤）；金属容器（5~10L，带盖）；塑料桶（5L，洗净干燥）；活塞式穿孔器；螺旋形钻孔器；橡皮球胆；液化石油气取样器（符合SH 0233—92规定）；铜管（内径10~15mm、长度为1200~1400mm）；双阀型气体取样钢瓶；导管；不锈钢针阀；压力表；吹风机；1000mL广口试剂瓶等。

三、准备工作

① 与炼油厂油品车间或校办实习工厂联系取样事宜，选定取样部位。
② 取样知识和安全教育，取样者必须熟知取样步骤及安全注意事项。
③ 将试样容器洗涤干净，用吹风机干燥，并贴好标签。

四、实验步骤

① 按 GB/T 4756—1998 方法，从柴油（或其他油品）罐中取液面下 1/6、1/2、5/6 处试样各一份，然后等体积混合成组合样（根据后续实验需要可多次采取集成 5~10L）。
② 按 GB/T 4756—1998 方法，采取脱水原油时间间歇样（在正常开工状况下每隔 30min 取样一次，共采 3 次，每次 2L，等体积混合成时间间歇样）。
③ 按 GB/T 4756—1998 方法，用长玻璃管或铜管在润滑油桶中采取润滑油 1L。
④ 按 SH 0229—92 方法，用螺旋形钻孔器或活塞式穿孔器，采取润滑脂样 0.5~1kg。
⑤ 按 SH 0233—92 方法规定，在液化气球罐中采集液化石油气，如果条件不允许，可在液化气钢瓶中取样。
⑥ 按 GB/T 13609—92 方法规定，采集民用天然气管道中的天然气样品。

五、实验注意事项

① 在油罐区及装置区取样应在当班操作工陪同下进行。
② 采取的样品应当封好，防止污染，以备后用。
③ 严格遵守取样安全规定。

六、报告

① 按实物绘出液体取样器和液化石油气取样器的示意图。
② 报告所取油样（脱水原油、润滑脂、润滑油、柴油）的常温常压下性状（状态、颜色、气味）。

从闪爆事故看仪器油罐采样

石油与石油化工企业液体石油产品储运过程中液体石油产品带有静电，带有静电的液体石油产品进入容器内（如油罐）后，液体石油产品的液面会产生较高静电电位，此时进行液体石油产品的采样、测温、检尺等作业时，易发生静电放电，从而造成着火爆炸事故。20世纪六七十年代，是油品采样静电闪爆事故的高峰期，国内一些炼油厂采样、检尺、测温等静电闪爆事故人们至今记忆犹新。随着防静电绳、防静电工作服的普及，相关规定的颁布，此类事故明显减少。但最近一个时期，采样静电事故又有所增长。

2005年春末，某企业采样人员携带1个样品瓶、1个铜质采样壶、1个采样筐（铁丝筐），在一化工轻油罐和罐顶进行采样作业。8时30分左右，当采集完罐下部和上部样品，将第二壶样品向样品瓶中倒完油时，采样绳挂扯了采样筐并碰到了样品瓶，样品瓶内少量油品洒落到罐顶，为防止样品瓶翻倒，采样人员下意识去扶样品瓶，几乎同时，洒出的敞口及采样绳上吸附的油品发生着火，采样人员立即将罐顶采样口盖盖上，把已着火的采样壶和采样绳移至失梯口处，在罐顶呼喊罐下不远处供应部的人员报警，采样绳及油口燃尽后熄灭。尽管这次事故没有造成人员伤亡和财产损坏，但是说明了在采样作业过程中存在着严重的事故隐患。如果不认真加以分析，今后就会发生更大的事故。

1. 闪爆着火原因分析

闪爆着火事故发生后，经现场勘查，并向事故发生时在场人员和其他有关人员了解情况，认为静电是引起这次着火事故的直接原因，并从以下几个方面进行了深入分析。

（1）静电的积聚　本次事故，静电积聚来源于以下三个过程。

① 采样人员没有控制提拉采样绳速度的意识，在采样作业时猛拉快提，使采样壶在与油品及空气频繁地快速摩擦中产生静电。

② 采样作业过程中，采样人员所戴橡胶手套与采样绳之间亦频繁摩擦产生静电，当采样壶时，橡胶手套上的静电传导至采样壶，并在壶的边沿部位积聚。

③ 罐中油品表面积聚了一定数量的静电荷，在采样壶与其接触时传导至采样壶。

（2）静电的接地　在采样作业过程中，静电的泄漏与消除主要是通过静电接地来完成的，即将设备（采样壶和油罐）通过金属导体和接地体与大地连通并形成等电位，并有符合规范要的电阻值，将设备上的静电荷迅速导入大地。

根据《液体石油产品静电安全规程》（GB 13348—92）及《石油与石油设施雷电安全规范》（GB 15599—95）的有关规定，油罐的设计时，不只是考虑防静电，其更主要的是考虑油罐的防雷电灾害。防雷接地、防静电接地和电气设备接地可以共用同一接地装置。规范规定的防雷电的冲击接地电阻值不大于10Ω，而规定的防静电接地电阻值不大于100Ω。由于防雷电接地要求比防静电要求高，在每年雷雨季节到来之前，企业对所有设备（包括所有油罐）的接地电阻进行防雷防静电测试，共用同一接地装置以满足防雷为主。事发油罐有接地专用的断接卡4个，接地电阻值的测试数据均小于1Ω，在10^{-1}数量级上，说明该油罐接地装置良好。根据调查，此罐封罐时间为前一天的23时，至事发当日8时30分，有将近9.5h的静置时间。该罐为内浮顶罐，设有检尽井，当时满罐操作，浮顶充分接触油面，所以，油品表面积聚静电荷能够充分地被导走。说明罐中油品表面即使积聚了的静电荷，也不是静电积聚的主要来源。经现场考察，有以下2点，造成采样壶的前2个积累过程中静电难以消防。具体情况是：

① 在罐顶采样操作平台上，操作口的两侧没有供采样绳、检尽等工具接地用的接地端子，采样人员在采样作业时，采样壶、采样绳未采取任何接地措施，导致采样壶、采样绳上的静电无法及时导走。

② 采样壶为铜质材料，采样绳名为防静电绳，实为非金属的防静电绳，而非夹金属防静电绳，与铜质采样壶材质不同，导电性极差。两者的结合部是采样绳简单地在采样壶的提手上打了一个普通的结扣。即使采样绳可接地，采样壶上的静电荷通过采样绳在短时间内也难以及时消防。

(3) 静电放电　当采样人员采完第二壶油样品，起身准备去采第三壶油样品时，由于采样绳挂扯了采样筐并碰到了样品瓶，为防止样品瓶翻倒，采样人员下意识去扶样品瓶，松开了手中的采样壶，采样壶与罐顶平台发生接触。由于采样壶积累了大量的静电荷，与接地的罐体相比，存在着较高的电位。在接触的瞬间，产生静电火花，引燃了样品瓶洒落的油样和采样绳。

(4) 人体静电　静电的积累多种多样，本次事故，虽不是人体静电引起的。但罐顶采样，人体静电是一个绝不可忽视的危险源。根据有关资料表明：人体一般对地电容 $C=200pF$，人体电位为 $U=2000V$，则人体所带静电的能量（$E=1/2CU^2=0.4mJ$）比石油蒸气混合物的引火极限 0.2mJ 高出了 1 倍。像这样带电的人，当触及接地导体或电容较大的导体时，就可把所带电能以放电火花的形式释放出来。这种放电火花对于易燃物质的安全操作是一个威胁。

2. 石化企业罐区类似爆炸事故的预防和对策

发生闪爆着火，是可燃性气体、空气中的氧气、静电产生的放电火花三者共同作用的结果。根据火灾和爆炸理论，必须满足 3 个条件：一是可燃气体形成的爆炸性气体混合物达到爆炸极限，二是要有点火源，三是点火源产生的能量足以引燃爆炸性混合气体。在油罐采样作业过程中，爆炸性气体混合物是客观存在的。根据以上分析，从破坏火灾爆炸的条件着手，应采取以下预防措施。

(1) 在罐顶采样操作平台上，操作口的两侧应各设一组接地端板，以便采样绳索、检尺等工具接地用，操作前根据风向决定接地点。

(2) 采样绳索采用导电性优良的夹金属防静电绳，采样时，防静电绳必须接地。绳子一端出厂时配有接地铜接口，必须将接口固定在金属接地夹上，另一端应与采样器具牢固相连。杜绝防静电绳不接地而操作现象。接地点不得有油漆等绝缘物。防静电绳有效使用期为 3 个月，如发现深色纤维脱色、磨损、断裂等异常情况时，应停止使用。防静电绳不能作为绝缘物使用，特别是接触带电体。

(3) 人体静电的消除。采样人员按规定着装。正确使用各种静电防护用品（如防静电鞋、防静电工作服等），上罐采样作业前，应徒手触摸油罐梯子、鞋靴、帽子，不梳头等。

(4) 采样时，不得猛拉快提，上升速度不得大于 0.5m/s，下落速度不得大于 1m/s。

(5) 进行液体石油产品采样时，必须保证液体石油产品的静置时间（见下表）。严禁动态进行液体石油产品采样、测温。

表　静置时间　　　　　　　　　　　　　　　　　　　　单位：min

液体电导率/(S/m)	液体容积/m³			
	<10	10~50	50~5000	>5000
>10^{-8}	1	1	1	2
10^{-12}~10^{-8}	2	3	20	30
10^{-14}~10^{-12}	4	5	60	120
<10^{-14}	10	15	120	240

(6) 强化安全教育工作，提高职工安全素质。要有针对性地开展有关防止静电危害的安全教育活动，使职工能够掌握防止静电危害的基本知识，使他们认识到静电的危害性，增强自我防范能力。

(7) 制定并完善各项安全管理制度，并严格贯彻执行。严格执行各项规章制度和操作规程，组织员工认真进行危害识别，认真落实防范措施，加强现场监护，防止事故的发生。

近年来，静电引发的火灾爆炸事故时有发生，由于静电火灾爆炸事故隐蔽性较强，一旦发生事故，将给企业造成意想不到的重大损失。完善有关防静电接地的硬件设施，建立有关防静电的规章制度，强化安全和安全考核，杜绝类似事故的再次发生，对于企业的生产具有十分重要的意义。

本章小结

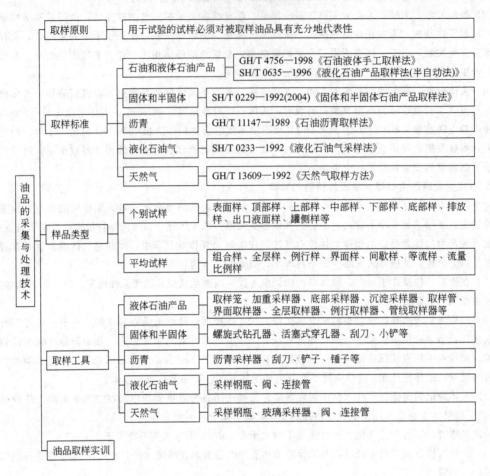

思考与练习

一、名词解释

1. 点样　　　2. 上部样　　　3. 底部样　　　4. 例行样
5. 组合样　　6. 全层样　　　7. 时间比例样　8. 吹扫法

二、判断题（正确的划"√"，错误的划"×"）

1. 点样的测定结果能够代表样品的整体性质。　　　　　　　　　　　　　　　　　　　　　（　　）
2. 采取单个样品越多，组合后样品的代表性越好，越有利于分析。　　　　　　　　　　　　（　　）
3. 一般要求将采取的试样分为两份，一份用来分析，另一份则保存，以备仲裁分析。
　　（　　）
4. 全层样、例行样和组合样具有同等的代表性。　　　　　　　　　　　　　　　　　　　　（　　）
5. 小块固体样品可以用手任意选取几块作为试样。　　　　　　　　　　　　　　　　　　　（　　）
6. 若取样有误差时，可以对试样进行均化处理，其检测数据仍然代表性很好。　　　　　　　（　　）
7. 取样的目的就是要从整批的物料中，采取能够代表物料特性的代表样品。　　　　　　　　（　　）
8. 润滑脂类试样由若干个小块试样经机械充分搅拌混合均匀而成。　　　　　　　　　　　　（　　）

9. 天然气容器中的压力等于或低于大气压力时采用抽空容器法取样。（   ）
10. 液化石油气取样时应使油品气体充满整个取样器。（   ）
11. 为减少取样误差，取样时可以多取样，以保证样品的代表性。（   ）
12. 抽样检查的主要目的是挑选每个产品是否合适。（   ）

三、填空题

1. 《石油液体手工取样法》的标准代号是_____。
2. 油品组合样由若干个_____按_____合并而成。
3. 常用来装试样的容器有_____、_____和聚四氟乙烯或高密度聚乙烯塑料瓶等。
4. 液体试样容器容积一般为 0.25～5L，取样时不应完全装满试样，要至少留出_____用于膨胀的无油空间。
5. 盛样容器应清洁、干燥并备有能密封的塞子，挥发性液体不应使用_____。
6. 立式圆筒形油罐采用上部、中部和下部样方案组成组合样时，其体积比为_____。
7. 对非均匀油品取样时，在多于 3 个液面上取一系列点样，然后按其代表的油品数量按_____掺合。
8. 润滑脂取样时，先刮去其表面____mm 的脂层，取样器要通过脂层到达容器____。对于大桶或木箱中的样品，取样器取出后还要弃去下端____mm 的脂层。
9. 不熔性固体样品取样后应在 24h 内将试样捣碎成不大于 25mm 的小块，反复执行四分法，直到试样质量达到_____kg 为止。
10. 液化石油气所采取的试样只能是_____，而且要避免从容器底部取样。
11. 液体沥青样品量：常规检验样品从桶中取样为____L，从贮罐中取样为____L。
12. 天然气常用取样方法有_____、_____和_____。

四、选择题

1. 液化石油气取样完成后，液相试样应占取样容器容积的（   ）。
   A. 20%   B. 50%   C. 80%   D. 100%
2. 点取样器适合于在油罐、油槽车、油船等容器中采取（   ）。
   A. 界面样   B. 例行样   C. 组合样   D. 底部样
3. 按等比例合并上部样、中部样和下部样可得到（   ）。
   A. 全层样   B. 例行样   C. 间歇样   D. 组合样
4. 天然气取样时，若试样压力等于或低于大气压，可采用哪一方法完成取样（   ）。
   A. 吹扫法   B. 封液置换法   C. 抽空容器法   D. 控制流量法
5. 油罐取样的不安全因素是（   ）。
   A. 取样绳应是导电体
   B. 灯和手电筒应该是防爆型
   C. 应穿棉布衣服不应穿人造纤维
   D. 任何条件下取样时间不能变
6. 采取可熔性固体石油产品的样品还需用哪一种方法进一步处理（   ）。
   A. 粉碎，混合   B. 粉碎，熔化   C. 熔化，铸模   D. 粉碎，铸模
7. 在有搅拌设备的沥青罐中取样时，经充分搅拌后，取哪一项作为分析样品（   ）。
   A. 中部样   B. 上、中、下部组合样   C. 表面样   D. 底部样
8. 润滑脂类膏状样品混合的方法是（   ）。
   A. 加热，熔化   B. 加热，搅拌   C. 搅拌   D. 铸模
9. 由于气体物料组成较为均匀，因而要取得有代表性的样品，取样时主要考虑（   ）。
   A. 取样量   B. 防止杂质混入   C. 取样温度   D. 取样压力
10. 取样公式 $m = Kd^{\alpha}$ 中 K 和 α 是经验常数，它与下面哪一项因素有关（   ）。
    A. 物料密度   B. 物料均匀度   C. 物料易破碎程度   D. 以上都是

五、简答题

1. 什么叫试样？什么叫取样？
2. 取样基本原则是什么？
3. 常见液体油品组合样有几种形式？
4. 哪些容器可以用来盛装石油或石油产品试样？
5. 当需要采取液体上部、中部、下部试样时，应按什么次序进行？为什么？
6. 盛放样品的容器标签上应注明哪些内容？
7. 油品取样一般注意事项有哪些？
8. 油品取样有哪些安全环保注意事项？
9. 液化石油气和天然气取样后为什么还要检漏？若存在漏气，应如何处理？

学习情境六
食品样品的采集与处理技术

知识目标

- 了解食品分析与检验的一般程序
- 掌握食品样品的采集、制备和保存方法
- 掌握有机物破坏法、溶剂提取法及蒸馏法等各种样品的预处理方法

能力目标

- 能够根据食品样品取样标准方法进行取样操作
- 能够正确处理有关取样操作中的技术和安全问题
- 能够正确处理和保存样品
- 能够根据特定样品分析检验的要求选择合适的样品预处理方法

食品分析与检验是一项操作比较复杂的实验室工作，必须按一定的程序和顺序进行，即样品的采集、样品的制备和保存、样品的预处理、成分分析、分析数据处理及分析报告的撰写等。食品采样是食品检测结果准确与否的关键，也是分析检验专业人员必须掌握的一项基本技能。

工作任务一
食品样品的采集及制备

一、样品的采集

由于食品数量较大，而且目前的检测方法大多数具有破坏作用，故不能对全部食品进行检验，必须从整批食品中采取一定比例的样品进行检验。从大量的分析对象中抽取具有代表性的一部分样品作为分析化验样品，这项工作即称为样品的采集或采样。

食品的种类繁多，成分复杂。同一种类的食品，其成分及其含量也会因品种、产地、成熟期、加工或保藏条件不同而存在相当大的差异；同一分析对象的不同部位，其成分和含量

也可能有较大差异。从大量的、组成成分不均匀的被检物质中采集能代表全部被检物质的分析样品（平均样品），必须采用正确的采样方法。如果采取的样品不足以代表全部物料的组成成分，即使以后的样品处理、检测等一系列环节非常精密、准确，其检测的结果亦毫无价值，甚至导出错误的结论。可见，采样是食品分析工作非常重要的环节。

1. 正确采样的重要性

首先，正确采样必须遵守两个原则：一是采集的样品要均匀，有代表性，能反映全部被测食品的组分、质量和卫生状况；二是采样过程中要设法保持原有的理化指标，防止成分逸散或带入杂质。

其次，食品采样检验的目的在于检验试样感官性质上有无变化，食品的一般成分有无缺陷，加入的添加剂等外来物质是否符合国家的标准，食品的成分有无掺假现象，食品在生产运输和贮藏过程中有无重金属，有害物质和各种微生物的污染以及有无变化和腐败现象。由于我们分析检验时采样很多，其检验结果又要代表整箱或整批食品的结果，所以样品的采集是我们检验分析中重要环节的第一步，采取的样品必须代表全部被检测的物质，否则后续的样品处理及检测计算结果无论如何严格准确也没有任何价值。

2. 采样的一般程序

采样一般按照以下程序进行：

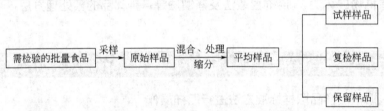

原始样品：从一批待检食品的各个部分按一定的规程采集少量的小样，混合在一起组成能代表该批食品的原始样品。

平均样品：将原始样品混合均匀按四分法平均地分出一部分作为全部检验用的平均样品。也可以用自动机械式进行分样，见图6-1。四分法取样按图6-2方法进行。

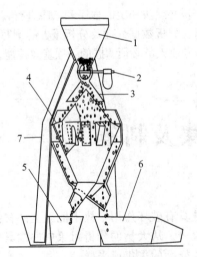

图6-1 机械式分样器
1—漏斗；2—漏斗开关；3—圆锥体；4—分样格；
5,6—接样斗；7—支架

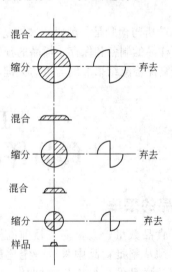

图6-2 四分法取样图解

四分法取样是将采得的样品置于一大张干净的纸上,或一块干净平整的布上,用洁净玻璃棒充分搅拌均匀后堆成一圆锥形,将锥顶压平,使厚度为3cm左右,然后等分为四份,弃去对角两份,将剩下两份按上法再进行混合,分四份,重复上述操作至剩余量为所需购样品量为止。

试验样品:由平均样品中分出用于全部项目检验用的样品。

复检样品:对检验结果有怀疑有争议或有分歧时可根据具体情况进行复检,故必须有复检样品。

保留样品:对某些样品需封存保留一段时间,以备再次验证。

3. 采样的一般方法

由于食品种类繁多,有罐头类食品,有乳制品、蛋制品和各种小食品(糖果、饼干类)等。另外食品的包装类型也很多,有散装的(如粮食、砂糖),还有袋装的(如食糖)、桶装(蜂蜜)、听装(如罐头、饼干)、木箱或纸盒装(如禽、兔和水产品)和瓶装(如酒和饮料类)等。因此,食品采集的类型也不一样,有的是成品样品,有的是半成品样品,有的还是原料类型的样品。尽管商品的种类不同,包装形式也不同,但是采取的样品一定要具有代表性。各种食品取样方法中都有明确的取样数量和方法说明。

采样通常有两种方法:随机抽样和代表性取样。随机抽样是按照随机的原则,从分析的整批物料中抽取出一部分样品。随机抽样时,要求使整批物料的各个部分都有被抽到的机会。代表性取样则是用系统抽样法进行采样,即已经掌握了样品随空间(位置)和时间变化的规律,按照这个规律采取样品,从而使采集到的样品能代表其相应部分的组成和质量,如对整批物料进行分层取样、在生产过程的各个环节取样、定期从货架上采取陈列不同时间的食品的取样等。

两种方法各有利弊。随机抽样可以避免人为的倾向性,但是,在有些情况下,如难以混匀的食品(如黏稠液体、蔬菜等)的采样,仅仅使用随机抽样法是不行的,必须结合代表性取样,从有代表性的各个部分分别取样。因此,采样通常采用随机抽样与代表性取样相结合的方式。具体的取样方法,因分析对象性质的不同而异。

(1)均匀固体物料(如粮食、粉状食品)

① 有完整包装(袋、桶、箱等)的物料可先按$\sqrt{总件数}/2$确定采样件数,然后从样品堆放的不同部位,按采样件数确定具体采样袋(桶、箱),再用双套回转取样管插入包装容器中采样,回转180°取出样品,每一包装须由上、中、下三层取出三份检样;把许多份检样合起来成为原始样品;再用"四分法"将原始样品做成平均样品。

② 无包装的散堆样品。先划分若干等体积层,然后在每层的四角和中心点用双套回转取样器各采少量检样,再按上述方法处理,得到平均样品。

(2)较稠的半固体物料(如稀奶油、动物油脂、果酱等) 这类物料不易充分混匀,可先按$\sqrt{总件数}/2$确定采样件(桶、罐)数,打开包装,用采样器从各桶(罐)中分上、中、下三层分别取出检样,然后将检样混合均匀,在按上述方法分取缩减,得到所需数量的半均样品。

(3)液体物料(如植物油、鲜乳等)

① 包装体积不太大的物料。可先按$\sqrt{总件数}/2$确定采样件数。开启包装,用混合器充分混合(如果容器内被检物不多,可用由一个容器转移到另一个容器的方法混合)。然后用长形管或特制采样器从每个包装中采取一定量的检样;将检样综合到一起后,充分混合均匀形成原始样品;再用上述方法分取缩减得到所需数量的平均样品。

② 大桶装的或散(池)装的物料。这类物料不易混合均匀,可用虹吸法分层取样,每层500mL左右,得到多份检样;将检样充分混合均匀即得原始样品;然后,分取缩减得到

所需数量的平均样品。

（4）组成不均匀的固体食品（如肉、鱼、果品、蔬菜等） 这类食品各部位组成极不均匀，个体大小及成熟程度差异很大，取样更应注意代表性，可按下述方法采样。

① 肉类。根据分析目的和要求不同而定。有时从不同部位取得检样，混合后形成原始样品，再分取缩减得到所需数量的代表该只动物的平均样品；有时从一只或很多只动物的同一部位采取检样，混合后形成原始样品，再分取缩减得到所需数量的代表该动物某一部位情况的半均样品。

② 水产品小鱼、小虾。可随机采取多个检样，切碎、混匀后形成原始样品，再分取缩减得到所需数量的平均样品；对个体较大的鱼，可从若干个体上切割少量可食部分得到检样，切碎、混匀后形成原始样品，再分取缩减得到所需数量的平均样品。

③ 果蔬。体积较小的（如山楂、葡萄等），可随机采取若干个整体作为检样，切碎、混匀形成原始样品，再分取缩减得到所需数量的平均样品；体积较大的（如西瓜、苹果、萝卜等），可按成熟度及个体大小的组成比例，选取若干个个体作为检样，对每个个体按生长轴纵剖分 4 份或 8 份，取对角线 2 份，切碎、混匀得到原始样品，再分取缩减得到所需数量的平均样品；体积蓬松的叶菜类（如菠菜、小白菜等），由多个包装（一筐、一捆）分别抽取一定数量的检样，混合后捣碎、混匀形成原始样品，再分取缩减得到所需数量的平均样品。

（5）小包装食品（罐头、袋或听装奶粉、瓶装饮料等） 这类食品一般按班次或批号连同包装一起采样。如果小包装外还有大包装（如纸箱），可在堆放的不同部位抽取一定量 $\sqrt{总件数/2}$ 的大包装，打开包装，从每箱中抽取小包装（瓶、袋等）作为检样；将检样混合均匀形成原始样品，再分取缩减得到所需数量的平均样品。

① 罐头

a. 一般按生产班次取样，取样数为 1/3000，尾数超过 1000 罐者方增取 1 罐，但是每天每个品种取样数不得少于 3 罐。

b. 某些罐头生产量较大，则以班产量总罐数 20000 罐为基数，其取样数按 1/3000；超过 20000 罐以上罐数，其取样数可按 1/10000，尾数超过 1000 罐者，增取 1 罐。

c. 个别产品生产量过小，同品种、同规格者可合并班次取样，但并班总罐数不超过 5000 罐，每生产班次取样数不少于 1 罐，并班后取样基数不少于 3 罐。

d. 按杀菌取样，每锅检取 1 罐，但每批每个品种不得少于 3 罐。

② 袋、听装奶粉。乳粉用箱或桶包装者，则开启总数的 1%，用 83cm 长的开口采样插，先加以杀菌，然后自容器的四角及中心采取样品各一插，放在盘中搅匀，采取约总量的 1/1000 作为检验用。采取瓶装、听装的乳粉样品时，可以按批号分开，自该批产品堆放的不同部分采取总数的 1/1000 作为检验用，但不得少于 2 件。尾数超过 500 件者应加抽 1 件。

4. 采样数量

食品分析检验结果的准确与否通常取决于两个方面：①采样的方法是否正确；②采样的数量是否得当。因此，从整批食品中采取样品时，通常按一定的比例进行。确定采样的数量，应考虑分析项目的要求、分析方法的要求和被分析物的均匀程度三个因素。一般平均样品的数量不少于全部检验项目的四倍；检验样品、复验样品和保留样品一般每份数量不少于 0.5kg。检验掺伪物的样品，与一般的成分分析的样品不同，分析项目事先不明确，属于捕捉性分析，因此，相对来讲，取样数量要多一些。

5. 采样的要求

（1）采样原则

① 采样必须注意样品的生产日期、批号、代表性和均匀性；采样数量应能反映食品的

卫生质量及检验项目对试样量的要求，一式三份供检验、复检与备查用，每一份不少于 0.5kg。

② 盛放样品的容器不得含有待测物质及干扰物质；一切采样工具必须清洁、干燥、无异味；在检验之前应防止一切有害物质或干扰物质带入样品。

③ 要认真填写采样记录。写明采样单位、地址、日期、样品批号、采样条件、包装情况、采样数量、现场卫生状况、运输、贮藏条件、外观、检验项目及采样人等。

④ 采样后应在 4h 内迅速送检验室检验，尽量避免样品在检验前发生变化，使其保持原来的理化状态。检验前不应发生污染或变质、成分逸散、水分增减及酶的影响。

（2）采取样品的保留　一般的样品在检验结束后应保留 1 个月以备需要时复查，保留期限从检验报告单签发日计算；易变质食品不予保留。保留样品应加封，存在适当的地方，避光，选择适宜的保存温度，尽可能保持其原状。

6. 采样工具

（1）采样专用工具，如图 6-3 所示。

① 长柄勺、采样管（玻璃或金属），用以采集液体样品。

② 采样铲，用以采集散装特大颗粒样品，如花生等。

③ 半圆形金属管，用以采集半固体。

④ 金属探管、金属探子，用以采集袋装颗粒或粉状食品。

⑤ 双层导管采样器，适用于奶粉等采样，主要防止奶粉等采样时受外环境污染。

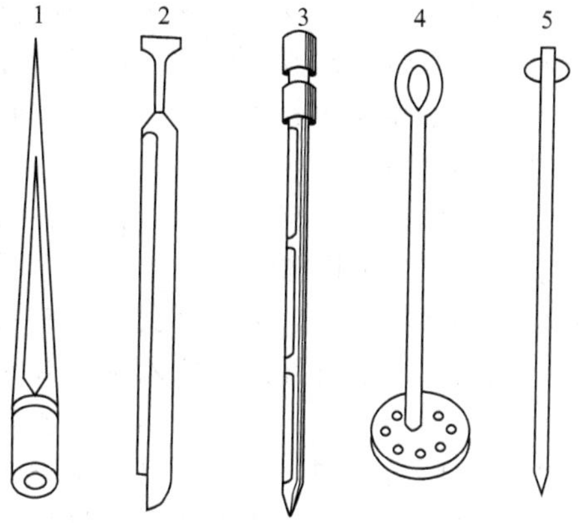

图 6-3　食品样品采样工具
1—固体脂肪采样器；2—谷物、糖类采样器；3—套筒式采样器；4—液体采样搅拌器；5—液体采样器

（2）采样容器

① 装载样本的容器可选择玻璃的或塑料的，可以是瓶式、试管式或袋式。容器必须完整无损，密封不漏出液体。

② 盛装样品的容器应密封、清洁、干燥，不应含有待测物质及干扰物质。不影响样品气味、风味、pH 值。

③ 盛装液体样品，应有防水、防油功能；带塞玻璃瓶或塑料瓶。

④ 酒类、油性样品不宜用橡胶塞。

⑤ 酸性食品不宜用金属容器。

⑥ 测农药用的样品不宜用塑料容器。

⑦ 黄油不能同纸或任何吸水、吸油的表面接触。

7. 采样注意事项

① 一切采样工具（如采样器、容器、包装纸等）都应清洁、干燥、无异味，不应将任何杂质带入样品中。例如，作 3,4-苯并芘测定的样品不可用石蜡封瓶口或用蜡纸包，因为有的石蜡含有 3,4-苯并芘；检测微量和超微量元素时，要对容器进行预处理；作锌测定的样品不能用含锌的橡皮膏封口；作汞测定的样品不能使用橡皮塞；供微生物检验用的样品，应严格遵守无菌操作规程。

② 设法保持样品原有微生物状况和理化指标，在进行检测之前样品不得被污染，不得发生变化。例如，作黄曲霉毒素 B1 分析时，测定的样品要避免阳光、紫外灯照射，以免黄曲霉毒素 B1 发生分解。

③ 感官性质极不相同的样品，切不可混在一起，应另行包装，并注明其性质。

④ 样品采集完后，应在 4h 之内迅速送往检测室进行分析检测，以免发生变化。

⑤ 盛装样品的器具上要贴牢标签，注明样品名称、采样地点、采样日期、样品批号、采样方法、采样数量、分析项目及采样人。

二、样品的制备

按采样规程采取的样品往往数量较多、颗粒较大，而且组成也不十分均匀。为了确保分析结果的正确性，必须对采集到的样品进行适当的制备，以保证样品十分均匀，使在分析时采取任何部分都能代表全部样品的成分。

样品的制备是指对采取的样品进行分取、粉碎、混匀等处理工作。样品的制备方法因产品类别不同而异。

(1) 液体、浆体或悬浮液体　一般将样品摇匀，充分搅拌。常用的简便搅拌工具是玻璃搅拌棒，还有带变速器的电动搅拌器，可以任意调节搅拌速度。

(2) 互不相溶的液体（如油与水的混合物）　应首先使不相溶的成分分离，然后分别进行采样；再制备成平均样品。

(3) 固体样品　应用切细、粉碎、捣碎、研磨等方法将样品制成均匀可检状态。水分含量少、硬度较大的固体样品（如谷类）可用粉碎机或研钵磨碎并均匀；水分含量较高、韧性较强的样品（如肉类）可取可食部分放入绞肉机中绞匀，或用研钵研磨；质地软的样品（如水果、蔬菜）可取可食部分放入组织捣碎机中捣匀。各种机具应尽量选用惰性材料，如不锈钢、合金材料、玻璃、陶瓷、高强度塑料等。

为控制颗粒度均匀一致，可采用标准筛过筛。标准筛为金属丝编制的不同孔径的配套过筛工具，可根据分析的要求选用。过筛时，要求全部样品都通过筛孔，未通过的部分应继续粉碎并过筛，直至全部样品都通过为止，而不应该把未过筛的部分随意丢弃，否则将造成食品样品中的成分构成改变，从而影响样品的代表性。经过磨碎过筛的样品，必须进一步充分混匀。固体油脂应加热熔化后再混匀。

(4) 罐头　水果罐头在捣碎前须清除果核；肉禽罐头应预先清除骨头；鱼类罐头要将调味品（葱、辣椒及其他）分出后再捣碎。常用捣碎工具有高速组织捣碎机等。

在样品制备过程中，应注意防止易挥发性成分的逸散和避免样品组成和理化性质发生变化。作微生物检验的样品，必须根据微生物学的要求，按照无菌操作规程制备。

三、样品的保存

采取的样品，为广防止其水分或挥发性成分散失以及其他待测成分含量的变化，应在短时间内进行分析，尽量做到当天样品当天分析。

1. 样品在保存过程中的变化

(1) 吸水或失水　样品原来含水量高的易失水，反之则吸水；含水量高的还易发生霉变，细菌繁殖快。保存样品用的容器有玻璃、塑料、金属等，原则上保存样品的容器不能同样品的主要成分发生化学反应。

(2) 霉变　特别是新鲜的植物性样品，易发生霉变，当组织有损坏时更易发生褐变，因为组织受伤时，氧化酶发生作用，变成褐色。对于组织受伤的样品不易保存，应尽快分析。例如：茶叶采下来时，可先脱活（杀青），也就是先加热脱去酶的活性。

(3) 细菌污染　食品由于营养丰富，往往容易产生细菌，所以为了防止细菌污染，通常采用冷冻的方法进行保存，样品保存的理想温度为 $-20℃$；有的为了防止细菌污染可加防腐剂，比如牛奶中可加甲醛作为防腐剂，但量不能加得过多，一般是 $1\sim2d/100mL$ 牛奶。

2. 样品在保存过程中应注意的问题

当采集的样品不能马上分析时，应用密塞加封，进行妥善保存。食品在保存的过程中，应注意以下几点。

（1）盛样品的容器　应是清洁干燥的优质磨口玻璃容器，容器外贴上标签，注明食品名称、采样日期、编号、分析项目等。

（2）易腐败变质的样品　需进行冷藏，避光保存，但时间也不宜过长。

（3）已腐败变质的样品　应弃去不要，重新采样分析。

（4）保存方法做到净、密、冷、快　净：采集和保存样品的一切工具和容器必须清洁干净，不得含有待测成分，净也是防止样品腐败变质的措施；密：样品包装应是密闭的，以稳定水分，防止挥发成分损失，避免在运输、保存过程中引进污染物质；冷：将样品在低温下运输、保存，以抑制酶活性，抑制微生物的生长；快：采样后应尽快分析，对于含水量高，分析项目多的样品，如不能尽快分析，应先将样品烘干测定水分，保存烘干样品。

总之，样品在保存过程中要防止受潮、风干、变质，保证样品的外观和化学组成不发生变化。分析结束后的剩余样品，除易腐败变质的样品不予保留外，其他样品一般保存期为一个月，以备复查。

工作任务二 食品样品的预处理技术

食品的成分复杂，当用某种化学方法或物理方法对其中某种组分的含量进行测定时，其他组分的存在，常给测定带来干扰。为了保证分析工作的顺利进行，分析结果准确可靠，必须在分析前消除干扰组分，此外，有些被测组分（如农药、黄曲霉毒素等污染物）在食品中的含量极低，要准确测定他们的含量，必须在测定前，对待测组分进行浓缩。这种在测定前进行的排除干扰成分，浓缩待测组分的操作过程称为样品的预处理。

食品样品预处理的目的就是消除干扰成分，浓缩待测组分，使制得的样品溶液满足分析方法的要求。

样品的预处理是食品分析的一个重要环节，其效果的好坏直接关系着分析成败。常用的样品预处理方法较多，应根据食品的种类、分析对象、被测组分的理化性质及所选用的分析方法来选择样品的预处理方法。总的原则是：消除干扰成分，完整的保留待测组分，使待测组分浓缩。

一、食品样品的常规处理

按采样规程采取的样品往往数量较多，颗粒较大，组成不均匀，有些食品还连同有非食用部分。这就需要先按食用习惯除去非食用部分，将液体或悬浮液体充分搅匀，将固体样品、罐头样品等均匀化，以保证样品的各部分组成均匀一致，使分析时取出的任何部分都能获得相同的分析结果。

1. 除去非食用部分

对植物性食品，根据品种剔除非食用的根、皮、茎、柄、叶、壳、核等；对动物性食品常需剔除羽毛、鳞爪、骨、胃肠内容物、胆囊、甲状腺、皮脂腺、淋巴结等；对罐头食品，应注意消除果核、骨头、葱和辣椒等调味品。

2. 均匀化处理

常用的均匀化处理工具有：磨粉机、万能微型粉碎机、切割型粉碎机、球磨机、高速组织捣碎机、绞肉机等。对较干燥的固体样品，采用标准分样筛过筛。过筛要求样品全部通过规定的筛孔，未通过的部分应再粉碎并过筛，而不能将未过筛部分随意丢弃。

二、无机化处理法

无机化处理法主要用于食品中无机元素的测定。通常是采用高温或高温结合强氧化条件，使有机物质分解并成气态逸散，待测成分残留下来。根据具体操作条件的不同，可分为湿消化法和干灰化法两大类。

1. 湿消化法

湿消化法简称消化法，是常用的样品无机化方法之一。通常是在适量的食品样品中，加入硝酸、高氯酸、硫酸等氧化性强酸，结合加热来破坏有机物，使待测的无机成分释放出来，并形成各种不挥发的无机化合物，以便作进一步的分析测定。有时还要加一些氧化剂（如高锰酸钾、过氧化氢等），或催化剂（如硫酸铜、硫酸钾、二氧化锰、五氧化二矾等），以加速样品的氧化分解。

(1) 方法特点　湿消化法分解有机物的速度快，所需时间短；加热温度较低，可以减少待测成分的挥发损失。缺点是在消化过程中，产生大量的有害气体，操作必须在通风橱中进行；由于消化初期，易产生大量泡沫使样液外溢，消化过程中，可能出现碳化引起待测成分损失，因此需要操作人员随时照管；试剂用量大，空白值有时较高。

(2) 常用的氧化性强酸

① 硝酸。通常使用的浓硝酸，其浓度为48%~65%，具有较强的氧化能力，能将样品中有机物氧化生成CO_2和H_2O。所有的硝酸盐都易溶于水；硝酸的沸点较低，100%硝酸在84℃沸腾，硝酸与水的恒沸混合物（69.2%）的沸点为121.8℃，过量的硝酸容易通过加热除去。由于硝酸的沸点较低，易挥发，因而氧化能力不持久。当需要补加硝酸时，应将消化液放冷，以免高温时迅速挥发损失，既浪费试剂，又污染环境；消化液中常残存较多的氮氧化物，氮氧化物对待测成分的测定有干扰时，需再加热驱赶，有的还要加水加热，才能除尽氮氧化物。对锡和锑易形成难溶的锡酸（H_2SnO_5）和偏锑酸（H_2SbO_3）或其盐。

在很多情况下，单独使用硝酸尚不能完全分解有机物，常与其他酸配合使用时，利用硝酸将样品中大量易氧化有机物的分解。

② 高氯酸。冷的高氯酸没有氧化能力，浓热的高氯酸是一种强氧化剂，其氧化能力强于硝酸和硫酸，几乎所有的有机物都能被它分解，消化食品的速度也快。这是由于高氯酸在加热条件下能产生氧和氯的缘故。

一般的高氯酸盐都易溶于水；高氯酸与水形成含72.4%$HClO_4$的恒沸混合物，即通常说的浓高氯酸，其沸点为203℃。高氯酸的沸点适中，氧化能力较为持久，过量的高氯酸也容易加热除去。

在使用高氯酸时，需要特别注意安全，因为在高温下高氯酸直接接触某些还原性较强的物质，如酒精、甘油、脂肪、糖类以及次磷酸或其盐，因反应剧烈而有发生爆炸的可能。一般不单独使用高氯酸处理食品样品，而是用硝酸和高氯酸的混合酸来分解有机物质，在消化过程中注意随时补加硝酸，直到样品液不再炭化为止；准备使用高氯酸的通风橱，不应露出木质骨架，最好用陶瓷材料建造，在三角瓶或凯氏烧瓶上，装一个玻璃罩子与抽气的水泵连接，来抽走蒸气；勿使消化液烧干，以免发生危险。

③ 硫酸。稀硫酸没有氧化性，而热的浓硫酸具有较强的氧化性，对有机物有强烈的脱

水作用，并使其炭化，进一步氧化生成二氧化碳。受热分解时，放出氧、二氧化硫和水。

硫酸可使食品中的蛋白质氧化脱氨，但不能进一步氧化成氮氧化物。硫酸具有沸点高（338℃），不易挥发损失；在与其他酸混合使用，加热蒸发到出现二氧化硫白烟时，有利于除去低沸点的硝酸、高氯酸、水及氮氧化物。硫酸的氧化能力不如高氯酸和硝酸强；硫酸所形成的某些盐类，溶解度不如硝酸盐和高氯酸盐好，如钙、锶、钡、铅的硫酸盐，在水中的溶解度较小；沸点高，不易加热除去，应注意控制加入硫酸的量。

（3）常用的消化方法　在实际工作中，除了单独使用硫酸的消化法外，经常采取几种不同的氧化性酸类配合使用，利用各种酸的特点，取长补短，以达到安全快速、完全破坏有机物的目的。几种常用的消化方法如下。

① 单独使用硫酸的消化法。此法在样品消化时，仅加入硫酸一种氧化性酸，在加热情况下，依靠硫酸的脱水碳化作用，使有机物破坏。由于硫酸的氧化能力较弱，消化液碳化变黑后，保持较长的碳化阶段，使消化时间延长。为此，常加入硫酸钾或硫酸铜以提高其沸点，加适量硫酸铜或硫酸汞作为催化剂，来缩短消化时间。如用凯氏定氮法测定食品中蛋白质的含量，就是利用此法来进行消化的。在消化过程中蛋白质中的氮转变成硫酸铵留在消化液中，不会进一步氧化成氮氧化物而损失。在分析一些含有机物较少的样品如饮料时，也可单独使用硫酸，有时可适当配合一些氧化剂如高锰酸钾和过氧化氢等。

② 硝酸-高氯酸消化法。此法可先加硝酸进行消化，待大量有机物分解后，再加入高氯酸，或者以硝酸-高氯酸混合液将样品浸泡过夜，或小火加热待大量泡沫消失后，再提高消化温度，直至消化完全为止。此法氧化能力强，反应速度快，碳化过程不明显；消化温度较低、挥发损失少。但由于这两种酸经加热都容易挥发，故当温度过高、时间过长时，容易烧干，并可能引起残余物燃烧或爆炸。为了防止这种情况发生，有时加入少量硫酸，以防烧干。同时加入硫酸后可适当提高消化温度，充分发挥硝酸和高氯酸的氧化作用。本法对某些还原性较强的样品，如酒精、甘油、油脂和大量磷酸盐存在时，不宜采用。

③ 硝酸-硫酸消化法。此法是在样品中加入硝酸和硫酸的混合液，或先加入硫酸，加热，使有机物分解，在消化过程中不断补加硝酸。这样可缩短碳化过程，减少消化时间，反应速度适中。此法因含有硫酸，不宜作食品中碱土金属的分析，因碱土金属的硫酸盐溶解度较小。对于较难消化的样品，如含较大量的脂肪和蛋白质时，可在消化后期加入少量高氯酸或过氧化氢，以加快消化的速度。上述几种消化方法各有优缺点，在处理不同的样品或作不同的测定项目时，做法上略有差异。在掌握加热温度、加酸的次序和种类、氧化剂和催化剂的加入与否，可按要求和经验灵活掌握，并同时作空白试验，以消除试剂及操作条件不同所带来的误差。

（4）消化的操作技术　根据消化的具体操作不同，可分为敞口消化法、回流消化法、冷消化法和密封罐消化法等。

① 敞口消化法：这是最常用的消化操作法。通常在凯氏烧瓶（Kjeldahl flask）或硬质锥形瓶中进行消化。凯氏烧瓶是一种底部为梨形具有长颈硬质烧瓶，如图 6-4 所示。操作时，在凯氏烧瓶中加入样品和消化液，将瓶倾斜呈约 45°，用电炉、电热板或煤气灯加热，直至消化完全为止。由于本法系敞口加热操

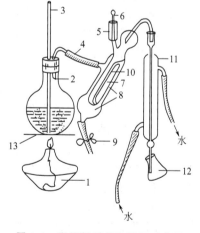

图 6-4　微量凯氏蒸馏装置示意图
1—热源；2—烧瓶；3—玻璃管；4—橡皮管；
5—玻璃杯；6—棒状玻塞；7—反应室；
8—反应室外壳；9—夹子；10—反应室
中插管；11—冷凝管；12—锥形瓶；
13—石棉网

作，有大量消化酸雾和消化分解产物逸出，故需在通风橱内进行。为了克服凯氏烧瓶因颈长底圆而取样不方便，可采用硬质锥形瓶进行消化。

② 回流消化法：测定具有挥发性的成分时，可在回流消化器中进行。这种消化器由于在上端连结冷凝器，可使挥发性成分随同冷凝酸雾形成的酸液流回反应瓶内，不仅可避免被测成分的挥发损失，也可防止烧干。

③ 冷消化法：冷消化法又称低温消化法，是将样品和消化液混合后，置于室温或37~40℃烘箱内，放置过夜。由于在低温下消化，可避免极易挥发的元素（如汞）的挥发损失，不需特殊的设备，较为方便，但仅适用于含有机物较少的样品。

④ 密封罐消化法：这是近年来开发的一种新型样品消化技术。在聚四氟乙烯容器中加入样品，如果样品量为1g或1g以下，可加入4mL 30%过氧化氢和1滴硝酸，置于密封罐内。放150℃烘箱中保温2h，待自然冷却至室温，摇匀，开盖，便可取此液直接测定，不需要再冲洗转移等手续。由于过氧化氢和硝酸经加热分解后，均生成气体逸出。故空白值较低。

(5) 消化操作的注意事项

① 消化所用的试剂，应采用纯净的酸及氧化剂，所含杂质要少，并同时按与样品相同的操作，做空白试验，以扣除消化试剂对测定数据的影响。如果空白值较高，应提高试剂纯度，并选择质量较好的玻璃器皿进行消化。

② 消化瓶内可加玻璃珠或瓷片，以防止暴沸，凯氏烧瓶的瓶口应倾斜，不应对着自己或他人。加热时火力应集中于底部，瓶颈部位应保持较低的温度，以冷凝酸雾，并减少被测成分的挥发损失。消化时如果产生大量泡沫，除迅速减小火力外，也可将样品和消化液在室温下浸泡过夜，第二天再进行加热消化。

③ 在消化过程中需要补加酸或氧化剂时，首先要停止加热，待消化液稍冷后才沿瓶壁缓缓加入，以免发生剧烈反应，引起喷溅，造成对操作者的危害和样品的损失。在高温下补加酸，会使酸迅速挥发，既浪费酸，又会对环境增加污染。

2. 干灰化法

干灰化法简称灰化法或灼烧法，同样是破坏有机物质的常规方法。通常将样品放在坩埚中，在高温灼烧下使食品样品脱水、焦化，并在空气中氧的作用下，便有机物氧化分解成二氧化碳、水和其他气体而挥发，剩下无机物（盐类或氧化物）供测定用。

(1) 灰化法的优缺点　基本上不加或加入很少的试剂，因而有较低的空白值；它能处理较多的样品；很多食品经灼烧后灰分少，体积小，故可加大称样量（可达10g左右），在方法灵敏度相同的情况下，可提高检出率；灰化法适用范围广，很多痕量元素的分析都可采用。灰化法操作简单，需要设备少，灰化过程中不需要人一直看守，可同时作其他实验准备工作，并适合作大批量样品的前处理，省时省事。灰化法的缺点是，由于敞口灰化，温度又高，故容易造成被测成分的挥发损失；其次是坩埚材料对被测成分的吸留作用，由于高温灼烧使坩埚材料结构改变造成微小空穴，使某些被测成分吸留于空穴中很难溶出，致使回收率降低，灰化时间长。

(2) 提高回收率的措施　提高回收率的措施用灰化法破坏有机物时，影响回收率的主要因素是高温挥发损失；其次是容器壁的吸留。故提高回收率的措施有：

① 采取适宜的灰化温度。灰化食品样品，应在尽可能低的温度下进行，但温度过低会延长灰化时间，通常选用500~550℃灰化2h，或在600℃灰化，一般不要超过600℃。控制较低的温度是克服灰化缺点的主要措施。近年来，开始采用低温灰化技术（low temperature technique），将样品放在低温灰化炉中，先将炉内抽至接近真空（10Pa左右），然后不断通入氧气，每分钟为0.3~0.8L，用射频照射使氧气活化，在低于150℃的温度下

便可将有机物全部灰化。但低温灰化炉仪器较贵，尚难普及推广。用氧瓶燃烧法来灰化样品，不需要特殊的设备，较易办到。将样品包在滤纸内，夹在燃烧瓶塞下的托架上，在燃烧瓶中加入一定量吸收液，并充满纯的氧气，点燃滤纸包立即塞紧燃烧瓶口，使样品中的有机物燃烧完全，剧烈振摇，让烟气全部吸收在吸收液中，最后取出分析。本法适用于植物叶片、种子等少量固体样品，也适用于少量被样品及纸色谱分离后的样品斑点分析。

② 加入助灰化剂。加助灰化剂往往可以加速有机物的氧化，并可防止某些组分的挥发损失和增强吸留。例如，加氢氧化钠或氢氧化钙可使卤族元素转变成难挥发的碘化钠和氟化钙等；灰化含砷样品时，加入氧化砷和硝酸镁，能使砷转变成不挥发的焦砷酸镁（$Mg_2As_2O_7$），氧化镁还起衬垫材料的作用，减少样品与坩埚的接触和吸留。

③ 促进灰化和防止损失的措施。样品灰化后如仍不变白，可加入适量酸或水搅动，帮助灰分溶解，解除低熔点灰分对碳粒的包裹，再继续灰化，这样可缩短灰化时间，但必须让坩埚稍冷后才加酸或水。加酸还可改变盐的组成形式，如加硫酸可使一些易挥发的氯化铅、氯化砷转变成难挥发的硫酸盐；加硝酸可提高灰分的溶解度。但酸不能加得过多，否则会对高温炉造成损害。

三、蒸馏法

蒸馏法是利用液体混合物中各组分的挥发度不同而进行分离的一种方法。可以用于除去干扰组分，也可以用于被测组分的蒸馏逸出，收集馏出液进行分析。根据样品组分性质不同，蒸馏方式有常压蒸馏、减压蒸馏、水蒸气蒸馏。

1. 常压蒸馏

当被蒸馏的物质受热后不易发生分解或在沸点不太高的情况下，可在常压下进行蒸馏。常压蒸馏的装置比较简单，见图6-5。加热方式要根据被蒸馏物质的沸点来确定，如果沸点不高于90℃可用水浴加热；如果沸点超过90℃，则可改用油浴、沙浴、盐浴或石棉浴；如果被蒸馏的物质不易爆炸或燃烧，可用电炉或酒精灯直火加热，最好垫以石棉网；如果是有机溶剂则要用水浴，并注意防火。

2. 减压蒸馏

如果样品中待蒸馏组分易分解或沸点太高时，可采取减压蒸馏。该法装置比较复杂，如图6-6所示。如海产品中无机砷的减压蒸馏分离，在2.67kPa（20mmHg）压力下，于70℃进行蒸馏，可使样品中的无机砷在盐酸存在下生成三氯化砷被蒸馏出来，而有机砷在此条件下不挥发也不分解，仍留在蒸馏瓶内，从而达到分离的目的。

3. 水蒸气蒸馏

某些物质沸点较高，直接加热蒸馏时，因受热不均易引起局部炭化；还有些被测成分，当加热到沸点时可能发生分解，这些成分的提取，可用水蒸气蒸馏。水蒸气蒸馏用水蒸气加热水和与水互不相溶的

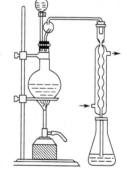

图6-5 常压蒸馏装置

混合液体，使具有一定挥发度的被测组分与水蒸气按分压成比例地从溶液中一起蒸馏出来。该法装置较复杂，如图6-7所示。例如，防腐剂苯甲酸及其钠盐的测定、从样品中分离六六六等，均可用水蒸气蒸馏法进行处理。

四、溶剂提取法

同一溶剂中，不同的物质有不同的溶解度；同一物质在不同的溶剂中的溶解度也不同。利用样品中各组分在特定溶剂中的溶解度的差异，使其完全或部分分离的方法即为溶剂提取

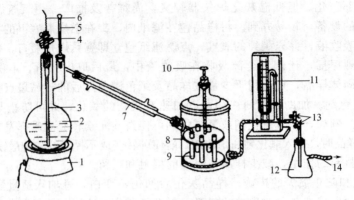

图 6-6 减压蒸馏装置

1—电炉；2—克莱森瓶；3—毛细管；4—螺旋止水夹；5—温度计；6—细铜丝；7—冷凝器；8—接受瓶；9—接受器；10—转动把；11—压力计；12—安全瓶；13—三通阀门；14—接抽气机

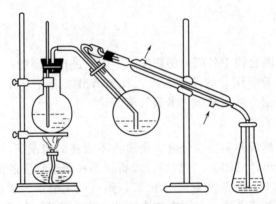

图 6-7 水蒸气蒸馏装置

法。最常用的是溶剂分层法和浸泡法。假如被提取的组分是有色化合物，则可取有机相直接进行比色测定，这种方法称为萃取比色法。萃取比色法具有较高的灵敏度和选择性。

1. 萃取法

又叫溶剂分层法，是利用某组分在两种互不相溶的溶剂中分配系数的不同，使其从一种溶剂转移到另一种溶剂中，而与其他组分分离的方法。此法操作迅速，分离效果好，应用广泛。但萃取试剂通常易燃、易挥发，且有毒性。

(1) 萃取溶剂的选择 萃取用溶剂应与原溶剂互不相溶，对被测组分有最大溶解度，而对杂质有最小溶解度。即被测组分在萃取溶剂中有最大的分配系数，而杂质只有最小的分配系数。经萃取后，被测组分进入萃取溶剂中，即与留在原溶剂中的杂质分离开。此外，还应考虑两种溶剂分层的难易以及是否会产生泡沫等问题。

(2) 萃取方法 萃取通常在分液漏斗中进行，一般需经 4～5 次萃取，才能达到完全分离的目的。当用较水轻的溶剂，从水溶液中提取分配系数小，或振荡后易乳化的物质时，采用连续液体萃取器较分液漏斗效果更好。

对于酸性或碱性组分的分离，可通过改变溶液的酸碱性来改变被测组分的极性，以利于萃取分离。例如，食品中的苯甲酸钠，应先将溶液酸化，使其转变成苯甲酸后，再用乙醚萃取；鱼中组胺当以其盐的形式存在时，需加碱让它先变为组胺，才能用戊醇进行萃取，然后加盐酸，此时组胺以盐酸盐的形式存在，易溶于水，被反萃取至水相，达到较好的分离。海产品中无机砷与有机砷的分离，可利用无机砷在大于 8mol/L 盐酸中易溶于有机溶剂，小于

2mol/L盐酸时易溶于水中的特性,先加9mol/L盐酸于海产品中,并以乙酸丁酯等有机溶剂萃取,此时无机砷进入乙酸丁酯层,而有机砷仍留在水层(可弃去),然后加水于乙酸丁酯中振摇(反萃取),此时无机砷进入水中,干扰的有机物仍留在有机相,较好地完成了分离。

2. 浸提法

用适当的溶剂从固体样品中将某种待测成分浸提出来的方法称为浸提法,又称液-固萃取法。该法应用广泛,例如从茶叶中提取茶多酚、从香菇中提取香菇多糖等。

(1) 提取剂的选择　一般来说,提取效果符合相似相溶的原则,故应根据被提取物的极性强弱选择提取剂。对极性较弱的成分(如有机氯农药)可用极性小的溶剂(如正己烷、石油醚)提取;对极性强的成分(如黄吐霉毒素B1)可用极性大的溶剂(如甲醇与水的混合溶液)提取。提取剂的沸点宜在45～80℃之间,沸点太低易挥发,沸点太高则不易浓缩,且对热稳定性差的被提取成分也不利。此外,要求所用提取剂既能大量溶解被提的物质,又不破坏被提取物的性质。提取剂应无毒或毒性小。

(2) 提取方法

① 振荡浸渍法。将样品切碎,置于合适的溶剂系统中,浸渍、振荡一定时间,即可从样品中提取出被测成分。此法简便易行,但回收率较低。

② 捣碎法。将切碎的样品放入捣碎机中,加提取剂捣碎一定时间,使被测成分被提取出来。此法回收率较高,但干扰杂质溶出较多。

③ 索氏提取法。将一定量的样品放入索氏提取器中,加入提取剂,加热回流一定时间,将被测成分提取出来。此法的优点是提取剂用量少,提取完全,回收率高,但操作较麻烦,且需专用的索氏提取器。

五、盐析法

盐析法是指向溶液中加入某一盐类物质,使溶质溶解在原溶剂中的溶解度大大降低,从而从溶剂中沉淀出来的一种方法。例如,在蛋白质溶液中,加入大量的盐类,特别是加入重金属盐,蛋白质就从溶液中沉淀出来。

在进行盐析工作时,应注意溶液中所要加入的物质的选择。它不会破坏溶液中所要析出的物质,否则达不到盐析的目的。此外,要注意选择适当的盐析条件,如溶液的pH值、温度等。

六、化学分离法

1. 磺化和皂化法

磺化和皂化法是处理油脂或含脂肪样品时常使用的方法。当样品经过磺化或皂化处理后,油脂就会由憎水性变为亲水性,这时油脂中那些要测定的非极性的物质就能较容易地被非极性或弱极性溶剂提取出来。常用于食品中农药残留的分析。

(1) 磺化法　磺化法的原理是油脂遇到浓硫酸就发生磺化,浓硫酸与脂肪和色素中的不饱和键起加成作用,形成可溶于硫酸和水的强极性化合物,不再被弱极性的有机溶剂所溶解,从而使脂肪被分离出来,达到分离净化的目的。用浓硫酸处理样品提取液,再用水清洗,可有效地除去脂肪、色素等干扰杂质。

此法简单、快速、净化效果好,但用于农药分析时,仅限于在强酸介质中稳定的农药提取液的净化,其回收率在80%以上。但不能用于狄氏剂和一般有机磷农药,个别有机磷农药可控制在一定酸度的条件下应用。

利用浓硫酸处理过的硅藻土作层析柱，使待净化的样品抽提液通过，以磺化其中的油脂，这是比较常用的净化方法。也可以不使用硅藻土而把浓硫酸直接加在样品溶液里振摇和分层处理，以磺化除去其中的油脂，这叫直接磺化法。

（2）皂化法　皂化法常以热碱 KOH-乙醇溶液与脂肪及其杂质发生皂化反应，而将其除去。本法对一些碱稳定的农药（如艾氏剂、狄氏剂）进行净化时，可用皂化法除去混入的脂肪。在用荧光光度法测定肉、鱼、禽类及其熏制品的 3,4-苯并芘时，也可使用皂化法（向样品中加入氢氧化钾回流皂化 2h）除去样品中的脂肪。

2. 沉淀分离法

沉淀分离法是利用沉淀反应进行分离的方法。在试样中加入适当的沉淀剂，使被测组分沉淀下来，或将干扰组分沉淀下来，经过过滤或离心将沉淀与母液分开，从而达到分离目的。例如，测定冷饮中糖精钠含量时，可在试剂中加入碱性硫酸铜，将蛋白质等干扰杂质沉淀下来，而糖精钠仍留在试液中，经过滤除去沉淀后，取滤液进行分析。又如，用氢氧化铜或碱性乙酸铅将蛋白质从水溶液中沉淀下来，将沉淀消化并测定其中的氮量，据此可以断定样品中的纯蛋白质的含量。

在进行沉淀分离时，应注意溶液中所要加入的沉淀剂的选择。所选沉淀剂应该是不会破坏溶液中所要沉淀析出的物质，否则达不到分离提取的目的。沉淀后，要选择适当的分离方法，如过滤、离心分离或蒸发等。这要根据溶液、沉淀剂、沉淀析出物质的性质和实验要求来决定。沉淀操作中，经常伴随有 pH 值、温度等条件要求，这一点应注意。

3. 掩蔽法

利用掩蔽剂与样品中干扰成分作用，使干扰成分转变为不干扰测定的状态，即被掩蔽起来。运用这种方法，可以不经过分离干扰成分的操作而消除其干扰作用，简化分析步骤，因而在食品分析中广泛应用于样品的净化。特别是测定食品中的金属元素时，常加入配位掩蔽剂消除共存的干扰离子的影响。如双硫腙比色法测定铅时，在测定条件（pH＝9）下，Cu^{2+}、Cd^{2+}等离子对测定有干扰，可加入氰化钾和柠檬酸铵进行掩蔽，消除它们的干扰。

七、色层分离法

色层分离法又称色谱分离法，是一种在载体上进行物质分离的方法的总称。根据分离原理的不同分为吸附色谱分离、分配色谱分离和离子交换色谱分离等。该类分离方法效果好，在食品分析检验中广为应用。色层分离不仅分离效果好，而且分离过程往往也就是鉴定的过程。本法常用于有机物质的分析测定。

1. 吸附色谱分离

吸附色谱分离法利用聚酰胺、硅胶、硅藻土、氧化铝等吸附剂，经过活化处理后，具有适当的吸附能力，可对被测组分或干扰组分进行选择性吸附而达到分离的目的。例如，聚酰胺对色素有强大的吸附力，而其他组分则难于被其吸附，在测定食品中色素含量时，常用聚酰胺吸附色素，经过过滤洗涤，再用适当溶剂解吸，可以得到较纯净的色素溶液，供测试用。吸附剂可以直接加入样品中吸附色素，也可将吸附剂装入玻璃管制成吸附柱或涂布成薄层板使用。

2. 分配色谱分离

分配色谱分离法根据两种不同的物质在两相中的分配比不同进行分离。两相中的一相是流动的，称为流动相；另一相是固定的，称为固定相。当溶剂渗透于固定相中并向上渗透时，分配组分就在两相中进行反复分配，进而分离。例如，多糖类样品的纸上层析，样品经酸水解处理，中和后制成试液，在滤纸上进行点样，用苯酚-1％氨水饱和溶液展开，苯胺邻苯二酸显色剂显色，于105℃加热数分钟，可见不同色斑：戊醛糖（红棕色）、己醛糖（棕褐色）、己酮糖（淡棕色）、双糖类（黄棕色）的色斑。

3. 离子交换色谱分离

离子交换色谱分离法是利用离子交换剂与溶液中的离子之间所发生的交换反应来进行分离的方法。根据被交换离子的电荷分为阳离子交换和阴离子交换。交换作用可用下列反应式表示：

阳离子交换： $R—H + M^+X^- \longrightarrow R—M + HX$

阴离子交换： $R—OH + M^+X^- \longrightarrow R—X + MOH$

式中　R——离子交换剂的母体；

MX——溶液中被交换的物质。

该法可用于从样品溶液中分离待测离子，也可从样品溶液中分离干扰组分。分离操作可将样液与离子交换剂一起混合振荡或将样液缓缓通过事先制备好的离子交换柱，则被测离子与交换剂上的 H^+ 或 OH^- 发生交换，被测离子或干扰组分上柱，从而将其分离。例如，可以利用离子交换色谱分离法制备无氨水、无铅水及分离比较复杂的样品。

八、浓缩法

食品样品经提取、净化后，有时净化液的体积较大，被测组分的浓度太小，会影响最后结果的测定。此时需要对被测样液进行浓缩，以提高被测成分的浓度。常用的方法有常压浓缩和减压浓缩两种。

1. 常压浓缩法

常压浓缩法只能用于待测组分为非挥发性的样品试液的浓缩，否则会造成待测组分的损失。操作可采用蒸发皿直接挥发。如果溶剂需要回收，则可用一般蒸馏装置或旋转蒸发器。该法操作简便、快速，是常用的方法。

2. 减压浓缩法

减压浓缩法主要用于待测组分为热不稳定性或易挥发性样品净化液的浓缩，其样品净化液的浓缩需使用 K-D 浓缩器（如图 6-8 所示）。浓缩时，水浴加热并抽气减压，以便浓缩在较低的温度下进行，且速度快，可减少被测组分的损失。食品中有机磷农药的测定（如甲胺磷、乙酰甲胺磷）多采用此法浓缩样品净化液。

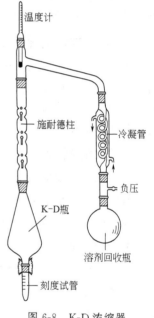

图 6-8　K-D 浓缩器

工作任务三
食品样品检验方法的选择

一、正确选择检验方法的重要性

食品成分检验的目的在于为生产部门和市场管理监督部门提供准确、可靠的检验数据，以便生产部门根据这些数据对原料的质量进行控制，制定合理的工艺条件，保证生产正常进行，以较低的成本生产出符合质量标准和卫生标准的产品；市场管理和监督部门则根据这些数据对被检食品的品质和质量做出正确客观的判断和评定，防止质量低劣的食品危害消费者的身心健康。为了达到上述目的，除了需要采取正确的方法采集样品，并对采取的样品进行合理的制备和预处理外，在现有的众多检验方法中，选择正确的检验方法是保证检验结果准确的又一关键环节。如果选择的检验方法不恰当，即使前序环节非常严格、正确，得到的检验结果也可能是毫无意义的，甚至会给生产和管理带来错误的信息，造成人力、物力的损失。

二、选择检验方法应考虑的因素

样品中待测成分的检验方法往往很多，怎样选择最恰当的检验方法是需要周密考虑的。一般地说，应该综合考虑下列各因素。

1. 检验要求的准确度和精密度

不同的检验方法的灵敏度、选择性、准确度、精密度各不相同，要根据生产和科研工作对检验结果要求的准确度和精密度来选择适当的检验方法。

2. 检验方法的繁简、检验速度和费用

不同检验方法操作步骤的繁简程度和所需时间及劳力各不相同，样品检验的费用也不同。要根据待测样品的数目和要求取得检验结果的时间等来选择适当的检验方法。同一样品需要测定几种成分时，应尽可能选用能用同一份样品处理液同时测定该几种成分的方法，以达到简便、快速的目的。

3. 样品的特性

各类样品中待测成分的形态和含量不同，可能存在的干扰物质及其含量不同，样品的溶解和待测成分的提取的难易程度也不相同。要根据样品的这些特征来选择制备待测液、定量某成分和消除干扰的适宜方法。

4. 现有条件

检验工作一般在实验室进行，各级实验室的设备条件和技术条件也不相同，应根据具体条件来选择适当的检验方法。在具体情况下究竟选用哪一种方法，必须综合考虑上述各项因素，但首先必须了解各类方法的特点，如方法的精密度、准确度、灵敏度等，以便加以比较。

工作任务四
食品样品的采集与保存实训

一、实验目的

1. 掌握苹果、青菜、大米、大排等几种食品原料类型的采集和保存方法；
2. 理解采样的注意事项。

二、实验原理

1. 采样原理

采样是指从整批被检食品中抽取一部分有代表性的样品,供分析化验用。采样是食品分析的首项工作和重要环节。同一类的食品成品由于品种、产地、成熟期、加工或保藏条件不同,其成分及其含量有相当大的差异。同一分析对象,不同部位的成分和含量也可能有较大差异。因此必须掌握科学的采样和保存技术。否则,即使以后的样品处理、检测等一系列环节非常精确、准确,其检测的结果亦毫无价值,以致导出错误的结论。

2. 采样原则

(1) 代表性 在大多数情况下,待鉴定食品不可能全部进行检测,而只能抽取其中的一部分作为样品,通过对样品的检测来推断该食品总体的营养价值或卫生质量。因此,所采的样品应能够较好地代表待鉴定食品各方面的特性。若所采集的样品缺乏代表性,无论其后的检测过程和环节多么精确,其结果都难以反映总体的情况,常可导致错误的判断和结论。

(2) 真实性 采样人员应亲临现场采样,以防止在采样过程中的作假或伪造食品。所有采样用具都应清洁、干燥、无异味、无污染食品的可能。应尽量避免使用对样品可能造成污染或影响检验结果的采样工具和采样容器。

(3) 准确性 性质不同的样品必须分开包装,并应视为来自不同的总体;采样方法应符合要求,采样的数量应满足检验及留样的需要;可根据感官性状进行分类或分档采样;采样记录务必清楚地填写在采样单上,并紧附于样品。

(4) 及时性 采样应及时,采样后也应及时送检。尤其是检测样品中水分、微生物等易受环境因素影响的指标,或样品中含有挥发性物质或易分解破坏的物质时,应及时赴现场采样并尽可能缩短从采样到送检的时间。

3. 四分法采样

"四分法"将原始样品做成平均样品,即将原始样品充分混合均匀后堆集在清洁的玻璃板上,压平成厚度在 3cm 以下的形状,并划成对角线或"十"字线,将样品分成四份,取对角线的两份混合,再加上分为四份,取对角的两份。这样操作直至取得所需数量为止,此即是平均样品。

三、仪器及材料

1. 仪器

组织捣碎机、多功能组织粉碎机、刀具若干、80 目筛、白瓷盘、精密天平、分样板。

2. 材料

大米、大排、苹果、青菜。

四、实验准备

1. 试样的预处理

(1) 新鲜蔬菜、水果:将试样用去离子水洗净,晾干后,取可食部切碎混匀。将切碎的样品用四分法取适量,用食物粉碎机制成匀浆备用。如需加水应记录加水量。

(2) 肉类、蛋、水产及其制品:用四分法取适量或取全部,用食物粉碎机制成匀浆备用。

（3）乳粉、豆奶粉、婴儿配方粉等固态乳制品（不包括干酪）：将试样装入能够容纳 2 倍试样体积的带盖容器中，通过反复摇晃和颠倒容器使样品充分混匀直到使试样均一化。

2. 采样容器和器具准备

（1）采样容器的选择　防止污染，防止器壁对待侧成分的吸收或吸附，防止发生化学反应。

（2）采样容器的清洗　新玻璃容器经稀硝酸浸泡清洗备用，测有机氯的玻璃瓶经重铬酸钾洗液浸泡清洗备用。

（3）微生物检测的容器准备

① 冲洗。玻璃或聚乙（丙）烯塑料容器洗净，用硝酸（1∶1）浸泡，再用自来水、蒸馏水冲洗干净。

② 灭菌。玻璃器具可以选择干热或高压蒸汽灭菌，干热灭菌在 160～180℃、2h 才可以杀死芽孢杆菌，高压蒸汽灭菌在 121℃、15min 即可杀死芽孢杆菌，经高压蒸汽灭菌的容器需在烤箱中烤干；玻璃吸管、长柄勺、棉拭子、生理盐水等分别用纸包好，灭菌；镊子、剪子、小刀等用前在酒精灯上灼烧消毒。

五、实验步骤

1. 苹果的取样

随机选取 3 只苹果→清洗→沿生长轴按四分法切→取对角 2 块→加入相同质量的水→组织粉碎机粉碎（长刀）→转移至干净容器→待测

2. 青菜的取样

随机选取 3 只青菜→清洗→沿生长轴按四分法切→取对角 2 块→组织粉碎机粉碎（长刀）→转移至干净容器→待测

3. 大米的取样与保存

取一定量的大米→按四分法取样→组织粉碎机粉碎（短刀）→过 80 目筛→转移至干净容器→装入铝盒保藏→待测

4. 大排的取样

取一定量的大排→去骨去筋→按四分法取样→组织粉碎机粉碎（长刀）→转移至干净容器→待测制备好的试样应该一式三份，供检验、复验和备查用，每份不得少于 5g。采样时除注意样品代表性外，还应认真填写采样记录，写明样品的生产日期、批号、采样条件、包装情况等。样品的起运日期、来源地点、数量、厂方化验情况、品质，并填写检验项目、检验人、采样时间。

5. 注意事项

① 采样工具应该清洁，不应将任何有害物质带入样品中。
② 样品在检测前，不得受到污染、发生变化。
③ 样品抽取后，应迅速送检测室进行分析。
④ 在感官性质上差别很大的食品不允许混在一起，要分开包装，并注明其性质。
⑤ 盛样容器可根据要求选用硬质玻璃或聚乙烯制品，容器上要贴上标签，并做好标记。

6. 样品保存

样品采集后应于当天分析，以防止其中水分或挥发性物质的散失以及待测组分含量的变化。如不能马上分析则应妥善保存，不能使样品出现受潮、挥发、风干、变质等现象，以保证测定结果的准确性。

制备好的平均样品应装在洁净、密封的容器内（最好用玻璃瓶，切忌使用带橡皮垫的容器），必要时贮存于避光处，容易失去水分的样品应先取样测定水分。

样品保存的主要方法有：放在密封洁净的容器内；置于阴暗处保存；低温冷藏；加入适量不影响分析结果的稳定剂或防腐剂。

六、实验结果与分析

详细记录样品的性状和保存方式，以重复性条件下获得的两次独立测定结果的算术平均值表示，结果保留两位有效数字。在重复性条件下获得的两次独立测定结果的绝对差值不得超过算术平均值的10%。

七、思考题

① 样品的采集和保存在食物分析中有何重要性？
② 新鲜水果蔬菜样品在采集和保存中应特别注意哪些问题？

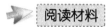

亚临界水萃取及其在食品样品前处理中的应用

近几年来，食品安全问题受到了广泛的关注，已成为世界各国政府十分关注得重大问题、焦点和热点。食品作为人类最基本的消费品，随着人们生活水平的提高，其质量和安全性越来越受到消费者的重视。由于农药、食品饲料添加剂、动植物生长激素滥用以及环境污染造成的食品安全问题相当严重，如蔬菜中的农药、泡发食品中的甲醛、猪肉中的瘦肉精、牛肉中的激素、鸡肉中的抗生素、农产品中的重金属等。近几年来，世界范围内相继爆发了疯牛病、禽流感、二噁英、劣质奶粉、苏丹红、毒酒、农药残留及肉类中药物残留及激素残留导致中毒等一系列食品安全问题。

我国近年来也发生了许多食品安全事件，2005~2014年十大食品安全事件：孔雀石绿、苏丹红鸭蛋、三鹿三聚氰胺毒奶、地沟油、瘦肉精、塑化剂、镉大米、毒豆芽、福喜问题肉等，广大消费者对食品安全问题的关注达到了前所未有的高度。食品安全问题也给国家和人民群众造成了巨大的损失。党和国家领导人高度重视人民群众的食品安全。李克强总理在2014年十八届三中全会的政府工作报告中就食品安全指出，要"严守法规和标准，用最严格的监管、最严厉的处罚、最严肃的问责，坚决治理餐桌上的污染，切实保障'舌尖上的安全'。"他强调：食品安全事关民生，对餐桌上的污染"零容忍"，用"三个最严"切实守护起人民群众"舌尖上的安全"，是民生大事、实事。

食品安全检测是保障食品安全的基础，是监督管理的重要手段。为了有效地保障食品安全，就必须对食品安全中的各类样品进行准确的分析测定。目前食品安全检验部门通常采用气相色谱、液相色谱、原子吸收、紫外-可见分光光度计以及荧光分光光度计等。随着分析仪器的快速发展，样品测定所需时间得以大速度的缩短，许多先进的自动化、智能化分析仪器，如原子吸收光谱法（FAAS、GAAS）、电感耦合等离子体原子发射光谱法（ICP）、原子荧光法（AFS）、ICP-MS联用、流动注射（FI）-原子吸收（原子发射、原子荧光）法联用等，可在数秒或数分内完成数种甚至数十种组分的同时测定。然而使用这些仪器进行分析测定前，都必须把样品制成溶液，样品预处理已成为整个分析过程中最费时的环节，寻求一种快速、成本低、易于自动化控制、适合仪器快速测定需要的溶样方法，已成为分析化学工作者迫切需要解决的课题。

近十几年来，开始研究并应用于环境和食品样品前处理的新技术主要有超声萃取、固相（微）萃取、超临界流体萃取、微波萃取等。作为一种新兴的样品前处理方法，亚临界水萃取技术在最近几年也开始逐渐受到国内学者的关注。亚临界水萃取（Subcritical Water Extraction, ScWE）主要用于处理各种环境样品中固体和半固体中的挥发性和半挥发性有机污染物。

通常条件下，水是极性化合物，常温常压下水的介电常数 $\varepsilon=80$，能很好地溶解极性有机化合物，对中极性和非极性有机化合物溶解度很小。在适度的压力下，只要水保持为液态，水的极性会随温度的变化而改变。在 500kPa 压力下，随温度升高（50～300℃），其介电常数由 70 减小至 1，极性降低，对中极性和非极性有机物的溶解能力也会增加。这种低于临界压力（$p_c=22.1$MPa）和临界温度（$T_c=374$℃）状态下的液态水被称为亚临界水（subcritical water），在文献中也有称它为超热水、高温水高压热水或热液态水。超临界水的介电常数为 5～15，相当于一弱极性溶剂，可以成为有机物有效的萃取剂，但由于超临界水产生的实验条件比较苛刻，并且本身具有强腐蚀性，会使一些有机化合物分解，因此无法在实验室中当作一种萃取剂使用。亚临界水与常温常压下的水在性质上有较大差别，它类似于有机溶剂，这为它的应用开辟了一个新的领域。

作为一种新的样品前处理技术，与传统的前处理技术相比具有以下优点：①设备简单，成本低廉；②萃取时间短，萃取效率高；③通过改变萃取温度可以改变水的极性，从而可以选择性的萃取样品基体中的不同极性的有机化合物；④采用水作萃取剂，基本不使用有机溶剂，对环境污染少。亚临界水萃取技术具有的快速、高效、高选择性、低污染等特点，特别是亚临界水的特性使它可以代替高毒性有机溶剂，为其应用开辟了一个新的领域。作为一种新兴的绿色样品前处理技术，其应用前景十分广阔。

亚临界萃取技术在食品工业中的应用主要有以下几点。

一、在农残检测中应用

食品中农药残留检测主要是传统前处理比较麻烦，步骤繁多，而新发展起来的分子印迹，酶联免疫又要求高的实验设备。亚临界水萃取技术由于其设备简单、萃取时间短、无二次污染等特点受到越来越多的重视，苏明伟等首次将亚临界水萃取技术用于果蔬中的农药残留样品的预处理，处理时间短、提取率高。TinaM. Pawlowski 曾报道了亚临界水用于提取果蔬（香蕉、柠檬、橘子、蘑菇）中杀菌剂（涕必灵，多菌灵）的初步研究。苏明伟探讨了亚临界水萃取技术快速预处理果蔬中农药残留，乙酰胆碱酯酶光度法进行检测分析。通过模拟样品试验获得亚临界水对大白菜中甲胺磷农药残留萃取的优化条件为温度 100～120℃，时间 2～4min。与国标振荡法和超声法相比，亚临界水萃取具有提取率高、精密度好且操作简便的特点。郭梅采用 SBWE-SPE 联用技术萃取沉积物中的有机氯农药，在最佳萃取条件下即 225℃下萃取 60min，α-HCH，β-HCH，γ-HCH，δ-HCH 和 HCB 的萃取回收在 77%～98% 之间，其结果与索氏提取的结果接近。

二、在亚硝酸盐检测方面的应用

亚硝酸盐在肉制品中广泛添加，由于其潜在毒性引起人们关注。王耀研究了肉制品中亚硝酸盐的亚临界水萃取预处理技术，分别考察了温度、时间、萃取剂组成对萃取效率的影响。与国标法的预处理过程相比，亚临界水萃取具有试剂用量小、萃取效率高等特点。

三、在天然成分提取中的应用

植物中天然成分的提取主要有超临界流体萃取和水蒸气蒸馏和溶剂提取法，但是他们之间各有优缺点，亚临界水萃取在植物提取中有着自己的优点，其高效、低成本和无污染日益引起人们的关注。Rogelio Soto Ayala 利用亚临界萃取和蒸馏法两种方法从牛至植物中提取可食用挥发性香精油，结果表明亚临界萃取在 2.0MPa，125℃流速为 1mL/min 条件下萃取 24min 比蒸馏方法提取 3h 效果好，提取速度快，成本低。Mohammad H. Eikani 研究了从胡荽籽中提取香精油，且与蒸馏法和索氏提取法比较，蒸馏法和索氏提取法提取效率要高于亚临界萃取，说明蒸馏法、亚临界萃取在针对具体某种物质提取有不同选择性。Colin H. L. Ho 通过亚临界萃取技术从亚麻籽中提取木酚素，蛋白质和碳水化合物。研究了萃取温度，溶剂 pH 值，固液比对提取率的影响。结果表明对同一提取材料的不同目标提取物有不同的最佳提取温度、pH 值、固液比。Xia, Y. 等利用超临界二氧化碳乙醇提取、索氏提取和亚临界水提取对罗汉果粉末中甜味物质进行提取，亚临界萃取不需要对原料进行提取前的净化处理，就能达到很好的提取效果，提取前经过 40s 超声波降解处理，其提取率能达到 83%。

亚临界水萃取技术是一种非常有前景的分离提取纯化技术。针对食品行业特点，可在以下几个方面展开工作：①用于食品质量控制，如农药残余、重金属浓度分析的前处理技术；②用于食品中脂溶性有效成分如挥发油等的分析前处理技术；③根据亚临界水的特性，通过改变温度而改变溶剂系统的极性，实现分析过程的梯度洗脱。

本章小结

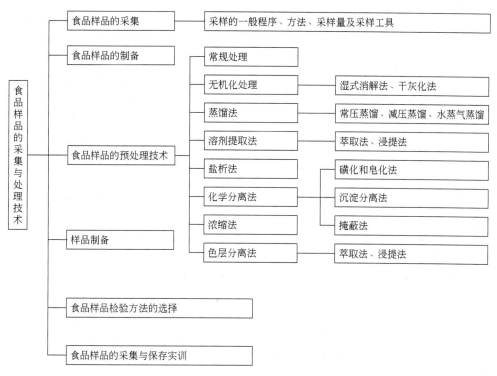

思考与练习

一、名词解释

1. 随机抽样 2. 代表性取样 3. 采样 4. 平均样品 5. 检样
6. 湿消化法 7. 干灰化法 8. 水蒸气蒸馏 9. 盐析法 10. 分配色谱分离

二、填空题

1. 食品分析必须懂得正确采样，而要做到正确采样则必须做到_____，否则检测结果不仅毫无价值，还会导致错误结论。

2. 采样一般分为三步，依次获得检样，原始样品，平均样品。采样的方式有_____和_____，通常采用方式。样品采集完后，应该在盛装样品的器具上贴好标签，标签上应注明的项目有_____、_____、_____、_____、_____、_____及_____。

3. 样品的制备是指对采集的样品_____，其目的是_____。

4. 样品的预处理的目的是_____，预处理的方法有_____。

5. 干法灰化是把样品放入_____中高温灼烧至_____。湿法消化是在样品中加入_____并加热消煮，使样品中_____质分解、氧化，而使_____物质转化为无机状态存在于消化液中。

6. 溶剂浸提法是指_____，又称为_____。溶剂萃取法是在样品液中加入一种_____溶剂，这种溶剂称为_____，使待测成分从_____中转移到_____中而得到分离。

7. 蒸馏法的蒸馏方式有_____、_____、_____等。

8. 色谱分离根据分离原理的不同,有_____、_____和离子交换色谱分离等分离方法。

9. 化学分离法主要有_____、_____、_____和_____。

10. 品经处理后的处理液体积较大,待测试成分浓度太低,此时应进行浓缩,以提高被测组分的浓度,常用的浓缩方法有_____、_____。

11. 对于液体样品,正确采样的方法是_____。

12. 磺化和皂化法是处理_____样品时常使用的方法。当样品经过磺化或皂化处理后,油脂就会由_____变为_____,这时油脂中那些要测定的_____的物质就能较容易地被_____提取出来。常用于食品中_____的分析。

13. 掩蔽法是利用_____与样品中_____作用,使_____转变为_____的状态,即被掩蔽起来。运用这种方法,可以不经过分离干扰成分的操作而消除其干扰作用,简化分析步骤,因而在食品分析中广泛应用于_____。

14. 常压浓缩法只能用于待测组分为_____的样品试液的浓缩,否则会造成待测组分的损失。

15. 减压浓缩法主要用于待测组分为_____或_____样品净化液的浓缩。

三、选择题

1. 在测定食品中挥发性酸的过程中,所采用的蒸馏方法为(   )。
   A. 常压蒸馏　　　　B. 减压蒸馏　　　　C. 加压蒸馏　　　　D. 水蒸气蒸馏

2. 常压干法灰化的温度一般是(   )。
   A. 100～150℃　　　B. 500～600℃　　　C. 200～300℃　　　D. ＞1000℃

3. 可用"四分法"制备平均样品的是(   )。
   A. 稻谷　　　　　　B. 蜂蜜　　　　　　C. 鲜乳　　　　　　D. 苹果

4. 湿法消化方法通常采用的消化剂是(   )。
   A. 强还原剂　　　　B. 强萃取剂　　　　C. 强氧化剂　　　　D. 强吸附剂

5. 用溶剂浸泡固体样品,抽提其中的溶质,习惯上称为(   )。
   A. 浸提　　　　　　B. 抽提　　　　　　C. 萃取　　　　　　D. 抽取

6. 蒸馏挥发酸时,一般用(   )。
   A. 直接蒸馏法　　　B. 减压蒸馏法　　　C. 水蒸气蒸馏法　　D. K-F法

7. 下列不是索氏提取法常用的溶剂为(   )。
   A. 乙醚　　　　　　B. 石油醚　　　　　C. 乙醇　　　　　　D. 氯仿-甲醇

8. 对样品进行理化检验时,采集样品必须有(   )。
   A. 代表性　　　　　B. 典型性　　　　　C. 随意性　　　　　D. 适时性

9. 使空白测定值较低的样品处理方法是(   )。
   A. 湿法消化　　　　B. 干法灰化　　　　C. 萃取　　　　　　D. 蒸馏

10. 选择萃取的溶剂时,萃取剂与原溶剂(   )。
    A. 以任意比混溶　　　　　　　　　　　B. 必须互不相溶
    C. 能发生有效的络合反应　　　　　　　D. 不能反应

11. 当蒸馏物受热易分解或沸点太高时,可选用(   )方法从样品中分离。
    A. 常压蒸馏　　　　B. 减压蒸馏　　　　C. 高压蒸馏　　　　D. 水蒸气蒸馏

12. 色谱分析法的作用是(   )。
    A. 只能作分离手段　　　　　　　　　　B. 只供测定检验用
    C. 可以分离组份也可以作为定性或定量手段　D. 只能作为定性分析用

13. 防止减压蒸馏暴沸现象产生的有效方法是(   )。

A. 加入暴沸石　　　　　　　　　　　B. 插入毛细管与大气相通
C. 加入干燥剂　　　　　　　　　　　D. 加入分子筛

14. 水蒸气蒸馏利用具有一定挥发度的被测组分与水蒸气混合成分的沸点（　　）而有效地把被测成分从样液中蒸发出来。
A. 升高　　　　　B. 降低　　　　　C. 不变　　　　　D．无法确定

15. 在对食品进行分析检测时，采用的行业标准应该比国家标准的要求（　　）。
A. 高　　　　　　B. 低　　　　　　C. 一致　　　　　D. 随意

16. 牛奶中可加（　　）作为防腐剂，但量不能加得过多，一般是1～2d/100mL牛奶。
A. 三聚氰胺　　　B. 甲醛　　　　　C. 乙醚　　　　　D. 氯化银

17. 湿消化法主要用于食品中（　　）的测定。
A. 无机元素　　　　　　　　　　　　B. 有机部分
C. 络合物　　　　　　　　　　　　　D. 以上答案都不对

18. 密封罐消化法常用的容器是（　　）。
A. 玻璃容器　　　B. 一般塑料容器　　C. 聚四氟乙烯容器　　D. 橡胶容器

19. 食品中的苯甲酸钠，应先将溶液酸化，使其转变成苯甲酸后，再用（　　）萃取。
A. 乙酸乙酯　　　B. 甲苯　　　　　C. 乙醚　　　　　D. 乙醇

20. 从茶叶中提取茶多酚选择（　　）方法。
A. 浸提法　　　　　　　　　　　　　B. 萃取法
C. 离子交换柱　　　　　　　　　　　D. 以上说法都不对

21. 测定冷饮中糖精钠含量时，可在试剂中加入（　　），将蛋白质等干扰杂质沉淀下来，而糖精钠仍留在试液中。
A. 氯化铁　　　　B. 氢氧化钠　　　C. 二甲醚　　　　D. 碱性硫酸铜

22. 在测定食品中色素含量时，常用（　　）吸附色素，经过过滤洗涤，再用适当溶剂解吸，可以得到较纯净的色素溶液，供测试用。
A. 聚酰胺　　　　B. 活性氧化铝　　C. 硅酸聚合物颗粒　　D. 碳分子筛

23. 磺化法常处理下述样品哪个不可以（　　）。
A. 油脂　　　　　B. 脂肪样品　　　C. 金属离子　　　D. 农药残留

四、判断题

1. 食品采样后应在2h内迅速送检验室检验，尽量避免样品在检验前发生变化，使其保持原来的理化状态。　　　　　　　　　　　　　　　　　　　　　　　　　　（　　）

2. 一般的食品样品在检验结束后应保留半个月以备需要时复查，保留期限从检验报告单签发日计算；易变质食品不予保留。　　　　　　　　　　　　　　　　　　（　　）

3. 双层导管采样器，适用于奶粉等采样，主要防止奶粉等采样时受外环境污染。
　　　　　　　　　　　　　　　　　　　　　　　　　　　　　　　　　　　（　　）

4. 食品由于营养丰富，往往容易产生细菌，所以为了防止细菌污染，通常采用冷冻的方法进行保存，样品保存的理想温度为－30℃。　　　　　　　　　　　　　　（　　）

5. 食品样有的为了防止细菌污染可加防腐剂，比如牛奶中可加甲醛作为防腐剂。
　　　　　　　　　　　　　　　　　　　　　　　　　　　　　　　　　　　（　　）

6. 食品样品预处理的目的就是消除干扰成分，浓缩待测组分，使制得的样品溶液满足分析方法的要求。　　　　　　　　　　　　　　　　　　　　　　　　　　（　　）

7. 无机化处理法主要用于食品中无机元素的测定。通常是采用高温或高温结合强氧化条件，使有机物质分解并成气态逸散，待测成分残留下来。　　　　　　　　（　　）

8. 湿消化法分解有机物的速度快，所需时间短；加热温度较低，可以减少待测成分的

挥发损失。( )

9. 硫酸可使食品中的蛋白质氧化脱氨，能进一步氧化成氮氧化物。( )

10. 在消化过程中需要补加酸或氧化剂时，可以在高温下补加。( )

11. 灰化食品样品，应在尽可能低的温度下进行，但温度过低会延长灰化时间，通常选用 500~550℃灰化 2h，或在 600℃灰化，一般不要超过 600℃。( )

12. 利用样品中各组分在特定溶剂中的溶解度的差异，使其完全或部分分离的方法即为溶剂提取法。( )

13. 在大多数情况下，待鉴定食品不可能全部进行检测，而只能抽取其中的一部分作为样品，抽取时可随意进行抽取。( )

14. 采样时可以让其他人员采好样送到检验室。( )

15. 对于容易腐烂变质的食品样品，往往须要在较低的温度中保存，或采取冷冻干燥的方法保存。( )

16. 性质不同的样品必须分开包装，并应视为来自不同的总体。( )

17. 当样品经过磺化或皂化处理后，油脂就会由憎水性变为亲水性，这时油脂中那些要测定的非极性的物质就能较容易地被非极性或弱极性溶剂提取出来。( )

18. 食品采样用长柄勺、采样管（玻璃或金属），用以采集固体样品。( )

19. 无机化处理法根据具体操作条件的不同，可分为湿消化法和干灰化法两大类。( )

20. 可以用高氯酸单独处理食品样品。( )

五、简答题

1. 简述平均采样必须遵循的原则。
2. 简述食品分析过程采样的原则及一般步骤。
3. 简述样品预处理的目及要求。
4. 简述样品预处理方法。
5. 简述干法灰化法的特点。
6. 为什么要对样品进行预处理？选择预处理方法的原则是什么？
7. 简述样品预处理的目的及常用的预处理方法。

学习情境七
煤样的采集与处理技术

知识目标

- 了解煤的组成及各组分的重要性质
- 掌握煤样分析与检验的一般程序
- 掌握商品煤样、生产煤样、煤层煤样的采取方法
- 熟悉煤样的制备程序和方法

能力目标

- 能够根据煤样取样标准方法进行取样操作
- 能够正确处理有关取样操作中的技术和安全问题
- 能够正确处理和保存煤样
- 能够根据特定样品分析检验的要求选择合适的样品预处理方法

煤既是重要的燃料，又是珍贵的冶金和化工原料。为了确定煤的各种性质，合理利用煤炭资源，通常先对大批量的煤进行采样和制备，获得具有代表性的煤样，然后再进行煤质分析。

工作任务一
煤的组成及性质

一、煤的组成及各组分的重要性质

1. 煤的分类

煤是由一定地质年代生长的繁茂植物在适宜的地质环境下，经过漫长岁月的天然煤化作用而形成的生物岩，是一种组成、结构非常复杂而且极不均一的包括许多有机和无机化合物的混合物。根据成煤植物的不同，煤可分为两大类，即腐殖煤和腐泥煤。由高等植物形成的

煤称为腐殖煤，它又分为陆殖煤和残殖煤，通常讲的煤就是指腐殖煤中的陆殖煤。陆殖煤分为泥炭、褐煤、烟煤和无烟煤四类。煤炭产品有原煤、精煤和商品煤等。它们主要作为固体燃料，也可作为冶金、化学工业的重要原料。

中国探明可直接利用的煤炭储量1886亿吨，人均探明煤炭储量145t，按人均年消费煤炭1.45t，即全国年产19亿吨煤炭匡算，可以保证开采上百年。另外，包括3317亿吨基础储量和6872亿吨资源量共计1万亿多吨的资源，可以留待后人勘探开发。我国是一个多煤少油的国家，已探明的煤炭储量占世里煤炭储量的12.6%，可采量位居第三，产量位居世界第一位。

2. 煤的组成

煤是由有机质、矿物质、水三部分组成。有机质和部分矿物质是可燃的，水和大部分矿物质是不可燃的。

(1) 有机质　煤中的有机质主要由C、H、O、N、S等元素组成。

C是组成煤大分子的骨架，在各元素中最高，一般大于70%。随着煤化程度的不断增高，煤中碳元素的含量也越高，如某些超无烟煤，碳含量可超过97%。

H是煤中第二个重要的组成元素，它占煤的质量分数为1%～6%，越是年轻的煤，其含量也越高。碳和氢是煤中有机质的主要组成元素，两者加在一起占煤中有机质的95%以上。煤中碳和氢的发热量最大。

O元素是组成煤有机质的十分重要的元素，越是年轻的煤，氧元素的比例也越大，发热量常随氧元素含量的增高而降低，其含量从1%～30%均有。

N元素在煤中的比例较少，一般为0.5%～3%。氧和氮在燃烧时不放热，称为惰性成分。

S元素也是组成煤的有机质的一种常见元素，它在煤中含量的多少，与煤化程度的高低无明显关系，其含量从最低的0.1%到最高的10%均有。硫在燃烧时虽然放热，但燃烧产生酸性腐蚀有害气体二氧化硫。

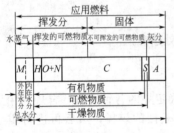

图7-1　煤的各组分

(2) 矿物质　煤中的矿物质主要是碱金属、碱土金属、Al、Fe等的碳酸盐、硫酸盐、磷酸盐、硅酸盐、硫化物等。除硫化物外，矿物质不能燃烧，但随着煤的燃烧过程，变为灰分。它的存在使煤的可燃部分比例相应减少，影响煤的发热量。

(3) 水分　煤中的水分，主要存在于煤的孔隙结构中。水分的存在会影响燃烧稳定性和热传导，本身不能燃烧放热，还要吸收热量汽化为水蒸气。

煤的各组分如图7-1所示。

二、煤的分析方法

为了确定煤的性质，评价煤的质量和合理利用煤炭资源，工业上最重要和最普遍的分析方法就是煤的工业分析和元素分析。

1. 煤的工业分析（也称为技术分析或实用分析）

主要测定项目包括水分（M）、挥发分（A）、灰分（V）、固定碳（FC）四项。

(1) 挥发分（V）　是煤样在规定条件下隔绝空气加热，并进行水分校正后的质量损失。挥发分在运输过程中是唯一不变的指标，属于煤炭的身份ID。挥发分常用的是V_{daf}（干燥无灰基）。

(2) 水分（M） 指单位重量的煤中水的含量。工业分析中测定的水分有原煤样的全水分 M_t（有时等于接受煤样的水分 M_{ar}）和分析煤样水分 M_{ad}（计算煤挥发分时用）两种。这里的全水分（M_t）是煤的外在水分和内在水分的总和。其中外在水分（M_f）：在一定条件下煤样与周围空气湿度达到平衡时所失去的水分。内在水分（M_{inh}）：在一定条件下煤样与周围空气湿度达到平衡时所保持的水分。水分常用的是 M_{ad}（空气干燥基）和 M_t（全水分）。

(3) 灰分（A） 它指煤样在规定条件下完全燃烧后所得的残留物。灰分常用的是 A_d（干燥基）。

(4) 固定碳（FC） 固定碳是计算出来的。测定煤的挥发分时，剩下的不挥发物称为焦渣，焦渣减去灰分称为固定碳。它是煤中不挥发的固体可燃物，可以用计算方法算出。

煤的工业分析主要用来判断煤的种类，估量煤的利用价值、评价煤质。通常，水分、灰分、挥发分产率都直接测定，固定碳不作直接测定，而是用差减法进行计算。有时也将上述四个测定项目叫做半工业分析，再加上煤的发热量和煤中全硫的测定，则称为全工业分析。

2. 煤的元素分析

主要包括 C、H、O、N、S 元素的测定。元素分析结果可为煤科学的分类，合理的利用和工业设计提供数据。

工业分析主要用于煤的生产使用部门，元素分析主要用于科研工作。

工作任务二
煤样的采集

煤样的采集是制样与分析的前提。采样的就是为了获得具有代表性的样品，通过其后的制样与分析，以掌握其煤质特性，从而鉴定煤炭质量，指导煤炭生产和综合加工利用，同时为煤炭销售提供依据。

一、煤样采集常用名词术语及其说明

1. 批（lot）

需要进行总体煤质特性测定的独立煤量。例如：一列火车从煤矿运进 1200t 原煤进电厂，电厂按标准规定对其采样、制样与分析，作为煤质验收的依据，此 1200t 原煤就是一批。

2. 采样单元（sampling unit）

从一批煤中采取一个总样或几个总样，即一批煤由 1 个或几个采样单元所组成。例如一海轮有 6 个舱，其中 3 个舱装原煤，另 3 个舱装精煤，则此一批煤中就包括 2 个采样单元，故采样单元的单位为 2 个，应对它们分别采样。

3. 采样单元煤量（mass of sampling unit）

一个采样单元的煤量，其单位为 t。例如上述海轮装原煤 3000t，装精煤 1600t。则指原煤这一采样单元煤量为 3000t，而精煤这一采样单元煤重为 1600t，对它们应分别采样，故这一批煤就有 2 个总样。然后再分别制样与分析。从而对这 2 个采样单元的煤质分别予以验收。

4. 子样（increment）

应用采样工具或机械操作一次所采集的一份煤样。子样必须符合标准规定要求才能采集，不是随意在运输工具、煤堆上或煤流中采集一份样就称为子样。在不同地方采集子样时，每一次采样量、采样点的位置及采样工具或机械的开口宽度均应符合标准规定。这样所采集的一份样品才是真正符合子样的含义。

5. 总样（gross sample）

从一个采样单元采集的全部子样合并而成的煤样。子样是总样的组成单元，如采集的子样不符合标准要求，自然由它组成的总样也将失去其代表性。例如一批 1000t 的原煤，其 $A_d>20\%$ 按标准要求应采集 60 个子样，如煤的最大粒度小于 50mm，则每个子样应采集不少于 2kg，故这批煤也只有一个采集单元，故二者一致，应采集的总样量为 120kg。

6. 分样（sub-sample）

是代表总样的一部分试样，供制备试验室样品（分析煤样），通常粒度小于 3mm。分样应保持与总样一致的性质。为了某种需要，例如为了进行对比或仲裁试验，就需将总样充分混合均匀后，分成 2 份或 3 份，这样每一份样品也称之谓分样。

7. 商品煤样（sample of commercial coal）

代表商品煤平均性质的煤样。例如电厂通过签订合同，从市场上采购的符合商品煤要求的电力用煤，就是商品煤。灰分 $A_d>40\%$ 的低质煤，不属于商品煤的范畴。

8. 随机采样（random sampling）

在采取子样时，对采样部位和时间均不施加人为的意志，能使任何部位的煤都有同等的机会被采出的一种采样方法。不能把随机采样误解为随意采样，想怎么采就怎么采。随机采样的核心是任何部位的被采集到的概率相等。故它是一种没有系统误差的采样方法。

采样精密度，则反映了随机采样偏差，这是由煤的组成不均匀性及采样时不可避免的随机误差所造成的。虽然这种偏差是存在的，但不允许超过一定的限度，以保证采样具有代表性。

9. 系统采样（systematic sampling）

按照相同的时间、空间或质量间隔采集子样，但第 1 个子样在第 1 个间隔内应随机采集，其余的子样则按选定的间隔采集。国家标准 GB 475—1996 所规定的商品煤采样无论是在运输工具上还是在煤流中，均采用系统采样方法。

10. 多份采样（reduplicate sampling）

从 1 个采样单元中采集若干子样依次放入各个容器中，则每个容器中的质量相接近，每份煤样均能代表该采样单元的煤质特性的一种采样方法。

多份采样方法常在采样精密度计算及核对中加以采用。

11. 机械采样（mechanical sampling）

用符合采样要求的机械采样装置进行自动采样的过程。

机械采样常常与机械制样装置组合在一起构成机械采制样装置，即通常所说的采制煤样机，简称采煤样机。机械采制煤样装置主要包括采样器。给煤机、碎煤机、缩分器及余煤处理装置等。

12. 试验室煤样（coal sample for laboratory）

由总样或分样缩分出来的，送往试验室供进一步制备的煤样，通常粒度小于 3mm。

现在多数电厂，从原煤制成粒度小于 0.2mm 的分析煤样在制样室全部完成，而送往试验室的煤样已不用再加以缩制，可直接用以分析测定。

13. 一般分析煤样（general-analysis test sample of coal）

将煤样按规定缩制到粒度小于 0.2mm，并与周围空气湿度达到平衡，可用于进行大部分物理与化学特性测定的煤样。

与空气湿度平衡，也就是煤样达到空气干燥状态。故分析煤样，通常又称空气干燥煤样。所谓空气干燥状态，是指试样在空气中连续干燥1h，其质量变化应不大于0.1%。例如对100g煤样，其变化不应超过0.1g。

14. 入炉煤样（coal sample as fired）

从炉前输煤皮带上采集的含有全水分的煤样。入炉煤样的分析结果，作为标准煤耗的计算依据。入炉煤粉样仅供测定煤粉细度之用。

二、商品煤样人工采取方法

（一）采样目的

商品煤样也叫销售煤样，指从供给用户的或用户接收的煤炭中取出的样品。在现代社会中，煤炭从开采出来到其使用完，中间至少要经过一次换手，即煤炭企业和用户之间的交换，有时甚至要经过多次换手，每次换手都可能引起买卖双方以及运输方等各方对于质量的相互不信任，因此，在换手的过程中，就需要采取有代表性的样品，以确定该批煤的品质。

目前，煤炭外运基本上通过汽车、火车、船舶等运输工具运输，不管采用何种运输方式，只要是同一个批次，就应该进行采样、检验，以确定该批煤的品质。一般情况下，用船舶运输，则在装船过程中采样，也有的在码头垛场采样，进行预检验。用汽车运输，可采取每车采样的方法，如果量很大，也可用垛位取样的方法。

对于煤矿来说，对准备外运的煤进行采样、化验，可以了解该批煤是否符合客户的要求，同时，根据每次采样分出的月综合煤样，可以求出一个月所运出的煤的平均质量，从而确定本矿商品煤的总体质量水平。

对于煤炭的最终用户来讲，对所收到的一批煤进行采样、检验，可以知道这批煤是否符合自己的要求，从而确定付款与否，在国际贸易中，经常在合同中订有所需要的煤的品质条款，以某个中介检验机构在装船过程中或卸船过程中对整船煤进行采样、化验，以检验结果作为双方结算的依据之一。

因此，采取商品煤样的主要目的就在于确定整批商品煤的质量。所采煤样的代表性直接关系到买卖双方的利益，必须予以足够重视。

（二）采样方案

本方法采用 GB 475—2008《商品煤样人工采取方法》。

1. 对采样工具的要求

（1）人工采样工具的基本要求为：

① 采样器具的开口宽度应满足式（7-1）的要求且不小于30mm：

$$W \geqslant 3d \quad (7-1)$$

式中 W——采样器具开口端横截面的最小宽度，mm；

d——煤的标称最大粒度，mm。

② 器具的容量应至少能容纳1个子样的煤量，且不被试样充满，煤不会从器具中溢出或泄漏；

③ 如果用于落流采样，采样器开口的长度大于截取煤流的全宽度（前后移动截取时）或全厚度（左右移动截取时）；

④ 子样抽取过程中，不会将大块的煤或矸石等推到一旁；

⑤ 粘附在器具上的湿煤应尽量少且易除去。

（2）示例

图7-2~图7-8给出采取子样的器具的示例：采样斗、采样铲、探管、手工螺旋钻、人

工切割斗、停带采样框。

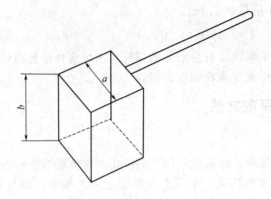

图 7-2 采样斗

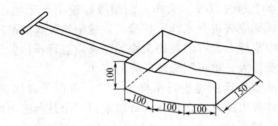

图 7-3 采样铲（适用于标称最大粒度 50mm，单位：mm）

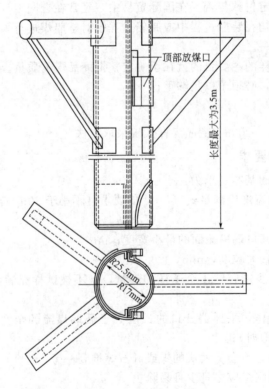

图 7-4 圆形探

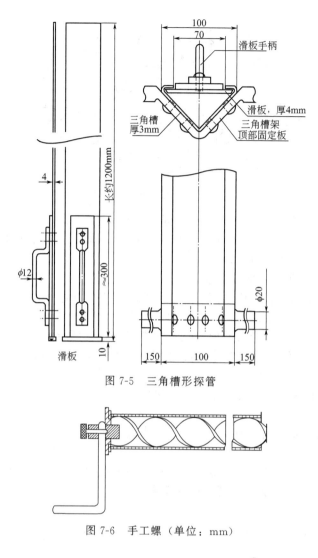

图 7-5 三角槽形探管

图 7-6 手工螺（单位：mm）

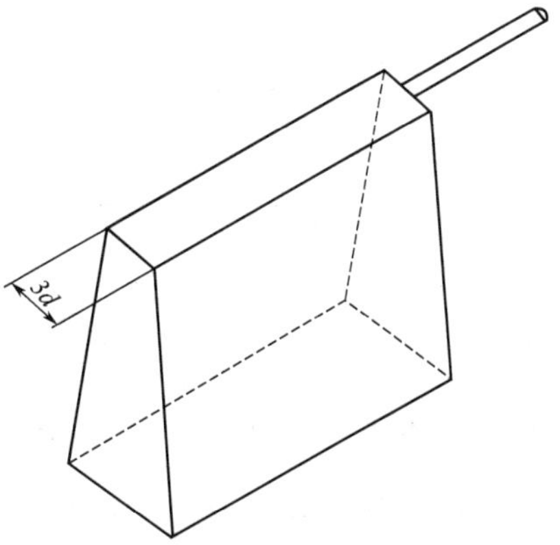

图 7-7 人工切割斗

探管和钻取器等应按 GB/T 19494.3 规定进行偏倚试验合格后方能投入使用。

① 采样斗。采样斗（见图 7-2）用不锈钢等不易粘煤的材料制成，适用于从下落煤流中采样。

② 采样铲。采样铲（见图 7-3）由钢板制成并配有足够长度的手柄。如进行其他粒度的

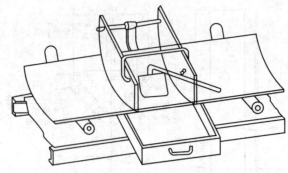

图 7-8　停带采样框

煤采样可相应调整铲的尺寸。铲的底板头部可为尖形。

③ 探管。探管一般为管状，可垂直或以小角度插入煤中。探管在插入煤中时可能较困难，在从煤中拔出时煤可能从底部掉下。

图示的几种探管可用于采取标称最大粒度 25mm 的煤。

图 7-4：由两个半圆形管组成，两个半管可滑动到一起并组成一只封闭的圆管。这种探管长度最大可到 3.5m；长的探管可用于标称最大粒度 20mm 的煤。

图 7-5：探管由一个两边带有滑槽的三角状槽管和一块可沿滑槽滑动的平板组成。使用时，将滑板取下，将槽管插入煤中，再将滑板插回原位后，将探管拔出。

④ 手工螺旋钻

图 7-6：钻的开口和螺距应为被采样煤标称最大粒度的 3 倍。

⑤ 人工切割斗

图 7-7：用于人工或在机械辅助下，对落下煤流采样。

⑥ 停带采样框

图 7-8：采样框由两块平行的边板组成，板间距离至少为被采样煤标称最大粒度的 3 倍（但不应小于 30mm），边板底缘弧度与皮带弧度相近。

2. 采样的精密度

原煤、筛选煤、精煤和其他洗煤（包括中煤）的采样、制样和化验总精密度（灰分，A_d）如表 7-1 规定。

表 7-1　采样精密度（灰分，A_d）

原煤、筛选煤		精煤	其他洗煤
$A_d \leq 20\%$	$A_d > 20\%$		（包括中煤）
$\pm \frac{1}{10} A_d$ 但不小于 $\pm 1\%$（绝对值）	$\pm 2\%$（绝对值）	$\pm 1\%$（绝对值）	$\pm 1.5\%$（绝对值）

假定一个被采样原煤的灰分总体平均值为 18%，则其采样精密度为 $18 \times \left(\pm \frac{1}{10}\right) = 1.8\%$；而对于灰分小于 10% 的煤，不管灰分是多少，其采样精密度都应为 $\pm 1\%$，而不能按灰分值 $\times \left(\pm \frac{1}{10}\right)$ 计算。电力用煤以原煤、洗煤所占比例较大，特别是 A_d 大于 20% 的原煤应用更为普遍，故通常以 $\pm 2\%$ 作为电厂进厂商品煤的采样精密度。

3. 采样单元

商品煤分品种以 1000t 为一基本采样单元。当批煤量不足 1000t 或大于 1000t 时，可根据实际情况，以一列火车装载的煤、一船装载的煤、一车或一船舱装载的煤、一段时间内发送或接收的煤为一采样单元。如需进行单批煤质量核对，应对同一采样单元煤样和化验。

4. 每个采样单元子样数

① 基本采样单元子样数。原煤、筛选煤、精煤及其他洗煤（包括中煤）的基本采样单元子样数列于表 7-2。

表 7-2 基本采样单元最少子样数

品种	灰分范围 A_d	采样地点				
		煤流	火车	汽车	煤堆	船舶
原煤、筛选煤	>20%	60	60	60	60	60
	≤20%	30	60	60	60	60
精煤	—	15	20	20	20	20
其他洗煤（包括中煤）	—	20	20	20	20	20

② 采样单元煤量少于 1000t 时的子样数。采样单元煤量少于 1000t 时子样数根据按表 7-2 规定子样数按比例递减，但最少不应少于表 7-3 规定数。

表 7-3 采样单元煤量少于 1000t 时的最少子样数

品种	灰分范围 A_d	采样地点				
		煤流	火车	汽车	煤堆	船舶
原煤、筛选煤	>20%	18	18	18	30	30
	≤20%	10	18	18	30	30
精煤	—	10	10	10	10	10
其他洗煤（包括中煤）	—	10	10	10	10	10

③ 采样单元煤量大于 1000t 时的子样数。采样单元煤量大于 1000t 时的子样数按式（7-2）计算：

$$N = n\sqrt{\frac{M}{1000}} \tag{7-2}$$

式中　N——应采子样数；

　　　n——表 7-2 规定子样数；

　　　M——被采样煤批量，t；

　　　1000——基本采样单元煤量，t。

④ 批煤采样单元数的确定。一批煤可作为一个采样单元，也可按式（7-3）划分为 m 个采样单元：

$$m = \sqrt{\frac{M}{1000}} \tag{7-3}$$

式中　M——被采样煤批量，t。

将一批煤分为若干个采样单元时，采样精密度优于作为一个采样单元时的采样精密度。

5. 试样质量

(1) 总样的最小质量　表 7-4 和表 7-5 分别列出了一般煤样（共用试样）、全水分煤样和粒度分析煤样的总样或缩分后总样的最小质量。表 7-4 给出的一般煤样的最小质量可使由于颗粒特性导致的灰分方差减小到 0.01，相当于精密度为 0.2%。

表 7-4 一般煤样总样、全水分总样/缩分后总样最小质量

标称最大粒度/mm	一般煤样和共用煤样/kg	全水分煤样/kg
150	2600	500
100	1025	190
80	565	105
50	170①	35
25	40	8
13	15	3
6	3.75	1.25
3	0.7	0.65
1.0	0.10	—

① 标称最大粒度 50mm 的精煤，一般分析和共用试样总样最小质量为 60kg。

表 7-5 粒度分析总样的最小质量

标称最大粒度/mm	精密度 1% 的质量/kg	精密度 2% 的质量/kg
150	6750	1700
100	2215	570
80	1070	275
50	280	70
25	36	9
13	5	1.25
6	0.65	0.25
3	0.25	0.25

注：表中精密度为测定筛上物产率的精密度，即粒度大于标称最大粒度的煤的产率的精密度，对其他粒度组分的精密度一般会更好。

为保证采样精密度符合要求，当按式（7-4）计算的子样质量和表 7-2 和表 7-3 给出的子样数采样但总样质量达不到表 7-4 和表 7-5 规定值时，应增加子样数或子样质量直至总样质量符合要求。否则，采样精密度很可能会下降。

（2）子样质量

① 子样最小质量。子样最小质量按式（7-4）计算，但最少为 0.5kg。

$$m_a = 0.06d \tag{7-4}$$

式中 m_a——子样最小质量，kg；

d——被采样煤标称最大粒度，mm。

表 7-6 给出了部分粒度的初级子样或缩分后子样最小质量。

表 7-6 部分粒度的初级子样最小质量

标称最大粒度/mm	子样质量参考值/kg	标称最大粒度/mm	子样质量参考值/kg
100	6.0	13	0.8
50	3.0	≤6	0.5
25	1.5		

② 子样平均质量。当按每个采样单元子样数规定的子样数和按子样最小质量规定的最小子样质量采取的总样质量达不到表 7-4 和表 7-5 规定的总样最小质量时，应将子样质量增加到按式（7-5）计算的子样平均质量。

$$\overline{m} = \frac{m_g}{n} \tag{7-5}$$

式中 $\overline{m}$ ——子样平均质量，kg；

m_g ——总样最小质量，kg；

n ——子样数目。

（三）采样方法

1. 移动煤流采样方法

移动煤流采样可在煤流落流中或皮带上的煤流中进行。为安全起见，不推荐在皮带上的煤流中进行。移动煤流采样可分为煤流落流采样法和停皮带采样法，落流采样法较为常用，停皮带采样法一般只在偏倚试验时作为参比方法使用。

采样可按时间基或质量基以系统采样方式或分层随机采样方式进行。从操作方便和经济的角度出发，时间基采样较好。

采样时，应尽量截取一完整煤流横截段作为一子样，子样不能充满采样器或从采样器中溢出。试样应可能从流速和负荷都较均匀的煤流中采取。应尽量避免煤流的负荷和品质变化周期与采样器的运行周期重合，以免导致采样偏倚。如果避免不了，则应采用分层随机采样方式。

（1）落流采样法　煤样在传送皮带转输点的下落煤流中采取。该方法不适用于煤流量在 400t/h 以上的系统。采样时，采样装置应尽可能地以恒定的小于 0.6m/s 的速度横向切过煤流。采样器的开口应当至少是煤标称最大粒度的 3 倍并不小于 30mm，采样器容量应足够大，子样不会充满采样器。采出的子样应没有不适当的物理损失。采样时，使采样斗沿煤流长度或厚度方向一次通过煤流截取一个子样。为安全和方便，可将采样斗置于一支架上，并可沿支架横杆从左至右（或相反）或从前至后（或相反）移动采样。

① 系统采样。

a. 子样分布。初级子样应均匀分布于整个采样单元中。子样按预先设定的时间间隔（时间基采样）或质量间隔（质量基采样）采取，第 1 个子样在第 1 个时间/质量间隔内随机采取，其余子样按相等的时间/质量间隔采取。在整个采样过程中，采样器横过煤流的速度应保持恒定。如果预先计算的子样数已采够，但该采样单元煤尚未流完，则应以相同的时间/质量间隔继续采样，直至煤流结束。

b. 子样间隔。为保证实际采取的子样数不少于规定的最少子样数，实际子样时间/质量间隔应等于或小于计算的子样间隔。

（a）时间基采样。从煤流中采取子样，每个子样的位置用一时间间隔来确定，子样质量与煤的流量成正比。采取子样的时间间隔 Δt（min）按式（7-6）计算：

$$\Delta t \leqslant \frac{60 m_{sl}}{Gn} \qquad (7-6)$$

式中　m_{sl} ——采样单元煤量，t；

G ——煤最大流量，t/h；

n ——总样的初级子样数目。

（b）质量基采样。采取子样的质量间隔 Δm（t）按式（7-7）计算：

$$\Delta m \leqslant \frac{m_{sl}}{n} \qquad (7-7)$$

式中　m_{sl} ——采样单元煤量，t；

n ——总样的初级子样数目。

② 分层随机采样。采样过程中煤的品质可能会发生周期性的变化，应避免其变化周期与子样采取周期重合，否则将会带来不可接受的采样偏倚。为此可采用分层随机采样方法。

分层随机采样不是以相等的时间或质量间隔采取子样，而是在预先划分的时间或质量间隔内以随机时间或质量采取子样。

分层随机采样中，两个分属于不同的时间或质量间隔的子样很可能非常靠近，因此初级采样器的卸煤箱应该至少能容纳两个子样。

a. 子样分布。子样在预先设定的每一时间间隔（时间基采样）或质量间隔（质量基采样）内随机采取。

b. 子样间隔。时间间隔和质量间隔仍然按照式（7-6）和式（7-7）分别计算，然后将将每一时间间隔从0到该间隔结束的时间（s或min）/质量（t）划分成若干段，然后用随机的方法，如抽签，决定各个时间/质量间隔内的采样时间/质量段，并到此时间数/质量数时抽取子样。

（2）停皮带采样法　有些采样方法趋向于采集过多的大块或小粒度煤，因此很有可能引入偏倚。最理想的采样方法是停皮带采样法。它是从停止的皮带上取出一全横截段作为一子样，是唯一能够确保所有颗粒都能采到的、从而不存在偏倚的方法，是核对其他方法的参比方法。但在大多数常规采样情况下，停皮带采样操作是不实际的，故该方法只在偏倚试验时作为参比方法使用。

停皮带子样在固定位置、用专用采样框（见图7-8）采取。采样框由两块平行的边板组成，板间距离至少为被采样煤标称最大粒度的3倍且不小于30mm，边板底缘弧度与皮带弧度相近。采样时，将采样框放在静止皮带的煤流上，并使两边板与皮带中心线垂直。将边板插入煤流至底缘与皮带接触，然后将两边板间煤全部收集。阻挡边板插入的煤粒按左取右舍或者相反的方式处理，即阻挡左边板插入的煤粒收入煤样，阻挡右边板插入的煤粒弃去，或者相反。开始采样怎样取舍，在整个采样过程中也怎样取舍。粘在采样框上的煤应刮入试样中。

2. 静止煤采样方法

静止煤采样方法适用于火车、汽车、驳船、轮船等载煤和煤堆的采样。

静止煤采样应首选在装/堆煤或卸煤过程中进行，如不具备在装煤或卸煤过程中采样的条件，也可对静止煤直接采样。直接从静止煤中采样时，应采取全深度试样或不同深度（上、中、下或上、下）的试样；在能够保证运载工具中的煤的品质均匀且无不同品质的煤分层装载时，也可从运载工具顶部采样。无论用何种方式采样，都应通过偏倚试验，证明其无实质性偏倚。

在从火车、汽车和驳船顶部煤采样的情况下，在装车（船）后应立即采样；在经过运输后采样时，应挖坑至0.4~0.5m采样，取样前应将滚落在坑底的煤块和矸石清除干净。子样应尽可能均匀布置在采样面上，要注意在处理过程（如装卸）中离析导致的大块堆积（例如，在车角或车壁附近的堆积）。

采样时，采样器应不被试样充满或从中溢出，而且子样应一次采出，多不扔，少不补。采取子样时，探管/钻取器或铲子应从采样表面垂直（或成一定倾角）插入。采取子样时不应有意地将大块物料（煤或矸石）推到一旁。

（1）子样位置的选择　子样位置可按照系统采样法和随机采样法选择。

① 系统采样法。将采样车厢/驳船表面分成若干面积相等的小块并编号，然后依次轮流从各车/船的各个小块中部采取1个子样，第一个子样从第一车/船的小块中随机采取，其余子样顺序从后继车/船中轮流采取。

② 随机采样法。将采样车厢/驳船表面划分成若干小块并编号。制作数量与小块数相等的牌子并编号，一个牌子对应一个小块。将牌子放入一个袋子中。

决定第1个采样车/船的子样位置时，从袋中取出数量与需从该车/船采取的子样数相等的牌子，并从与牌号相应的小块中采取子样，然后将抽出的牌子放入另一个袋子中；决定第2个采样车/船的子样位置时，从原袋剩余的牌子中，抽取数量与需从该车/船采取的子样数相等的牌子，并从与牌号相应的小块中采取子样。以同样的方法，决定其他各车/船的子样位置。当原袋中牌子取完时，反过来从另一袋子中抽取牌子，再放回原袋。如是交替，直到采样完毕。

以上抽号操作也可在实际采样前完成,记下需采样的车/船号及其子样位置。实际采样时按记录的车/船及其子样位置采取子样。

(2) 子样的采取

① 火车采样。当要求的子样数等于或少于一采样单元的车厢数时,每一车厢应采取一个子样;当要求的子样数多于一采样单元的车厢数时,每一车厢应采的子样数等于总子样数除以车厢数,如除后有余数,则余数子样应分布于整个采样单元。分布余数子样的车厢可用系统方法选择(如每隔若干增采一个子样)或用随机方法选择。子样位置应逐个车厢不同,以使车厢各部分的煤都有相同的机会被采出。

常用的子样点布置方法如下。

a. 系统采样法:仅适用于每车采取的子样相等的情况。将车厢分成若干个边长为1~2m的小块并编上号(见图7-9),在每车子样数超过2个时,还要将相继的、数量与欲采子样数相等的号编成一组并编号。如每车采3个子样时,则将1、2、3号编为第一组,4、5、6号编为第二组,依此类推。先用随机方法决定第一个车箱采样点位置或组位置,然后顺着与其相继的点或组的数字顺序、从后继的车厢中依次轮流采取子样。

b. 随机采样方法:将车厢分成若干个边长为1~2m的小块并编上号(一般为15块或18块,图7-9为18块示例),然后以随机方法依次选择各车厢的采样点位置。

1	4	7	10	13	16
2	5	8	11	14	17
3	6	9	12	15	18

图7-9 火车采样子样分布示意图

② 汽车和其他小型运载工具采样。载重20t以上的汽车,按火车采样方法选择车厢;载重20t以下的汽车,当要求的子样数等于一采样单元的车厢数时,每一车厢采取一个子样;当要求的子样数多于一采样单元车厢数时,每一车厢的子样数等于总子样数除以车厢数,如除后有余数,则余数子样应分布于整个采样单元。分布余数子样的车厢可用系统方法或随机方法选择;当要求的子样数少于车厢数时,应将整个采样单元均匀分成若干段,然后用系统采样或随机采样方法,从每一段采取1个或数个子样。

子样位置选择与火车采样原则相同。

③ 驳船采样。轮船采样应在装船或卸船时,在其装(卸)的煤流中或小型运输工具如汽车上进行。驳船采样的子样分布原则上与火车采样相同。

④ 煤堆采样。煤堆的采样应当在堆堆或卸堆过程中,或在迁移煤堆过程中,以下列方式采取子样:于皮带输送煤流上、小型运输工具如汽车上、堆/卸过程中的各层新工作表面上、斗式装载机卸下煤上以及刚卸下并未与主堆合并的小煤堆上采取子样。不要直接在静止的、高度超过2m的大煤堆上采样。当必须从静止大煤堆表面采样时,必须按照规定程序进行,但其结果极可能存在较大的偏倚,且精密度较差。此外,从静止大煤堆上,不能采取仲裁煤样。

在堆/卸煤新工作面、刚卸下的小煤堆采样时,根据煤堆的形状和大小,将工作面或煤堆表面划分成若干区,再将区分成若干面积相等的小块(煤堆底部的小块应距地面0.5m),然后用系统采样法或随机采样法决定采样区和每区采样点(小块)的位置,从每一小块采取1个全深度或深部或顶部煤样,在非新工作面情况下,采样时应先除去0.2m的表面层;在斗式装载机卸下煤中采样时,将煤样卸在一干净表面上,然后按系统采样法采取子样。

煤堆采样按九点采样法采取,每点采样不可少于2kg,采样深度不可少于0.5m,各点要按顶、腰、底分布均匀,底的部位距地面0.5m。

三、生产煤样采取方法

在煤矿正常生产条件下,每一个整班在采煤过程中,从一个煤层采出的能够代表该煤层的物理化学性质和工艺特性的煤样,称为生产煤样。生产煤样一般每年采取一次,如果煤层结构、性质等地质因素及生产条件差别不大,可在该煤层选择一个工作面,采取一份生产煤样。如果煤层在不同采区中的结构、性质等地质条件及生产条件有显著差异,应在不同采区中分别采取生产煤样。在采取生产煤样的同时,还应在采生产煤样的工作面上采取可采煤样及分层煤样。

采取生产煤样的主要目的:①进行筛分试验,以确定各种粒度级煤的数量和质量;②进行浮沉试验,以确定该层煤的可选性;③进行一些确定煤的工艺性质的试验,如工业性或半工业性炼焦、汽化、液化、燃烧试验等,根据这些试验结果,进一步确定该层煤的工业利用途径。

1. 采取生产煤样的总则

生产矿井的生产煤样必须在煤层正常生产作业条件下采取,能代表该煤层在本采样周期内的毛煤质量。

在采取生产煤样的同时,必须按 GB 482—2008《煤层煤样采取方法》的规定采取煤层煤样。

2. 采样要点

根据我国煤炭行业标准 MT/T 1034—2006《生产煤样采取方法》的要求,生产煤样的采取要点如下。

① 采样前应仔细清除前一班遗留在底板上的浮煤、矸石和杂物。

② 生产煤样的采样时间必须以一个生产日(循环班)为单位,将应该采取的子样个数按产量比例分配到各个生产班。生产煤样每年采取一次(即采样周期为一年)。对生产期不足三个月的采煤工作面,可不采取生产煤样。

③ 生产煤样在确定采样点的输送机煤流中采取,采出的煤样应单独装运。对采样点没有输送机的生产矿井,可根据基本标准的规定,采用其他方法采样,但需要在报告中注明。在输送机煤流中采取生产煤样时,应截取煤流全断面的煤作为一个子样。

④ 同一矿井的同一煤层各采煤工作面的煤层性质、结构、贮存条件和采煤方法基本相同时,选择一个采煤工作面采取生产煤样。如果差别较大时,生产煤样应在不同采煤工作面分别采取。

⑤ 生产煤样的子样个数不得少于 30 个,子样质量不得少于 90kg。

⑥ 每次过磅的煤样质量不得少于增磅秤最大称量的 1/5,磅秤最大称量为 500kg,感重 0.2kg。

3. 采取生产煤样时应注意的问题

① 生产煤样采取、运输和存放时,应谨慎小心,避免煤样破碎、污染、日晒、雨淋和损失。

② 生产煤样放置时间不得超过三天,对于易风化煤的放置时间应尽量缩短。

③ 生产煤样不得在火车、贮煤厂、煤仓或船舱内采取,也不得在煤车内挖区。

④ 生产煤样采取后,应立即填写报表,报表格式见表 7-7。

四、煤层煤样采取方法

1. 煤层煤样及采样目的

直接在矿井采、掘工作面的煤层中采取的煤样叫做煤层煤样。煤层煤样包括煤层可采煤样和煤层分层煤样。前者代表整个可采煤层的全部煤分层和夹石层的平均性质;后者则用来确定各煤分层和夹石层的性质。

表 7-7 采取生产煤样报告表

煤层煤样编号：_____　　　填表日期：_____年_____月_____日
生产煤样编号：_____　　　采样日期：_____年_____月_____日
1. _____矿务局_____矿_____井_____层
2. 本煤层年产量占全矿年产量百分数：_____
3. 采样地点：_____水平_____翼_____采区_____工作面
4. 采样方法：_____
5. 煤样总质量：_____kg；子样个数：_____
6. 煤层倾斜和走向：_____
7. 采煤方法和落煤方法：_____
8. 井下运输情况：_____
9. 井下工作面支护情况和顶板管理方法：_____
10. 井下拣矸情况：_____
采样负责人：_____

煤层煤样（coal seam-sample）是按规定在采掘工作面、探巷或坑道中从一个煤层采取的煤样。煤层煤样是用以代表该煤层的性质、特征和确定该煤层的开采及其使用价值。煤层煤样的分析试验结果，既是煤质资料汇编的重要内容，又是生产矿井编制毛煤质量计划和提高产煤质量的重要依据。

可采煤样（workable seam-sample）是按采煤规定的厚度应采取的全部煤层的试样（包括煤分层和夹石层）。采取可采煤样的目的在于确定应开采的全部煤分层及夹石层的平均性质。可采煤样采取范围包括应开采的全部煤分层和厚度小于 0.30m 的夹石层；对于分层开采的厚煤层，则按分层开采厚度采取。

分层煤样（stratified seam-sample）是按规定从煤和夹石层的每一自然分层中分别采取的试样。采取分层煤样的目的在于鉴定各煤分层和夹石层的性质及核对可采煤样的代表性。分层煤样从煤和夹石的每一自然分层分别采取。当夹石层厚度大于 0.03m 时，作为自然分层采取。

2. 采取煤层煤样的总则

按照 GB/T 482—2008《煤层煤样采取方法》的要求，采区煤层煤样应遵循以下要点。

① 对露天矿，开采台阶高度在 3.0m 以下的煤层按本标准执行，台阶高度超过 3.0m 用本方法确有困难时，可用回转式钻机取出煤芯，作为可采煤样。

② 煤层煤样在矿井掘进巷道中回采工作面上采取。对主要巷道的掘进工作面，每前进 100～500m 至少采取一个煤层煤样；对回采工作面每季至少采取一次煤层煤样，采取数目按回采工作面长度确定。小于 100m 的采 1 个，100～200m 的采 2 个，200m 以上的采 3 个。如煤层结构复杂、煤质变化很大时，应适当增采煤层煤样。

③ 煤层煤样应在地质构造正常的地点采取，但如地质构造对煤层破坏范围很大而又必须采样时，也应进行采样。在采样前，必须剥去煤层表面氧化层。

④ 煤层煤样由煤质管理部门负责采取，具体采样地点须按本标准规定，如遇特殊情况可和地质部门共同确定。

⑤ 采样工作应严格遵守《煤矿安全规程》，确保人身安全。

3. 煤层煤样采取方法

(1) 准备工作　首先剥去煤层表面氧化层，并仔细平整煤层表面，平整后的表面必须垂直顶、底板；然后在平整过的煤层表面上，由顶至底划四条垂直顶、底板的直线，直线之间的距离，当煤层厚度大于或等于 1.30m 时，为 0.10m，当煤层厚度小于 1.30m 时，为 0.15m，若煤层松软，第二、三条线之间的距离可适当放宽；在第一、二条线之间采取分层煤样，在第三、四条之间采取可采煤样，刻槽深度均为 0.05m。

（2）分层煤样的采取 在第一、二条线间标出煤和夹石的各个自然分层，量出各个自然分层的厚度和总厚度，并加以核实。详细记录各个自然分层的岩性、厚度及其他与煤层有关事项。

在采样点的底板上放好一块铺布，使采下来的煤样都能落在铺布上，按自然分层分别采取。每采下一个自然分层即全部装入煤样袋内，并将袋口扎紧，铺布清理干净，接着再采取另一个自然分层，直到采完为止。对于厚度不大于 0.3m 的夹石层应归入到相邻的煤分层中采取，采样时，线内分层中的煤和夹石层都要采下，且不得采取线外的煤或夹石。

每个煤样袋均须附有按规定填好的标签。标签规定格式如表 7-8 所示。

表 7-8 标签规定格式

a. 煤层煤样报告表编号：_____；
b. 采样地点：_____；
c. 工作面编号：_____；
d. _____ 煤样编号：_____；
e. 采样人：_____；
f. 采样时间：_____ 年 _____ 月 _____ 日。

注：标签填妥后装入标签塑料袋。

分层煤样编号：×-分-×。例，2-分-4 表示第二号煤层的第四个分层样。

（3）可采煤样的采取 采取可采煤样时，在采样点的底板上放好一块铺布，使采下的煤样都能落在铺布上，将开采时应采的煤分层及夹石层一起采取，所采煤样全部装入煤样袋内，每个煤样袋均须附有按规定填好的标签。

可采煤样编号为：×-可-1、×-可-2、×-可-3……例：2-可-1、×-可-2、×-可-3……表示第二号煤层的可采煤样，包括 1、2、3……分层。

4. 煤层样品分析试验结果的整理

① 采完煤层煤样以后应及时送到制样室按 GB 474 制成空气干燥煤样，不得在井下处理煤样。

② 按 GB/T 217 和 GB/T 212 测定每一分层煤样的真相对密度和灰分。根据测定结果，分别计算全部分层样、应开采部分分层样和煤分层样的加权平均灰分，计算公式如下：

$$\overline{A_d} = \frac{A_{d1}t_1 TRD_1 + A_{d2}t_2 TRD_2 + \cdots + A_{dn}t_n TRD_n}{t_1 TRD_1 + t_2 TRD_2 + \cdots + t_n TRD_n} \tag{7-8}$$

式中 $\overline{A_d}$——煤样的加权平均灰分（干燥基），%；
A_{d1}、A_{d2}、…、A_{dn}——第 1、2、…、n 个煤分层或夹石层的灰分（干燥基），%；
t_1、t_2、…、t_n——第 1、2、…、n 个煤分层或夹石层的厚度，m；
TRD_1、TRD_2、…、TRD_n——第 1、2、…、n 个煤分层或夹石层的真相对密度。

③ 根据应开采部分各分层样算出的加权平均灰分与可采煤样灰分之间的相对差值 Δ 不得超过 10%，如超过限度时，则所采的煤样作废，应重新采取。

相对差值 Δ 按下式计算：

$$\Delta = \frac{\overline{A_{d,开}} - \overline{A_{d,可}}}{(\overline{A_{d,开}} + \overline{A_{d,可}})/2} \times 100 \tag{7-9}$$

式中 $\overline{A}_{d,\text{开}}$——应开采部分各分层样的加权平均灰分（干燥基），%；

$\overline{A}_{d,\text{可}}$——可采煤样灰分（干燥基），%。

④ 分层煤样应进行水分、灰分和真相对密度的测定。

⑤ 可采煤样代表性经核对合格后进行工业分析和全水分、全硫、发热量、真相对密度的测定。每个煤层每年至少选两个代表性的煤层煤样送矿务局中心化验室根据需要按 GB 474 规定做原煤和浮煤的有关项目的分析。

⑥ 厚度的测量及灰分、真相对密度的计算结果取小数点后三位，再按数字修约规则修约到小数点后第二位。

⑦ 按表 7-9 的格式填写煤层煤样报告表并且绘制柱状图（包括伪顶、伪底的厚度）。柱状图按图 7-10 中的图例规定绘制。

表 7-9　煤层煤样报告表

第_____号　　采样日期_____年_____月_____日

填表日期_____年_____月_____日

1. _____矿务局_____矿_____井_____层

2. 采样地点：_____

3. 工作面情况(顶板、底板和出水情况)：_____

4. 煤层厚度(按 3.3.2 条)与灰分：

(1)(全部)分层厚度_____m，灰分 $\overline{A}_d$ _____%

(2)应开采部分厚度_____m，灰分 $\overline{A}_d$ _____%

(3)煤分层厚度_____m，灰分 $\overline{A}_d$ _____%

5. 可采煤样的编号：_____可

6. 可采煤样的分析试验结果：

项目	$M_t/\%$	$M_{ad}/\%$	$A_d/\%$	$V_{daf}/\%$	焦渣特征/(1-8)	$FC_d/\%$	$S_{t,d}/\%$	$Q_{gr,d}/(\text{MJ/kg})$	……
原煤									……
浮煤									……

7. 煤层煤样柱状图及分层煤样试验结果：

顺序	柱状图比例：	分层名称与特征	分层厚度 t/m	真相对密度 TRD_d	灰分 $A_d/\%$	4栏×5栏	6栏×7栏	备注
1	2	3	4	5	6	7	8	9
顶板								
1								
2								
…								
$n-1$								
n								
底板								
煤层								
应开采								
净煤层								

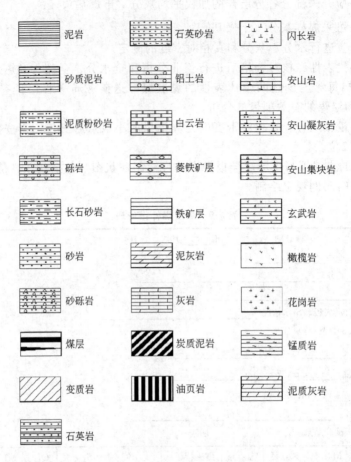

图 7-10 煤层煤样柱状图

【例 7-1】 有一个煤层总厚度为 1.62m，见表 7-10，由三个煤分层和两个夹石层组成。该煤层的各个煤分层和夹石层的厚度、灰分和真相对密度如表所示，可采煤样灰分（干基）为 19.37%。其全部分层样、应开采部分分层样和煤分层样的加权平均灰分及应开采部分分层样的加权平均灰分与可采煤样灰分之间的相对差值 Δ 按下式计算。

表 7-10　某煤矿分层和夹石层的厚度、灰分和真相对密度

煤层结构	厚度/m	灰分 A_d/%	真相对密度/TRD_d
第一分层（煤）	0.30	10.00	1.31
第二分层（单独采除的夹石）	0.30	80.00	2.15
第三分层（煤）	0.40	8.00	1.30
第四分层（夹石）	0.12	85.00	2.20
第五分层（煤）	0.50	12.00	1.32

解　①全部分层样的加权平均灰分（%）：[(10.00×0.30×1.31)+(80.00×0.30×2.15)+(8.00×0.40×1.30)+(85.00×0.12×2.20)+(12.00×0.50×1.32)]÷[(0.30×1.31)+(0.30×2.15)+(0.40×1.30)+(0.12×2.20)+(0.50×1.32)]＝36.28

② 应开采部分分层样的加权平均灰分(%)：

$[(10.00×0.30×1.31)+(8.00×0.40×1.30)+(85.00×0.12×2.20)+(12.00×0.50×1.32)]÷[(0.30×1.31)+(0.40×1.30)+(0.12×2.20)+(0.50×1.32)]=20.93$

③ 煤分层样的加权平均灰分(%)：

$[(10.00×0.30×1.31)+(8.00×0.40×1.30)+(12.00×0.50×1.32)]÷[(0.30×1.31)+(0.40×1.30)+(0.50×1.32)]=10.18$

④ 应开采部分分层样的加权平均灰分与可采煤样灰分之间的相对差值 Δ

$$\Delta(\%)=\frac{20.93-19.37}{\frac{20.93+19.37}{2}}×100=7.74$$

此 Δ 值小于 10%，所采煤样符合要求。

工作任务三
煤样的制备与保存

采样、制样与分析，是获得可靠煤质检测结果的 3 个相互关联又相对独立的环节，任何一个环节上的差错，都将会给最终分析结果带来不利影响，其中影响最大的是采样，其次就是制样。实践表明：制样程序或操作不当而造成的误差有时并不亚于采样误差。煤质检测人员不仅要掌握采样技术，而且也应掌握制样技术，从而能提供具有代表性的分析试样，供煤质检测之用。

一、制样的基本概念

根据采样要求，对一采样单元的煤来说，所采的原始煤样一般为数十至数百千克，故必须对原始煤样加以缩制，以获得能够代表其组成与特性的分析煤样。

1. 制样的含义与特点

（1）制样的含义　对所采集的具有代表性的原始煤样，按照标准规定的程序与要求，对其反复应用筛分、破碎、掺合、缩分操作，以逐步减小煤样的粒度和减少煤样的数量，使得最终所缩制出来的试样能代表原始煤样的平均质量，这一过程就称为制样。

（2）制样的特点　煤样的制备历经很多环节，中国制样标准是按粒度不同实行分级制样的方法，而各粒度级间又是相互联系，密不可分的。任何一个环节出现问题都将影响制样质量。按标准要求采取人工制样方法，程序复杂，劳动强度大，制样效率低，制样的根本出路在于实现制样的机械化、自动化。人工制样过程中，要反复应用筛分、破碎、掺合、缩分操作。为此，得配备相应的设备与工具，电厂要设有专门的制样室，以满足煤的制样要求。

（3）名词术语

煤样筛分——用选定孔径的筛子从煤样中分选出不同粒级煤的过程。

煤样破碎——在制样过程中，用机械或人工方法减少煤样粒度的过程。

煤样掺合——按规定方法，把煤样混合均匀的过程。

煤样缩分——按规定方法，把煤样分成具有代表性的几部分，将其中一份或多份留下来，故它是一种减少煤样数量的过程。

2. 制样精密度

用以分析煤质特性的少量分析试样是由相对大量的原始煤样缩制而成。如分析试样与原始煤样的平均质量越接近，则表示所制取的样品越具代表性，也就是制样精密度越高；反之，制样精密度越低。

实际上，经过很多环节的操作，所制取的分析试样不可能与原始煤样的平均质量完全一致，也就是说，偏差总是不可避免的，然而这种偏差不允许超过一定的限度。煤样缩制偏差限度，就称为制样精密度。

在制样过程中，由于外界物质混入煤样或者损失一部分煤样；在缩分时保留的试样与舍弃部分的煤质有所差异，这样就导致制样偏差。为了减少制样偏差，也就是提高制样精密度，就必须严格遵循标准规定的制样程序与方法，配备适当的制样机械设备及工具，仔细认真地进行操作。目前不按标准要求操作的情况在某些电厂中时有发生。主要表现为：随意简化制样程序；不按规定的煤的粒度与最小保留量之间的关系留样；舍弃部分甚至全部应予以保留的难破碎煤样；制样精密度不予检验；不按标准要求制备测定全水分及分析煤样等。

国家标准 GB 474—1996 中规定了对制样全过程的检验方法，其目的是检验煤样制备与分析总精密度为 $0.05P^2$，并不存在系统误差。P 为采样、制样与分析的总精密度。大量试验表明：若以方差来表示误差，制样误差占总误差的 16%，分析占 4%，而 80% 的误差来自采样。

二、制样技术要点

1. 煤样缩制程序

煤样缩制程序如图 7-11 所示，该图又称为煤样制备系统图。由图可以看出：煤样的缩制实际上是按粒度不同分级进行的，通常分为 25mm、13mm、6mm、3mm、1mm 五级，最后制备成小于 0.2mm 的分析煤样。

每一级制备时，都必须进行筛分、破碎、掺合、缩分等相同的操作，只是在不同粒度级所保留的样品数量不同。煤的粒度越大，所保留的样品量越多。在上述 4 种操作中，筛分在于判别煤样粒度；破碎在于减小煤样粒度；掺合在于将煤样混匀；缩分在于减少煤样数量。原始煤样粒度往往有大于 50mm 者，通过缩制，最终制取的分析煤样粒度小于 0.2mm，而数量仅仅 100g，约相当原始煤样（按 100kg 计）的 1/10000，故煤样制备花费时间较长，通常要 1.5~2h，而且由于制样程序复杂，操作中引入的误差因素很多，故要保证制样精密度符合标准规定，还是有相当难度的。

【例 7-2】 对于 150kg 原煤样，如何制成小于 1mm 的样品用以制备分析煤样？

解 现逐步加以说明，以便读者能更好地掌握制样方法。

① 将钢板清理干净，把 150kg 原煤样分几次用孔径 25mm 的方孔筛筛分，对未能通过筛的块煤破碎直至全部通过为止。

② 按标准要求，粒度小于 25mm 的煤样，其最少保留量为 60kg，故可以缩分 1 次。注意：每次缩分样品前，均应将煤样掺合均匀。一般情况下，至少掺合 3 遍，同堆锥四分法缩分，保留及舍弃各 1/2 样品。

③ 将所保留的样品同孔径 13mm 的方孔筛筛分，对未能通过筛的粗粒煤用碎煤机破碎，

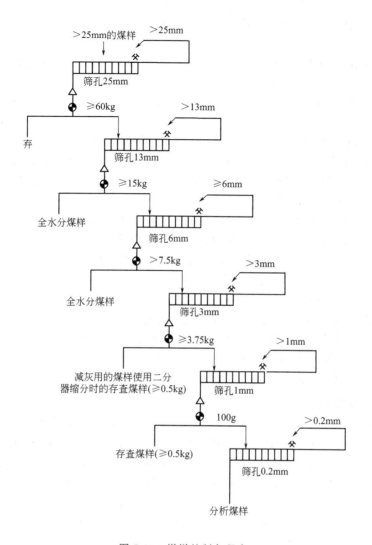

图 7-11 煤样的制备程序

✕ —破碎； △ —掺和； ◐ —缩分； ▭▭▭▭▭ —过筛

直至全部通过为止。

④ 对上述小于 13mm 的煤样掺合 1 遍（标准要求稍加掺合），压成煤饼，按九点法取出测定全水样的样品 2kg。

⑤ 按标准要求，粒度小于 13mm 的煤样，其最少保留量为 15kg，故可以缩分 2 次。掺合 3 遍后，缩分第 1 次，保留样品 37.5kg；再掺合 3 遍，再缩分 1 次，保留样品 18.8kg。

注意：采集测定全水分的样品，是当煤样破碎到小于 13mm 时，立即取样，而不是缩分后再取样。从 13mm 起，用二分器或堆锥四分法缩分均可，如其后各粒度的煤样，均用相应的二分器缩分，则不必经过粒度小于 1mm 的阶段。

⑥ 对上述小于 13mm 的 18.8kg 煤样用 6mm 的方孔筛筛分，对未通过筛子的粗煤粒用碎煤机破碎直至全部通过为止。

⑦ 按标准要求，粒度小于 6mm 的煤样，其最少保留量为 7.5kg，故可以将 18.8kg 煤

样，先掺合 3 遍后，缩分 1 次，这样留下 9.4kg 样品。

⑧ 对上述 9.4kg 小于 6mm 的样品用 3mm 的方孔筛筛分，筛上物继续用碎煤机破碎，直至全部通过为止。

⑨ 按标准要求，小于 3mm 的煤样，最少保留样品量为 3.75kg，故仍先掺合 3 遍，缩分 1 次，这样留下 4.7kg 的样品。

⑩ 对上述 4.7kg（小于 3mm）的煤样用 1mm 方孔筛筛分，筛上物再用碎煤机破碎，直至全部通过为止。

⑪ 按标准要求，小于 1mm 的煤样，最少保留量为 0.1kg。也就是说从 4.7kg 中取出 0.1kg，也就是说要掺和→缩分→再掺和→再缩分，反复进行 5 次才能完成。缩分 1 次，保留样品 2.35kg；缩分 2 次，保留样品 1.18kg；缩分 3 次，保留样品 0.59kg；缩分 4 次，保留样品 0.30kg；缩分 5 次，保留样品 0.15kg。

这种连续缩分方法也很麻烦，较好的方法是按上述方法缩分 2 次后，保留的样品为 1.18kg，然后掺合 3 遍，做成煤饼，按九点法（同测定原煤全水分样品的取样方法）采集 0.1kg 样品，即每点约采集 12g 左右。其余的样品全部留作存查样。以上是按堆锥四分法缩分，故需要经过小于 1mm 粒级这一阶段，如从小于 13mm 以下，一直用二分器缩分，则当煤样全部破碎到通过 3mm 圆孔筛时，在上例中，同样是 4.7kg 样品，则就可从 4.7kg 通过 3mm 圆孔筛的样品中取出 0.1kg，从而完成制样程序。

显然，由于应用二分器缩分，免除了 1mm 粒级样品的制备，这将减小制样工作量，减少制样时间。众所周知，样品粒度越小，制样越困难，故最好采用二分器缩分，这样制成小于 3mm 样品即可，但要注意 3mm 筛为圆孔筛而不是方孔筛。

2. 煤样缩制要点

对于制样的第一步，是原始煤样必须全部通过 25mm 孔径的方孔筛后，才允许缩分。如筛分时，务必将筛子上方大于 25mm 的块煤破碎后全部通过 25mm 制样筛。对其他粒级的样品在筛分时，均得这样处理，即筛上物必须经破碎后全部通过相应的筛子。

在煤样缩制过程中，务必遵循煤样粒度与最小保留量之间的关系，见表 7-11。

表 7-11 煤样粒度与最小保留量的关系

粒径/mm	<25	<13	<6	<3	<1
最小保留量/kg	60	15	7.5	3.75	0.1

煤是一种散粒的物料，它存在一个可以保持与原物料组成相一致的最小量。此最小量随煤的不均匀性或者说随煤的粒度与灰分的增大而增大，同时，与制样精密度要求有关。显然，为保持与原煤样组成相一致，对制样的精密度越高，则要求保留的样品量也越大。

随着样品最小保留量的增大，也就增加了制样工作量，故实际上是期望能够满足制样精密度要求而又不必保留过多的样品，表 7-11 规定的粒度与最小保留量之间的关系正是基于这一原则确定的。

【例 7-3】 如何制备 30kg 原煤样到粒度小于 3mm（圆孔筛）的样品，用以制备分析煤样？

解 ① 首先用 25mm 的方孔筛筛分，未通过筛的块煤用碎煤机破碎，直至全部通过为止。

② 由于总样品量仅 30kg，故不用缩分（只有当小于 25mm，样品量大于 120kg 时，才可缩分）。

③ 对上述小于 25mm 的 30kg 煤样，用 13mm 的方孔筛筛分，未通过筛的粗粒煤用碎

煤机破碎，直至全部通过为止。

④ 按例 7-2 所述操作，用九点法取出 2kg（小于 13mm）的煤样用作测定全水分，余下 28kg，则不能缩分。

⑤ 将上述小于 13mm 的 28kg 煤样用 6mm 的方孔筛筛分，未通过筛的粗粒煤用碎煤机破碎，直至全部通过为止。

⑥ 用二分器缩分 1 遍，保留 14kg。

⑦ 对上述粒度小于 6mm 的 14kg 样品用 3mm 的圆孔筛筛分，未通过筛的粗粒用碎煤机破碎，直至全部通过为止。

⑧ 用二分器缩分 1 遍后，保留 7kg。

⑨ 按标准要求，只需要 0.1kg 用以制备分析煤样，故可用二分器连续缩分 6 次，即可达到要求，也可按例 7-2 所示方法，先缩分 3 次，得到 0.88kg 样品，然后掺合 3 遍，用九点法取出 0.1kg 留作制备分析煤样，余下的 0.7kg［小于 3mm（圆孔筛）］的煤样全部留作存查煤样。

三、制样室与制样设备

制样室是用以煤样制备的专用场所，在制样过程中，要反复应用筛分、破碎、掺合、缩分操作，故必须配备相应的设备，以保证制样质量并提高制样效率。

1. 对制样室的基本要求

（1）制样室的面积随电厂机组容量、煤源分布、进煤方式不同而异。一般大中型电厂，制样室面积宜在 $40\sim80m^2$（不包括煤样室、工具室等），上铺厚度不小于 6mm 的钢板，通常钢板的面积应为制样室面积的 40%～50%。制样室采用水泥地面即可，不必铺设地板砖、瓷砖等。

（2）制样室应不受风雨侵袭及外界尘土的影响，要有完善的照明、排水、通风设施。在可能条件下要加装涂尘设备，以确保制样人员的健康。

（3）制样室内应安装 380V 的交流电源，电源容量要满足制样设备的需要，要有可靠的接地线，各种制样设备宜安置于水泥台座上，用地脚螺丝固定好。

（4）除安置制样设备及进行制样操作的上述制样室外，还应配备有关辅助设施，这主要包括工具室、更衣室、浴室等，辅助设施的面积与要求随各厂具体条件而定。

2. 主要制样设备与工具

在制样过程中，反复应用筛分、碎煤、掺合、缩分操作，因此，必须配备相应的制样设备与工具。

（1）筛分设备　制样室需要配备各种用途的不同规格的筛子。

① 用于测定煤的最大粒度的筛子，为孔径 25mm、50mm、100mm、150mm 的方孔筛或圆孔筛。

② 用于制样的一组方孔筛，其孔径为 25mm、13mm、3mm、3mm、1mm 及 0.2mm 方孔筛，外加一只 3mm 的圆孔筛。

③ 用于煤粉细度测定孔径为 $200\mu m$ 及 $90\mu m$ 的标准试验筛，并配筛底及筛盖。

④ 用于测定哈氏可磨性指数的孔径为 1.25mm 及 0.63mm 的制样筛及孔径为 0.071mm 的筛分筛，并配筛底及筛盖。

应该注意：筛子有方孔与圆孔之分。设某一孔径的圆孔筛，其筛孔半径为 r，则圆孔的面积为 πr^2；如同一尺寸的方孔筛，则其面积为 $2r\times 2r=4r^2$，故方孔筛为同一孔筛圆孔筛面积的 $4/3.14=1.27$ 倍。也就是说，同样孔筛的方孔筛要大于圆孔筛，故煤样如能通过圆孔筛，就必定能通过相同孔径的方孔筛；反之，如能通过方孔筛，就不一定能通过相同孔径的圆孔筛。

孔径 13mm 以下的制样筛可用不锈钢筛；孔径 25mm 及以上的筛子可用金属网编织的木框架，由二人操作；测定煤粉细度、可磨性指数的标准试验筛要经计量检定部门，检定合格者方可使用。

(2) 破碎设备　破碎设备主要为各种类型的碎煤机。不同类型的碎煤机由于破碎机理不尽相同，转速也有很大差异，它们分别适用于制备一定出料粒度的样品。

① 颚式碎煤机。它是借固定颚板与振动颚板的挤压作用，破碎物料的一种碎煤设备，如图 7-12 所示。颚式碎煤机转速比较低，一般出料粒度小于 13mm（大型机出料粒度可小于 25mm；小型机出料粒度可小于 6mm），属于粗、中碎设备。颚式碎煤机调节机构易锈蚀失灵，同时碎煤时煤尘飞扬较严重，不过这种设备比较耐用（颚板可以更换），价格也较低。

② 密封锤式碎煤机。这是目前应用较多的一种碎煤机（见图 7-13），转速高，破碎效果好。由于为密封式，煤尘飞扬程度较轻，碎煤机出口配有不同孔径的筛网，以控制出料粒度，通常它可以用来破碎不同粒度的煤样，其出料粒度可以是小于 13mm，也可以是小于 6mm 或 3mm，前者为大型机；后者为小型机，其碎煤原理是相同的。

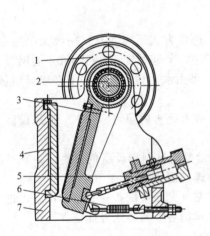

图 7-12　颚式碎煤机结构示意图

1—大胶带轮；2—偏心轴；3—连杆机构；4—定颚板组合；5—调节机构；6—闭锁机构；7—机体

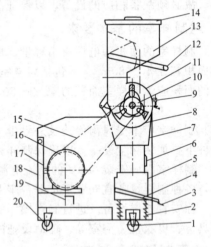

图 7-13　密封式锤式碎煤机结构示意图

1—脚轮；2—弹簧；3—踏脚板；4—接样器座；5—小接样器托架；6—小接样器；7—下壳体；8—筛板；9—锁紧手柄；10—转子；11—上壳体；12—闸门手柄；13—加料斗；14—加料斗盖；15—三角胶带；16—电机；17—胶带轮；18—底座；19—调节螺杆；20—万向脚轮

锤式碎煤机是借助铰接在转子上的锤头回转时的打击作用，破碎煤炭的一种碎煤机，各种碎煤机对煤的黏性及水分均有一定的适应范围。锤式碎煤机较其他类型碎煤机还是适应性比较好的一种，一般其对原煤水分的适应性在 10% 左右。水分过大，筛网易堵；如拆除筛网，能缓解受堵情况，但煤的出料粒度就会变粗，而达不到出料粒度的要求。

③ 双辊式碎煤机。这是一种用相向转动的 2 个带齿的圆辊，借其劈裂作用破碎煤样的碎煤机（见图 7-14）。转速比较低，碎煤效果一般，特别是黏性与水分较大的煤，易堵，它基本上适用于低水分、低黏性煤的破碎，其出料粒度多为 3mm 以下。随着使用时间的延长，双辊上的齿被磨平，出料粒度增大，现在应用此类碎煤机的电厂不多。

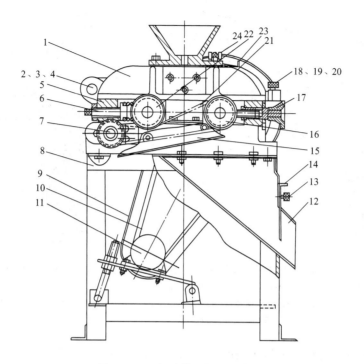

图 7-14 双辊碎煤机结构示意图

1—箱盖组合；2—长销轴；3—挡圈；4—开口销；5—箱体组合；6—弹簧压紧机构；7—中介链轮组合；
8—机架组合；9—胶带罩；10—三角胶带；11—电机；12—接料斗；13—紧固螺钉；14—排料斗插板；
15—链传动罩合；16—主动辊轮组合；17—调节杆组合；18—紧固螺钉；19—扣紧叉；20—销轴；
21—传动链；22—从动辊轮组合；23—进料口插板；24—顶丝

④ 破碎缩分联合制样机。将破碎设备与缩分设备组合在一起，如图 7-15 所示，这是其中一种类型的破碎缩分机，上方为颚式碎煤机，下方为缩分器，并装有振筛装置，出料粒度一般有小于 13mm 或小于 6mm 的两种。

现在有各种类型的联合破碎缩分机，其碎煤机与缩分器的选型各不相同，同时加装了给煤机。新型的破碎缩分机由给煤机、一级碎煤机、一级缩分器、二级碎煤机、二级缩分器组成。通常一级出料粒度为小于 13mm；二级出料粒度小于 3mm。给煤机有连续给煤的、也有脉冲间断给煤的，碎煤机与缩分器的选型与组合也不一样。

⑤ 密封式制样粉碎机。制备的最后一个环节，是制取粒度小于 0.2mm 的粉样。现在普遍使用密封式制样粉碎机，如图 7-16 所示。

该设备破碎煤样效率高，其粉碎装置可选 1 个或多个，不过最多宜选 3 个，过多的并不好用。该粉碎机振动大，为保证获得小于 0.2mm 的粉样，粉碎装置中加料量不宜超过 100g，同时加入的样品粒度应为小于 1mm 或小于 3mm（圆孔筛）。过粗过大粒度的煤样，其破碎自然不能达到预期的效果。

（3）掺合设备　铲子、铁锹等为主要掺合工具，在每次缩分以前，均必须掺合均匀。标准规定，至少要掺合 3 遍。当前普遍还是采用人工掺合方式，煤样的掺合应在制样室内的制样钢板上进行。

（4）缩分设备　在制样室应用最多的缩分工具是十字分样板及各种规格的槽式二分器（见图 4-28、图 4-29 和图 4-30）。

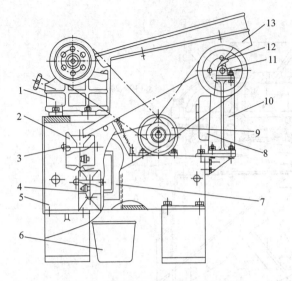
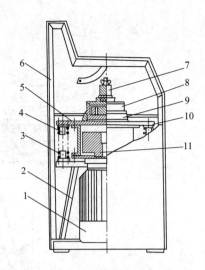

图 7-15　某型号的破碎缩分机示意图　　　图 7-16　密封式制样粉碎机示意图
1—颚式碎煤机；2—缩分器；3—导杆；4—连杆；5—机座；　　1—电机；2—机架；3—压缩弹簧；4—弹簧座；
6—接样斗；7—齿轮减速箱；8—磁力启动器；9—电动机；　　5—联接套；6—机壳；7—压紧装置；8—粉碎装置；
10—后轴承支座；11—油轴；12—轴承轴；13—振筛器　　　　9—座圈；10—振动面板；11—偏心锤

十字分样板是最简单，也最实用的缩分工具。通常制样室至少要配备不同规格的 3～4 只十字分样板，用以缩分小于 25mm、小于 13mm、小于 6mm、小于 3mm、小于 1mm 的样品。样品粒度越大，缩分的样品量越多，就要使用大号的；反之，缩分小于 3mm、小于 1mm 的细粒样品，可用小号的。特别是煤的水分较大，使用槽式二分器易堵时，更要使用十字分样板缩分样品。用十字分样板缩分样品的方法，称为堆锥四分法，即把煤样从顶滴分布均匀，堆成一个圆锥体，再压成厚度均匀的圆饼。用十字分样板将其分成 4 个相等的扇形，取其中相对的扇形部分作为煤样的缩分方法。

四、制样操作中的注意问题

(1) 设备、工具要齐全、配套。例如出料不同粒度的各种碎煤机；从 25mm 直至 1mm 的方孔筛；用于不同粒级煤缩分的 1 套二分器；大小不同的十字分样板等。

设备或工具不齐全、不配套，往往给制样带来很大困难，而且难以保证制样质量。

(2) 筛分前不用掺合，而缩分前以及取样前必须掺合均匀，一般是掺合 3 遍，只是取全水分测定样时，为避免水分过多损失，只掺合 1 遍。

(3) 在破碎样品时，不得将难破碎的矸石等舍弃。对于这些难破碎的样品，最好一次破碎到符合要求的粒度。

不论使用何种碎煤机，碎煤前均应将其清理干净，再用少许欲破碎的煤样对设备进行"冲洗"，再次清理干净后方可正式使用。

(4) 如大块煤数量不大而煤种又多，制样人员往往不愿使用碎煤机而宁用人工破碎，当人工破碎时，煤样四溅是不可避免的，故钢板面积不能太小。溅于四周的样品应集中在一起进行掺合与缩分操作。

如发现上阶段破碎时较大颗粒的煤样遗留在钢板上，则应将其除去，而不应混入本阶段的样品中。例如煤样已破碎到 3mm 以下，在样品中就不应存在大于 3mm 的煤粒。

(5) 掺合煤样力求达到均匀，而后才允许缩分。因此，掺合煤样往往要反复多次，通常多采用堆锥法。如何堆掺煤样是影响制样精密度的主要因素，操作不当，易产生较大误差。

堆锥时，由于煤粒粒径不同而产生离析作用，粒度较大的总是分布于圆锥底部四周，而粒度较小的以及细粉则往往集中于圆锥的中部与顶部。对粒度较大的煤样，其数量相应也较多，为使煤样掺合均匀，在堆掺时可一铲一铲地将煤样从底部铲起，每铲所铲煤量不宜过多，并分2~3次让煤样沿锥体顶部均匀向四周滑落，对粒度较小的煤样，其数量相应也较少，在堆掺时宜分几次自上而下切取煤样沿锥顶部均匀向四周滑落，以克服或减少煤锥中因粒度分布不均的影响。

(6) 在用堆锥四分法缩分时，应将煤堆压成一个厚度均匀的扁圆形，选用不同规格的十字分样板缩分。扁圆形的煤饼宜薄一些，也就是面积稍大一些。缩分时应将十字分板样插到底，其中心与煤饼中心重合，即将煤饼切成4个面积完全相同的扇形体，留下或舍弃其中2个相对的部分；另一方面，采用九点法取样时，煤饼也不宜太厚，这样取样点因煤饼面积较大而易于布置与操作，同时取样时可方便取到煤饼全厚度的样品。

总之，为保证制样质量，必须遵循标准规定的制样程序与要求。原始煤样必须全部破碎到25mm以下时，方可进行缩分；在缩分时，一定要遵循煤样粒度与样品最小保留量之间的关系。除了上述要求外，制样还应实现规范化操作，正如上文所提到的注意问题，要认真而且仔细地操作，才可保证制样质量符合标准规定的要求。

五、测定全水分煤样的制备

测定全水分的煤样，既可单独采集，也可在制备分析煤样的过程中分取采集。

国标 GB/T 211—1996《煤中全水分的测定方法》规定，测定煤中全水分的样品可采用粒度小于13mm或小于6mm的样品，其样品量分别应不少于2kg或500g。电厂中多用粒度小于13mm的样品测定全水分，而煤矿上则多用粒度小于6mm的样品。

不论采用何种方式采集测定全水分的煤样，都应按制样程序先将全部样品用孔径25mm的方孔筛筛分。未通过筛子的块煤则应用碎煤机破碎，直至全部通过为止。按规定此时样品量至少应保留60kg，也就是说，超过120kg而少于240kg的样品，则应缩分1次。通常测定全水分的煤样量较少，多为数kg至20kg左右，故不用缩分。

再用孔径为13mm的方孔筛筛分上述小于25mm的煤样，未通过筛的大粒煤用碎煤机破碎直至全部通过筛子为止。

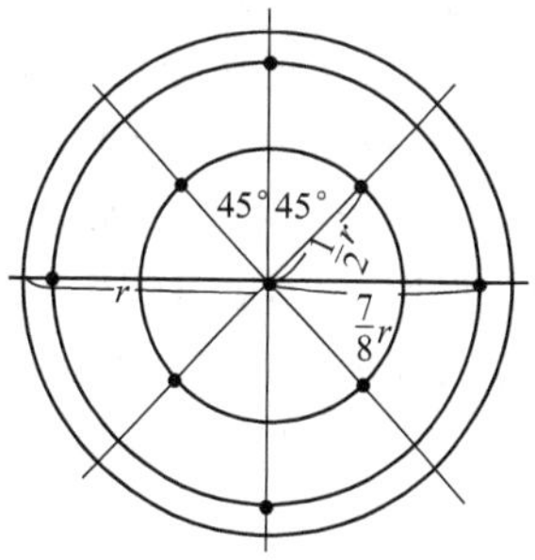

图7-17 九点法取全水分煤样布点示意图

将上述已全部通过13mm筛的煤样掺合1遍，按图7-17所示的九点法取出测定全水分的煤样不少于2kg。

在取样前，要将煤样适当掺合，以使样品代表性好一些，但又不能在掺合过程中，让煤中水分过多的损失，故它不是掺合1遍，而是国标中所要求的稍加掺合。基于稍加掺合不易掌握，建议掺合1遍。

在用九点法取样前，将煤样堆锥、压平成扁圆形、煤层不宜太厚，这样可使煤饼的面积大一些，取样也就比较方便。取样前，先可用十字分样板将煤饼分成8个相等的扇形；取样时，应用专门取样的小工具在确定的九个点上，分别自上而下采集约230g样品；取样后，将所取的约2kg样品迅速置于密封容器中，贴上标签，速送化验室测定全水分。

如在九个点上所取的样品估计不足2kg，允许补取。但应注意，补取时应在各个点上均补采少量煤样，而不是在其中某几个点上集中补取。如是采集小于 6mm 的样品测定全水分，则在制取到粒度小于 6mm 时取样，其方法同上，只是数量为 500g，即每点至少采集 56g。

六、测定空干基水分煤样的制备

测定空干基水分的煤样由粒度小于 1mm 或小于 3mm（圆孔筛）的样品来制备。

1. 用小于 1mm 的样品制备

当煤样制备到粒度小于 1mm 这一阶段时，应保留的样品量为 0.1kg，这时先用磁铁将混入煤样中的铁粉吸去（制样过程中混入），然后置于空气中干燥达到恒重，然后用制粉机制取分析煤样。

制备空干基煤样一个重要标志是：样品必须达到空气干燥状态。所谓空气干燥状态，是指试样在空气中连续干燥 1h，其质量变化不应大于 0.1%。在日常工作中，有一个定性检验煤样是否达到空气干燥状态的方法是：用 1 支擦干净的玻璃棒搅动煤样，如其上粘附煤粉，则表示尚未达到空气干燥；如其上不粘附煤粉，则表示已达到空气干燥状态。

假如空气湿度较大，比如阴雨天，煤样不易达到恒重，则允许采用低温干燥，以节约时间。所谓低温干燥是指温度不超过 50℃ 的条件下干燥直至恒重，如果将煤样摊薄一些，将其置于通风处或温热处，如窗台下或高温炉上方均有助加速自然干燥的进程。由于煤样由原煤经分级制备，到了小于 1mm 这一阶段，煤中绝大部分外在水分已经去除，故要使粒度小于 1mm 的 100g 煤样达到空气干燥状态并不难，故通常情况下可不必采用低温干燥法。

2. 用小于 3mm（圆孔筛）的样品制备

如在制样过程中，自 13mm 起一直使用二分器缩分，可不经小于 1mm 这一阶段，而用小于 3mm（圆孔筛）的样品直接制备空干基煤样。

因为小于 3mm 的样品，至少保留量为 3.75kg，故先要将 3.75kg 样品缩制成不少于 100g。为此，如用二分器，则需连续缩分 5 次。第 1 次缩分，保留 1.88kg 样品；第 2 次缩分，保留 0.94kg 样品；第 3 次缩分，保留 0.47kg 样品；第 4 次缩分，保留 0.24kg 样品；第 5 次缩分保留 0.12kg 样品。也可以将 3.75kg 的样品缩分两次后，从保留的 0.94kg 样品中用九点法取去 0.1kg 样品用以制备空气干燥煤样；余下的 0.84kg 样品全部留作存查煤样。

制备测定空干基水分的煤样，即分析煤样最为关键的问题是样品必须达到空气干燥状态。如尚未达到空气干燥状态，也就是说，煤的外在水分 M_f 尚未全部失去；如将煤样干燥过分，则部分或全部内在水分 M_{inh} 已经失去，这样都将对煤质检测产生错误的结果。前者各项指标的空干基值偏低；而后者则往往偏高。

煤样在制备到粒度小于 0.2mm 前或后达到空气干燥状态均可。制备空气干燥煤样时，一个较常见的问题是：制样人员为加速完成制样，不论煤样外在水分大小，将样品全部置于干燥箱中干燥，且不严格控制温度，有时甚至在高达 200℃ 条件下干燥 1h，此时空干基水分已基本或完全丧失，从而实测的空干基水分 M_{ad} 仅仅为 0.1%～0.2%，甚至出现负值。

当制成粒度小于 0.2mm 的样品后，应将其装入磨口的广口瓶中，其装样量不应超过瓶容积的 3/4。一方面煤样上方留有部分空气，有助于煤样维持在空气干燥状态；另一方面，便于在称样时搅动煤样，令其掺合均匀。

还有一点需要提醒制样人员，在制备空干基煤样时，应采用粒度小于 1mm 或小于 3mm

（圆孔筛）的样品100g置于制粉机的粉碎装置中，但有人不按此要求操作，而将较粗粒的煤样放入其中粉碎，这不符合制样程序，所制出的样品往往粒度也很粗，样品不具代表性，所测各项结果重现性也很差；另一方面，即使符合制样程序，制取的样品粒度也符合要求，但将样品瓶装得满满的送入试验室化验。化验人员立即称取尚未冷却的热粉样品，这也将影响检测结果的可靠性。

为了确保分析样品真正达到空气干燥状态，化验室人员收到分析样品后，不妨倒入干净的浅盘中，摊平，置于空气中20～30min，再装入瓶中，供分析之用。

七、存查样品的制取

存查样品是为了一旦需要对煤质检测结果予以复查、核对或仲裁，故它必须与被测样品的特性尽可能相近，因而存查样品应与制备分析煤样的样品来自一个整体为好。故国家标准规定，存查样品粒度为小于1mm或3mm（圆孔筛）。一般不用分析煤样作为存查样品，这是因为煤样的粒度越细，比表面越大，在空气中被氧化速率也越快，从而使煤质发生较明显的变化，特别是挥发分较大的变质程度较浅的煤更是如此。

存查煤样量规定不少于0.5kg，保存时间自报出结果之日起计算为2个月。对于特殊用途的样品需保留更长时间，则一定要密封存好。凡是超过保存时间的存查煤样应及时处理掉，以免占据存样室的空间位置及增加样品的管理工作量。有的电厂存查样品一放就是半年，1年甚至更长时间，这种做法完全没有必要；反之，不留或不按要求留存查样品也是不对的。不少电厂只留分析煤样而不留粒度小于1mm或小于3mm的煤样，也是不适宜的。

八、煤样的接收、送检、包装和保存

1. 煤样的接收和送检

收到煤样时，须按来样标签逐项核对，根据不同种类的煤样，将煤种、品种、粒度、采样地点（来样部门或编号）、包装情况、煤样质量、收样时间、制样时间和制样人等项详细登记，并进行编号。如系商品煤样，还应登记车号和发运吨数。送检煤样时，应有送检单位和编号、粒度、化验项目、送样时间等。外送检验的全水分煤样，还应标明容器和样品的全量。

2. 煤样的包装

煤从地下采出后，由于受空气的氧化，煤的性质会逐渐改变，尤其是褐煤及年轻烟煤变化更显著。煤样在空气中经受氧化后，性质也会逐渐变化，如水分和灰分增高、强度和黏结性变坏、发热量和含油率降低等。因此，必须使用未经氧化或受氧化很轻微的煤样进行各种试验，否则不能得出正确的结果。因此，从包装样品开始，就应设法防止煤样的氧化变质。

煤样的包装方法应根据煤的性质、试验要求和运输距离等因素来决定。

① 运距较近，仅作简单煤质分析的煤样，可用麻包、帆布袋、编织袋、塑料袋、塑料筒、镀锌铁皮筒等包装，但自采样到送交化验的时间间隔不应超过2天。

② 运距较远，且短期内不能进行化验的煤样，必须用镀锌铁筒或塑料筒包装，并应将盖口封严。

③ 做全水分试验用的煤样，不论运距远近，均需用密封容器（镀锌铁筒或塑料筒、双层厚塑料袋等）包装。不能立即试验的煤样，还应注明容器和煤样的总质量。

④ 无烟煤和贫煤因不易氧化，这些煤样可用木箱包装运至较远距离，但在装样时须在木箱内衬牛皮纸、油毡、防水布或塑料膜，接缝处要封好，装好后在木箱的各接缝处还要钉好，以防木箱散架。煤样运到后，放置时间不宜过长。

⑤ 褐煤和年轻烟煤极易氧化变质，除包装时必须用密封容器包装外，煤样送至化验室后应迅速制样化验，不宜长期放置。

⑥ 需要作物理性能试验的块煤煤样，如果运距比较远，用铁筒或木箱包装时，铁筒或木箱内应衬一些防震的物品（如废纸、木屑、泡沫塑料、碎海绵等），并在包装容器外注明"小心轻放"字样，以免在运输过程中破碎。

⑦ 一般空气干燥煤样，就地进行化验，盛装煤样的容器用磨口玻璃瓶或塑料瓶均可，若送外检验，还可用塑料袋或厚牛皮纸袋盛装。

3. 煤样的保存

当已制成各种试验用的试样时，大部分颗粒已经很细，表面积增大，更容易氧化。保存这些试样时，更要注意包装严密，防止氧化变质。

（1）保存煤样的方法

① 把煤样装入镀锌铁皮筒中，充氮气（驱出空气）并用焊锡密封，再把这样处理好的煤样放于避阳光的房间内保存。这种方法可保持煤样几年不变质。

② 把煤样装入塑料袋或软质人造革袋中，往袋中充入氮气或将袋子用丙酮（或其他有机溶剂）黏合起来（也可用缝纫机缝住）。在没氮气的条件下，最好使袋的容积正好容纳全部煤样，然后封口。袋大煤样少时，可在煤样上面铺上一层厚纸，封口后再把塑料袋（或人造革袋等）折转压在煤样下面。保存用塑料袋或人造革袋装煤样的房间，在冬季室温不能低于0℃，否则塑料袋等会破裂而使煤样露出。这种方法特别适合于我国南方。

③ 也可把煤样用油布或厚层油纸包严后放入严密的木箱或带严盖的筒中。如箱子等有空隙，可用破布或碎纸、木屑等物填满，然后加盖钉好保存。

④ 有些大块煤样可在外面涂上一层石蜡保存，用时可在接近沸腾的热水中浸泡片刻，使蜡熔化，必要时可用刀剥去最外面的一层煤样。

⑤ 少量煤样可装入不同容量的带磨口塞的广口瓶中，有空隙时可用装入棉花的塑料袋充填，然后用石蜡把瓶口封住，放于避阳光处。

⑥ 某些需要长久保存的少量细粒度煤样，也可放在已煮沸并冷却了的蒸馏水中。蒸馏水的水面应高出煤样4~5cm，并在容器上加盖。

⑦ 长期保存煤样的原则是尽量做到块度要大、隔绝空气和避阳光。保存煤样的房间不应有热源，以防氧化。

（2）煤样保存时间　煤样保存时间的长短视煤样的种类不同而不同。

① 为了科研等目的建立的标准煤样中的煤样充氮保存，可达几年。

② 商品煤存查煤样的保存时间一般为2个月。如双方有质量争议时可很快提出，2个月时间已足够。

③ 生产检查煤样是为指导生产，因此生产检查煤样的保存时间由有关煤质检查人员根据具体情况确定。

④ 其他分析试验煤样根据需要确定保存时间。

（3）存查煤样标签　存查煤样通常除有外标签外，还应放有内标签，以防外标签脱落后发生煤样混淆不清的情况。

煤样人工制样流程与设备的改进

人工制样流程复杂,环境条件较差,制样效率又低,如电厂每天制备煤样数量较多,但其制样质量也难以得到充分保证。对现在制样流程及其设备加以研究与改进,具有重要的实际意义。

专家曾设计过自动化制样系统,例如 100kg 原煤样仅仅需要 5min 左右即可制成小于 3mm 圆孔筛的样品,用以直接制备分析煤样。因此,现时制样流程可参照机械制样方法加以简化,其制样操作更大程度上实现机械化,尽量减少人工制样的成分,也就是说,在制样室内基本上实现制样的机械化。

一、制样流程改进的依据与设想

制样的目的,是为了对所采集的原始煤样加以缩制,而获得有代表性的样品,也就是说所制备的少量样品所代表相对大量的原始煤样平均质量,即精密度符合 $0.05P^2$ 的要求。

1. 制样流程改进的依据

为了实现这一要求,我国标准规定从原煤到粒度小于 1mm 的过程中,按粒度不同分为五级,即 25mm、13mm、6mm、3mm、1mm。各粒级对应一定的样品保留量,即 60kg、15kg、7.5kg、3.75kg、0.1kg;而国际标准 ISO 4561988:1975 中指出:从原煤到最终样品之间,一般只需要 1 个中间粒度,通常为 10mm 或 3mm,相应此粒度所保留的样品量为 10kg 或 2kg,这就是现时机械制样实现成为可能的依据。在制样全过程中,只用 1 台碎煤机,这与人工制样方法相比,流程大大简化,同时有助于实现制样的机械化、自动化。

只要达到制样的目的,保证制样的质量,而实现制样的途径与方法应是多种多样的,所以结合国际标准及国家标准的规定考虑对现时制样流程予以合理简化与改进。

2. 制样流程改进的设想

考虑到还是利用现在的制样室来制样,也就是说,要在制样室中最大限度地提高制样的机械化水平,适当利用人工操作来加以配合。

根据我国标准,测定全水分的煤样的粒度应为小于 13mm 或小于 6mm,自 13mm 以后一直用二分器缩分样品,就可采用小于 3mm 圆孔筛的样品作为存查煤样及用作制备分析煤样。据此,设想制样可采取两级碎煤、两级缩分流程。即第 1 级,原煤通过碎煤机,得到小于 13mm 的样品,取出其中一部分用以测定全水分,大部分进入一级缩分器,获得一级样品,即粒度小于 13mm,缩分出的样品进入二级碎煤机,出料粒度应小于 3mm 圆孔筛,经二级缩分器后获得小于 3mm 的最终样品。也就是说,从原煤到小于 3mm 粒度的样品分为两个阶段来完成,将原来的五级制样流程简化为两级制样流程,那么与此相适应,制样设备也需作相应的研究与改进。

二、制样设备的改进设想

鉴于制样流程的简化,制样设备不能只具有单一功能,如破碎、缩分等。它必须具有多种功能,而且要相互匹配,以满足制样要求。现在,市场上虽有不同类型的破碎、缩分联合制样机,有的甚至将两级碎煤、两级缩分组成一体,这与设想中的制样设备是不一样的。

制样系统的设计有其特殊性。在一个很小的空间内,制样难以通畅进行,进口的采煤样机往往高达 20m 左右,其主要空间是为制样系统所占据,又如国内有一种采煤样机,其制样系统仅仅是将一台环锤碎煤机及一台旋锥缩分器紧紧连接在一起,固然是紧凑,却无法正常运行。由某单位设计的一台自动化制样系统,作为分体式采煤样机的一部分,也是采用两级破碎、两级缩分流程,其设备高度达 5.8m。基于对国内外制样系统的认识与实践,考虑不用一体式,而用分体式的 2 台主要制样设备,在一般制样室(高度在 3.5m 以下)即可完成制样。

1. 一级给煤、碎煤、缩分联合制样机

这是对一采样单元所采原煤样进行第 1 级缩制的制样设备。它们进料粒度一般应按 100mm 计,制备煤样量宜能适应 60~240kg 的要求,完成一级制样的时间宜在 4~8min。

制样流程为:原煤样→人工加入料斗→给煤机连续均匀给煤→低速碎煤机→取出测定全水分煤样的同时→缩分比可调的一级缩分器→小于 13mm 的样品。

余煤排至可移动集箱箱内,运至煤场。

对上述联合制样机设计的主要技术参数及其各部件选型考虑如下:

(1) 按电厂现在入厂及入炉煤样情况,少则数十千克,多则二、三百千克,故此设备制备样品的能力

不能太小，否则工作效率太低；然而制备样品的能力也不能过大，否则该设备所占空间位置也太大，一般制样室就无法安装。

（2）必须配有运行可靠、给料均匀的给煤设备，例如低速运行的皮带给煤机，上方并吊装电磁除铁设备，去除煤样中的铁器，煤样应加入料斗中进入皮带给料。现在，一些联合破碎缩分机多采用间断脉冲式给料，其给料不均匀，往往是造成系统堵煤的主要原因。为了均匀给料，皮带给煤机就得小角度或水平安装，这样给煤皮带下方就应有支撑架固定。

（3）碎煤机可选用立式环锤，减速运行，一般说来运行速度在 300～400r/min，破碎机出口有一分流装置取出测定全水分的煤样。

（4）缩分器可选用类似二分器结构的格槽式缩分器，由于它往返运动故不易堵煤，缩分的样品粒度小于 13mm，按标准保留样品应不少于 15kg，故缩分比应可调 1/16～1/4，即 60kg 以上样品，缩分比调为 1/4；120kg 以上样品调为 1/8；240kg 以上样品调为 1/16。

（5）余煤排至可移动的料斗或装料小车中，便于及时清理。

该机的 3 台主要部件给煤机、碎煤机、缩分器由一总电源控制。各台设备安有独立开关运行时，接通总电源，由后至前，依次打开各设备开关，整机处于运行状态；关机时，则由前至后，依次关闭各设备开关，关闭总电源。该机总高度宜在 3m 以下，全系统处于封闭状态，以减少粉尘的污染。

上述设备也可设计成不同型号的，基本流程相似，按制备样品量的不同，设计成大、中小 3 种，当然各部件的选型也应作相应调整，如制备煤样量确定，则缩分器就可用固定缩分比，而无需可调。

大型机可制备 240kg 以上样品，缩分比为 1∶16；

中型机可制备 120kg 以上样品，缩分比为 1∶8；

小型机可制备 60kg 以上样品，缩分比为 1∶4。

2. 二级给煤、碎煤、缩分联合制样机

该机可与上述大、中、小型一级联合制样机配套使用。

由一级联合制样机制得的小于 13mm 样品，其量必然是大于 15kg 而小于 30kg，其样品量基本上不会超出这一范围。

制样流程是：小于 13mm 煤样→人工加入料斗→给煤机给料→中高速碎煤机→固定缩分比的缩分器→获得小于 3mm 不少于 3.75kg 的样品。余煤收集于余煤箱中，与一级余煤合并后排走。完成二级制样的时间宜在 4min 以内，关键影响因素是给煤时间。

对二级联合制样机设计的主要技术参数及各部件选型考虑如下：

（1）二级联合制样机可与任一型号的一级联合制样机配套使用，由此 2 台联合制样机完成由原煤样到小于 3mm 煤样的制备。

（2）该机最好仍配有小型给煤设备，实现均匀加料的目的。其类型不限于皮带给煤，如料斗设计成下方定时开启，煤样落入溜槽实现自动加料的目的，那就不必加装给煤设备。

（3）碎煤机可采用中高速，如锤式碎煤机。因已取出测定全水分的样品，故碎煤机速度可高一些，但也不宜过高，转速选择在 900r/min 为宜。

（4）缩分器的类型可同一级联合制样机中的选型，缩分比固定为 1∶4。

（5）该机的启停控制也同一级联合制样机。

该机各主要部件选型较一级机要小，故整机高度估计不超过 2min。

三、联合制样机在电厂的应用前景

如果一个制样室中能配备上述 2 台一、二级联合制样机，就可基本上实现在一般制样室内制样机械化，从而免去了繁杂的人工筛分、破碎、掺合、缩分操作，不仅有助于提高制样质量，大大提高效率，而且改善制样环境。如果能在实现制样机械化的同时，在制样室中加装除尘装置，无疑将使煤的制样，在充分利用原制样室的条件下，不用多少费用就将使煤的制样达到一个新的水平。

另一方面，现在所使用的各类采煤样机，包括火车、汽车、皮带采煤样机多采用一级碎煤、一级缩分流程，其样品粒度多为小于 13mm，因此，采煤样机所采制的样品并不能用来直接制备分析煤样及作为存查煤样，还需拿到制样室作进一步的缩制。如配有 2 台上述的二级破碎、缩分联合制样机，则它又可作为现在各种采煤样机的配套设备，故具有良好的应用前景。

本章小结

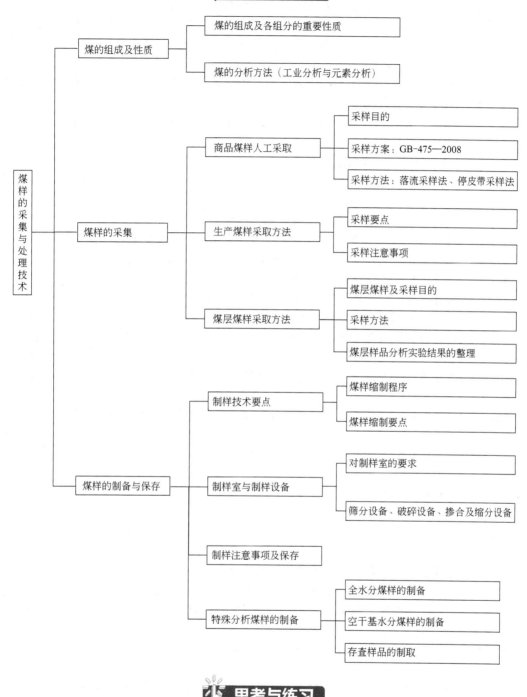

思考与练习

一、名词解释

1. 煤样　　2. 空气干燥状态　　3. 子样　　4. 采样精密度　　5. 煤的挥发分
6. 采样单元　7. 分样　　　　　8. 商品煤样　9. 一般分析煤样　10. 煤层煤样

11. 可采煤样　12. 分层煤样　13. 九点法取样　14. 堆锥四分法

二、判断题（正确的划"√"，错误的划"×"）

1. 样品和总体间各方面性质的符合程度，称样品的代表性。　　　　　　　（　　）
2. 如果所取试样本身不能正确反映总体的各种性质，即该试样没有代表性。（　　）
3. 若被检查的对象是性质均匀的物质，也要从中采取大量的试样才具有充分的代表性。（　　）
4. 若被检查的对象性质在不同的时间里都比较均匀，则在较长时间从中采取一次样品，试样也同样有充分的代表性。（　　）
5. 煤层煤样应在地质构造正常的地点采取，但如地质构造对煤层破坏范围很大而又必须采样时，也不能进行采样。（　　）
6. 在采样前，不必剥去煤层表面的氧化层。（　　）
7. 生产矿井的生产煤样必须在煤层正常生产作业条件下采取，能代表该煤层在本采样周期内的毛煤质量。（　　）
8. 采样前不必仔细清除前一班遗留在底板上的浮煤、矸石和杂物。（　　）
9. 生产煤样不得在火车、贮煤场、煤仓或船舱内采取，也不得在煤车内挖取。（　　）
10. 矸石是指采掘煤炭过程中从顶底板和煤层混入煤中的岩石。（　　）
11. 限下率是指筛上产品中粒度小于规定粒度上限部分的质量百分数。（　　）
12. 运量超过1000t或不足1000t时，可按实际发运量作为一个采样单元。如需进行单批煤质核对，应对同一采样单元进行采样、制备和化验。（　　）
13. 采样器应能采出煤流全断面的煤样，能充分容纳所采煤样，采样器的运行速度以不丢弃煤样为准。（　　）
14. 在胶带输送机煤流的横断面采样时，所使用的机械采样器应能采出煤流全断面煤样。（　　）
15. 用铲取样时，铲子可以在煤流中穿过两次，即可以在进入或撤出煤流时取样。（　　）
16. 采样铲与煤样的质量较大，人工难以掌握时，可以在输送机头上用绳子将铲子悬挂起来操作。（　　）
17. 人工在运输工具顶部采样时，如一次采出的子样质量不足规定的子样质量，可在原处再采一次与第一次采取的合并为一个子样。（　　）
18. 在移动煤流上人工铲取煤样时，胶带的移动速度不能太大（一般不超过1.6m/s），并且保证安全。（　　）
19. 入洗原煤煤样可在原煤进入洗煤厂前的煤流中采取。（　　）
20. 采样刮板或铁铲应紧贴胶带机底部，全部刮取，不得悬空漏采。（　　）
21. 混合工序是缩分煤样的需要。我国标准规定的二分器缩分和以多子样为基础的机械缩分实现均需要进行混合。（　　）
22. 在煤样的制备过程中干燥是必经的工序，也有规定的次序，视具体情况而定。（　　）
23. 系统误差可由加强操作管理和严格执行国标，使用适宜的设备等方法来减小。（　　）
24. 产生缩分误差的原因在于保留煤样的一部分而弃掉另一部分。制样阶段以获得足够小的制样方差而使煤样量尽可能少为目的。（　　）
25. 锤式破碎机是将煤样破碎到≤3mm以下的常用设备。（　　）
26. 煤样可用机械破碎，也可用人工破碎，但须在钢（铁）板上进行，四周用木框围

住，以免飞溅，造成损失。 （ ）
27. 如果原始煤样粒度大于25mm，必须先破碎到25mm以下，然后才能进行缩分，如果煤样粒度小于25mm，可按规定的煤样制备系统制样。 （ ）
28. 每次破碎、缩分前后，机器和用具都要清扫干净，制样人员在制备煤样的过程中，应穿专用鞋，以免污染煤样。 （ ）
29. 采用九点法布点留取全水分煤样时，其剩余煤样只能舍弃，不能留作它用。（ ）
30. 要发运的产品，不许装入不符合要求的运输工具。 （ ）
31. 筛分试验煤样可按下列尺寸筛分成不同粒级：100mm、50mm、25mm、13mm、6mm、3mm和1mm。 （ ）
32. 筛分时煤样应是空气干燥状态。变质程度低的高挥发分的煤样可以晾干到接近空气干燥状态，再进行筛分。 （ ）
33. 筛分操作一般从最小筛孔向最大筛孔进行。 （ ）
34. 试样筛分可以用机械方法也可用人工方法进行。为减小人为误差，应尽量使用机械方法缩分。 （ ）
35. 当试样明显潮湿，不能顺利通过缩分器或沾黏缩分器表面时应在缩分前进行空气干燥。 （ ）
36. 在试样制备最后阶段，用机械方法对试样进行混合，能提高分样精密度。 （ ）
37. 当采样过程很长导致试样放置时间太久时应增加采样单元数，以缩短试样放置时间。 （ ）
38. 破碎通常是指按规程用适当的机械或人工来减少煤样的密度的过程。 （ ）
39. 破碎的目的在于减少粒度，增加不均质的分散程度，为减少量做好准备。 （ ）
40. 混合（掺和）是指按规定把煤样混合均匀的过程。 （ ）
41. 一般来说，缩分是制样过程中产生误差的主要来源。 （ ）
42. 缩分保留的样量越少，误差就可能越大；反之，亦然。 （ ）
43. 制样室与分析室要分开。 （ ）
44. 二分器的缩分精度大大低于堆锥四分法。 （ ）

三、填空题

1. 采样器具操作_____所采取的或截取一次煤流断面所采取的一份样。
2. 分样由若干个_____构成，代表整个采样单元的一部分煤样。
3. 时间基采样指通过这个采样单元按相同的_____采取子样。
4. 煤样的制备过程是指按规定程序减小煤样_____和_____的过程。
5. 在子样质量已经确定下来的条件下，增加_____的分数可以提高试样的代表性。
6. 选煤厂生产技术检查的一些统计资料指出，采样、制样和化验三者对试样的代表性都有影响，但_____的影响要大，且不容易控制。
7. 生产煤样采样时间必须以_____单位，将应采取的子样个数按产量比例分配到各个生产班。
8. 生产煤样_____至少要采取一次。对生产期不足三个月的采煤工作面，可不采取生产煤样。
9. 生产煤样的子样个数不得少于_____，子样质量不得少于90kg。
10. 生产煤样放置时间不得超过_____，对于易风化煤的存放时间应尽量缩短。
11. 含矸率指煤中粒度大于_____mm的矸石质量百分数。
12. 在_____上不采取含矸率，限下率煤样。
13. 精煤和特种煤工业用煤，按品种、分用户以_____±100t为一个采样单元；其他煤只按品种，不分用户，以1000t为一采样单元。

14. 采取进出口煤的商品煤样时，按品种、分国别以＿＿＿＿＿＿作为一个采样单元。

15. 在新国标中规定采样器具的开口孔径应是所采煤中最大粒度的＿＿＿＿＿。

16. 人工在运输工具顶部采取最大粒度不超过150mm的商品煤样时，使用的采样铲宽度约250mm，长度约＿＿＿＿＿。

17. 在输送机机头落煤处或在溜槽中，用机械采样器或铁铲人工接取煤流的＿＿＿＿＿断面。

18. 如用铁铲在输送机机头落煤处接取煤样时，在一次采取全断面煤样时，铲子宽度应＿＿＿输送机的宽度，以便接取煤流的全断面。

19. 分两次或三次采取煤样时，铲的宽度应大于输送机宽度的＿＿＿＿＿。

20. 采取分析核对煤样时，煤炭装车后，应立即用机械化采样器或尖铲插入采样。用户需要分析核对时，可挖至＿＿＿＿＿以下按运输工具顶部煤样的采取方法采样核对。

21. 选煤厂生产检查煤样在开机上煤＿＿＿＿＿后采取。

22. 缩分是指按规定减小＿＿＿＿＿的过程。

23. 为了减少处理量，尽量保留量＿＿＿＿＿且代表性好的煤样。

24. 一般颚式破碎机用于破碎较大粒度煤样的＿＿＿＿＿（如破碎到25mm以下）。

25. 制备的煤样如果水分大，影响进一步破碎、缩分时，应事先低于＿＿＿＿＿温度下适当进行干燥。

26. 制备空气干燥煤样中，如水分过大，影响进一步破碎、缩分是可在不高于＿＿＿＿＿的温度下进行烘干。

27. 制备测定快灰的空气干燥煤样时，其粒度应小于0.2mm，质量大于＿＿＿＿＿。

28. 制样的工序包括：破碎、＿＿＿＿＿、混合、＿＿＿＿＿和干燥等过程。

29. 静止煤样应首选在＿＿＿＿＿过程中进行。

30. 煤样的保存方法有：＿＿＿＿＿、＿＿＿＿＿。

31. 一般分析试样煤样指破碎到0.2mm，并达到＿＿＿＿＿。

32. 煤质在空气中放久，容易氧化。所以采样后，应该及时＿＿＿＿＿、化验。如果由于各种原因不能及时处理，应放＿＿＿＿＿内，并扎紧口袋。

33. 工艺流程检查应在生产正常情况下采取试样、采样累计时间不少于＿＿＿＿＿。

34. 大于25mm煤样，未经破碎＿＿＿＿＿缩分。

35. 当被采样煤的标称最大粒度为6mm时，要求缩分后子样的最小质量为＿＿＿＿＿。

36. 落流采样法不适用于煤流量在＿＿＿＿＿以上的系统。

37. 用于选煤厂设计的筛分试验用煤样总质量不少于＿＿＿＿＿。

38. 测定胶质层厚度、元素分析和其他有关项目的煤样时，对于灰分大于＿＿＿＿＿的煤，应将煤样中的矿物质脱硫，这一过程称为减灰。

39. 从报出结果之日起，商品煤样的存查煤样一般应保存＿＿＿＿＿，以备仲裁和复查用。

40. 根据需要确定分析煤样的保存时间，一般不超过＿＿＿＿＿。生产煤样的保存时间由煤质检查人员而定。

41. 在什么情况下，不需要检验制备煤样的精密度＿＿＿＿＿。

42. 总样的代表性与＿＿＿＿＿、＿＿＿＿＿、＿＿＿＿＿有关。

43. 在＿＿＿＿＿不单独采取全水分煤样。破碎比是＿＿＿＿＿粒度之比。

44. 如果用单机破碎多种煤样时，应根据煤样灰分＿＿＿＿＿顺序依次处理。

45. 煤样装入煤样瓶不应超过煤样瓶容积的＿＿＿＿＿。

四、选择题

1. 煤的固定碳的表示符号是（　　）。
A. M　　　　B. A　　　　C. V　　　　D. FC

2. 在煤堆上采样时，采样工具开口宽度应不小于煤最大粒度的（　　）倍。
A. 1.5　　　　B. 2.5　　　　C. 3　　　　D. 2.5～3

3. 按先行国际商品煤样采取方法规定，当商品煤的最大粒度大于100mm时，采取每个子样的最小质量为（　　）kg。
A. 1　　　　B. 2　　　　C. 4　　　　D. 5

4. 火车运来一批原煤数量小于300t，按照国标规定最少应采子样数为（　　）。
A. 18　　　　B. 6　　　　C. 20　　　　D. 16

5. 在煤流中，对于灰分 $A_d \leqslant 20\%$ 的筛选煤，当煤量不足300t时，应采取的最少子样数目为（　　）。
A. 18　　　　B. 20　　　　C. 30　　　　D. 10

6. 在煤流中，对于灰分 $A_d > 20\%$ 的原煤，当煤量不足300t时，应采取的最少子样数目为（　　）。
A. 18　　　　B. 20　　　　C. 30　　　　D. 15

7. 在煤堆上，对于灰分 $A_d > 20\%$ 的原煤，当煤量不足300t时，应采取的最少子样数目为（　　）。
A. 60　　　　B. 18　　　　C. 15　　　　D. 30

8. 对于原煤和筛选煤，当火车来煤量大于300t时，不论车皮容量大小，沿斜线方向每车皮至少采取（　　）个子样。
A. 5　　　　B. 3　　　　C. 1　　　　D. 6

9. 在火车上采样，当煤样量为1000t时，所采最少子样数目只与（　　）有关。
A. 煤中硫分含量　　B. 煤的最大粒度　　C. 是否洗选　　D. 煤的品种

10. 制备煤样时，当煤样破碎到全部通过3mm圆孔筛时，其留样量应不少于（　　）kg。
A. 1　　　　B. 3.5　　　　C. 3.75　　　　D. 0.1

11. 煤样制备是减少煤样（　　）的过程。
A. 粒度和数量　　B. 质量　　C. 粒度　　D. 水分

12. 标准GB 475规定的火车煤采样方法是（　　）。
A. 系统采样　　B. 随机采样　　C. 多份采样　　D. 双份采样

13. 在（　　）所采煤样不得作为仲裁样品。
A. 火车上　　B. 船舶上　　C. 汽车上　　D. 皮带上

14. 用粒度<13mm的煤样测定全水分时，加热干燥至恒重后应（　　）。
A. 在空气中冷却5～10min后称重　　B. 在空气中冷却至室温后称重
C. 趁热称重　　D. 先放入干燥器中，待冷至室温后称重

五、简答题

1. 制样过程包括哪几个步骤？为什么？
2. 在煤流中如何单独采取全水分煤样？
3. 采取商品煤样的目的？
4. 在煤样上采取商品煤样时，采样点如何布置？
5. 堆锥四分法有哪些不足，原因是什么？
6. 生产煤样在采取、运输、贮存时应注意什么问题？

7. 试计算煤样为标称最大粒度为 100mm 时，缩分后子样最小质量？
8. 画图说明九点法布点留取全水分煤样。
9. 人工采样工具开口尺寸有何规定？
10. 人工缩分方法有哪几种？
11. 煤样的贮存有什么要求？
12. 国标对制样室的要求是什么？
13. 如何制备 0.2mm 的煤样？

附录
环境质量标准

附录1
地表水环境质量标准（GB 3838—2002）

为贯彻《中华人民共和国环境保护法》和《中华人民共和国水污染防治法》，防治水污染，保护地表水水质，保障人体健康，维护良好的生态系统，制定了《地表水环境质量标准》（GB 3838—2002）。本标准将标准项目分为：地表水环境质量标准基本项目、集中式生活饮用水地表水源地补充项目和集中式生活饮用水地表水源地特定项目，共计109项，其中地表水环境质量标准基本项目24项，集中式生活饮用水地表水源地补充项目5项，集中式生活饮用水地表水源地特定项目80项。

附表1-1 地表水环境质量标准基本项目标准限值   单位：mg/L

序号	项目	分类	I类	II类	III类	IV类	V类
1	水温/℃		人为造成的环境水温变化应限制在：周平均最大温升≤1；周平均最大温降≤2				
2	pH值		6～9				
3	溶解氧	≥	饱和率90%（或7.5）	6	5	3	2
4	高锰酸盐指数	≤	2	4	6	10	15
5	化学需氧量（COD）	≤	15	15	20	30	40
6	五日生化需氧量（BOD_5）	≤	3	3	4	6	10
7	氨氮（NH_3-N）	≤	0.15	0.5	1.0	1.5	2.0
8	总磷（以P计）	≤	0.02（湖、库0.01）	0.1（湖、库0.025）	0.2（湖、库0.05）	0.3（湖、库0.1）	0.4（湖、库0.2）
9	总氮（湖、库，以N计）	≤	0.2	0.5	1.0	1.5	2.0
10	铜	≤	0.01	1.0	1.0	1.0	1.0
11	锌	≤	0.05	1.0	1.0	2.0	2.0
12	氟化物（以F^-计）	≤	1.0	1.0	1.0	1.5	1.5
13	硒	≤	0.01	0.01	0.01	0.02	0.02
14	砷	≤	0.05	0.05	0.05	0.1	0.1

续表

序号	项目 \ 分类 标准值		I类	II类	III类	IV类	V类
15	汞	≤	0.00005	0.00005	0.0001	0.001	0.001
16	镉	≤	0.001	0.005	0.005	0.005	0.01
17	铬(六价)	≤	0.01	0.05	0.05	0.05	0.1
18	铅	≤	0.01	0.01	0.05	0.05	0.1
19	氰化物	≤	0.005	0.05	0.02	0.2	0.2
20	挥发酚	≤	0.002	0.002	0.005	0.01	0.1
21	石油类	≤	0.05	0.05	0.05	0.5	1.0
22	阴离子表面活性剂	≤	0.2	0.2	0.2	0.3	0.3
23	硫化物	≤	0.05	0.1	0.2	0.5	1.0
24	粪大肠菌群(个/L)	≤	200	2000	10000	20000	40000

附表 1-2　集中式生活饮用水地表水源地补充项目标准限值　　　单位：mg/L

序号	项目	标准值
1	硫酸盐(以 SO_4^{2-} 计)	250
2	氯化物(以 Cl^- 计)	250
3	硝酸盐(以 N 计)	10
4	铁	0.3
5	锰	0.1

附表 1-3　集中式生活饮用水地表水源地特定项目标准限值　　　单位：mg/L

序号	项目	标准值	序号	项目	标准值
1	三氯甲烷	0.06	18	三氯乙醛	0.01
2	四氯化碳	0.002	19	苯	0.01
3	三溴甲烷	0.1	20	甲苯	0.7
4	二氯甲烷	0.02	21	乙苯	0.3
5	1,2-二氯乙烷	0.03	22	二甲苯①	0.5
6	环氧氯丙烷	0.02	23	异丙苯	0.25
7	氯乙烯	0.005	24	氯苯	0.3
8	1,1-二氯乙烯	0.03	25	1,2-二氯苯	1.0
9	1,2-二氯乙烯	0.05	26	1,4-二氯苯	0.3
10	三氯乙烯	0.07	27	三氯苯②	0.02
11	四氯乙烯	0.04	28	四氯苯③	0.02
12	氯丁二烯	0.002	29	六氯苯	0.05
13	六氯丁二烯	0.0006	30	硝基苯	0.017
14	苯乙烯	0.02	31	二硝基苯④	0.5
15	甲醛	0.9	32	2,4-二硝基甲苯	0.0003
16	乙醛	0.05	33	2,4,6-三硝基甲苯	0.5
17	丙烯醛	0.1	34	硝基氯苯⑤	0.05

续表

序号	项 目	标准值	序号	项 目	标准值
35	2,4-二硝基氯苯	0.5	58	乐果	0.08
36	2,4-二氯苯酚	0.093	59	敌敌畏	0.05
37	2,4,6-三氯苯酚	0.2	60	敌百虫	0.05
38	五氯酚	0.009	61	内吸磷	0.03
39	苯胺	0.1	62	百菌清	0.01
40	联苯胺	0.0002	63	甲萘威	0.05
41	丙烯酰胺	0.0005	64	溴氰菊酯	0.02
42	丙烯腈	0.1	65	阿特拉津	0.003
43	邻苯二甲酸二丁酯	0.003	66	苯并[α]芘	2.8×10^{-6}
44	邻苯二甲酸二(2-乙基己基)酯	0.008	67	甲基汞	1.0×10^{-6}
45	水合肼	0.01	68	多氯联苯⑥	2.0×10^{-5}
46	四乙基铅	0.0001	69	微囊藻毒素-LR	0.001
47	吡啶	0.2	70	黄磷	0.003
48	松节油	0.2	71	钼	0.07
49	苦味酸	0.5	72	钴	1.0
50	丁基黄原酸	0.005	73	铍	0.002
51	活性氯	0.01	74	硼	0.5
52	滴滴涕	0.001	75	锑	0.005
53	林丹	0.002	76	镍	0.02
54	环氧七氯	0.0002	77	钡	0.7
55	对硫磷	0.003	78	钒	0.05
56	甲基对硫磷	0.002	79	钛	0.1
57	马拉硫磷	0.05	80	铊	0.0001

① 二甲苯：指对二甲苯、间二甲苯、邻二甲苯。
② 三氯苯：指1,2,3-三氯苯、1,2,4-三氯苯、1,3,5-三氯苯。
③ 四氯苯：指1,2,3,4-四氯苯、1,2,3,5-四氯苯、1,2,4,5-四氯苯。
④ 二硝基苯：指对二硝基苯、间二硝基苯、邻二硝基苯。
⑤ 硝基氯苯：指对硝基氯苯、间硝基氯苯、邻硝基氯苯。
⑥ 多氯联苯：指PCB-1016、PCB-1221、PCB-1232、PCB-1242、PCB-1248、PCB-1254、PCB-1260。

附录2
地下水环境质量标准（GB/T 14848—93）

为保护和合理开发地下水资源，防止和控制地下水污染，保障人民身体健康，促进经济建设，特制订《地下水环境质量标准》（GB/T 14848—93）。本标准是地下水勘查评价、开发利用和监督管理的依据。

附表 2-1　地下水质量分类指标

项目序号	标准值　　　类别　　　项目	Ⅰ类	Ⅱ类	Ⅲ类	Ⅳ类	Ⅴ类
1	色/度	≤5	≤5	≤15	≤25	>25
2	嗅和味	无	无	无	无	有
3	浑浊度/度	≤3	≤3	≤3	≤10	>10
4	肉眼可见物	无	无	无	无	有
5	pH 值	—	6.5~8.5	—	5.5~6.5　8.5~9	<5.5,>9
6	总硬度(以 $CaCO_3$ 计)/(mg/L)	≤150	≤300	≤450	≤550	>550
7	溶解性总固体/(mg/L)	≤300	≤500	≤1000	≤2000	>2000
8	硫酸盐/(mg/L)	≤50	≤150	≤250	≤350	>350
9	氯化物/(mg/L)	≤50	≤150	≤250	≤350	>350
10	铁(Fe)/(mg/L)	≤0.1	≤0.2	≤0.3	≤1.5	>1.5
11	锰(Mn)/(mg/L)	≤0.05	≤0.05	≤0.1	≤1.0	>1.0
12	铜(Cu)/(mg/L)	≤0.01	≤0.05	≤1.0	≤1.5	>1.5
13	锌(Zn)/(mg/L)	≤0.05	≤0.5	≤1.0	≤5.0	>5.0
14	钼(Mo)/(mg/L)	≤0.001	≤0.01	≤0.1	≤0.5	>0.5
15	钴(Co)/(mg/L)	≤0.005	≤0.05	≤0.05	≤1.0	>1.0
16	挥发性酚类(以苯酚计)/(mg/L)	≤0.001	≤0.001	≤0.002	≤0.01	>0.01
17	阴离子合成洗涤剂/(mg/L)	不得检出	≤0.1	≤0.3	≤0.3	>0.3
18	高锰酸盐指数/(mg/L)	≤1.0	≤2.0	≤3.0	≤10	>10
19	硝酸盐(以 N 计)/(mg/L)	≤2.0	≤5.0	≤20	≤30	>30
20	亚硝酸盐(以 N 计)/(mg/L)	≤0.001	≤0.01	≤0.02	≤0.1	>0.1
21	氨氮(NH_4)/(mg/L)	≤0.02	≤0.02	≤0.2	≤0.5	>0.5
22	氟化物/(mg/L)	≤1.0	≤1.0	≤1.0	≤2.0	>2.0
23	碘化物/(mg/L)	≤0.1	≤0.1	≤0.2	≤1.0	>1.0
24	氰化物/(mg/L)	≤0.001	≤0.01	≤0.05	≤0.1	>0.1
25	汞(Hg)/(mg/L)	≤0.00005	≤0.0005	≤0.001	≤0.001	>0.001
26	砷(As)/(mg/L)	≤0.005	≤0.01	≤0.05	≤0.05	>0.05
27	硒(Se)/(mg/L)	≤0.01	≤0.01	≤0.01	≤0.1	>0.1
28	镉(Cd)/(mg/L)	≤0.0001	≤0.001	≤0.01	≤0.01	>0.01
29	铬(六价)(Cr^{6+})/(mg/L)	≤0.005	≤0.01	≤0.05	≤0.1	>0.1
30	铅(Pb)/(mg/L)	≤0.005	≤0.01	≤0.05	≤0.1	>0.1
31	铍(Be)/(mg/L)	≤0.00002	≤0.0001	≤0.0002	≤0.001	>0.001
32	钡(Ba)/(mg/L)	≤0.01	≤0.1	≤1.0	≤4.0	>4.0
33	镍(Ni)/(mg/L)	≤0.005	≤0.05	≤0.05	≤0.1	>0.1
34	滴滴滴/(μg/L)	不得检出	≤0.005	≤1.0	≤1.0	>1.0
35	六六六/(μg/L)	≤0.005	≤0.05	≤5.0	≤5.0	>5.0
36	总大肠菌群/(个/L)	≤3.0	≤3.0	≤3.0	≤100	>100
37	细菌总数/(个/mL)	≤100	≤100	≤100	≤1000	>1000
38	总 σ 放射性/(Bq/L)	≤0.1	≤0.1	≤0.1	>0.1	>0.1
39	总 β 放射性/(Bq/L)	≤0.1	≤1.0	≤1.0	>1.0	>1.0

附录 3
城镇污水处理厂污染物排放标准
（GB 18918—2002）

为贯彻《中华人民共和国环境保护法》，促进城镇污水处理厂的建设和管理，加强城镇污水处理厂污染物的排放控制和污水资源化利用，保障人体健康，维护良好的生态环境，结合我国《城市污水处理及污染防治技术政策》，制定了《城镇污水处理厂污染物排放标准》（GB 18918—2002）。本标准分年限规定了城镇污水处理、废气和污泥中污染物的控制项目和标准值。

附表 3-1　基本控制项目最高允许排放浓度（日均值）　　　　单位：mg/L

序号	基本控制项目		一级标准		二级标准	三级标准
			A 标准	B 标准		
1	化学需氧量（COD）		50	60	100	120
2	生化需氧量（BOD$_5$）		10	20	30	60
3	悬浮物（SS）		10	20	30	50
4	动植物油		1	3	5	20
5	石油类		1	3	5	15
6	阴离子表面活性剂		0.5	1	2	5
7	总氮（以 N 计）		15	20		
8	氨氮（以 N 计）		5(8)	8(15)	25(30)	
9	总磷（以 P 计）	2005 年 12 月 31 日前建设	1	1.5	3	5
		2006 年 1 月 1 日起建设的	0.5	1	3	5
10	色度（稀释倍数）		30	30	40	50
11	pH 值		6～9			
12	粪大肠菌群数/(个/L)		10^3	10^4	10^4	

注：1. 下列情况下按去除率指标执行，当进水 COD 大于 350mg/L 时，去除率应大于 60%；BOD 大于 160mg/L 时，去除率应大于 50%。

2. 括号外数值为水温＞12℃时的控制指标，括号内数值为水温≤12℃时的控制指标。

附表 3-2　部分一类污染物最高允许排放浓度（日均值）　　　　单位：mg/L

序号	项目	标准值	序号	项目	标准值
1	总汞	0.001	5	六价铬	0.05
2	烷基汞	不得检出	6	总砷	0.1
3	总镉	0.01	7	总铅	0.1
4	总铬	0.1			

附表3-3　选择控制项目最高允许排放浓度（日均值）　　　　　单位：mg/L

序号	选择控制项目	标准值	序号	选择控制项目	标准值
1	总镍	0.05	23	三氯乙烯	0.3
2	总铍	0.002	24	四氯乙烯	0.1
3	总银	0.1	25	苯	0.1
4	总铜	0.5	26	甲苯	0.1
5	总锌	1.0	27	邻二甲苯	0.4
6	总锰	2.0	28	对二甲苯	0.4
7	总硒	0.1	29	间二甲苯	0.4
8	苯并[α]芘	0.00003	30	乙苯	0.4
9	挥发酚	0.5	31	氯苯	0.3
10	总氰化物	0.5	32	1,4-二氯苯	0.4
11	硫化物	1.0	33	1,2-二氯苯	1.0
12	甲醛	1.0	34	对硝基氯苯	0.5
13	苯胺类	0.5	35	2,4-二硝基氯苯	0.5
14	总硝基化合物	2.0	36	苯酚	0.3
15	有机磷农药（以P计）	0.5	37	间甲酚	0.1
16	马拉硫磷	1.0	38	2,4-二氯酚	0.6
17	乐果	0.5	39	2,4,6-三氯酚	0.6
18	对硫磷	0.05	40	邻苯二甲酸二丁酯	0.1
19	甲基对硫磷	0.2	41	邻苯二甲酸二辛酯	0.1
20	五氯酚	0.5	42	丙烯腈	2.0
21	三氯甲烷	0.3	43	可吸附有机卤化物（AOX以CL计）	1.0
22	四氯化碳	0.03			

附录4　污水综合排放标准（GB 8978—1996）

污水综合排放标准（GB 8978—1996）按照污水排放去向，分年限规定了69种水污染物最高允许排放浓度及部分行业最高允许排水量。本标准适用于现有单位水污染物的排放管理，以及建设项目的环境影响评价、建设项目环境保护设施设计、竣工验收及其投产后的排放管理。

附表 4-1 第一类污染物最高允许排放浓度   单位：mg/L

序号	污染物	最高允许排放浓度	序号	污染物	最高允许排放浓度
1	总汞	0.05	8	总镍	1.0
2	烷基汞	不得检出	9	苯并[α]芘	0.00003
3	总镉	0.1	10	总铍	0.005
4	总铬	1.5	11	总银	0.5
5	六价铬	0.5	12	总α放射性	1Bq/L
6	总砷	0.5	13	总β放射性	10Bq/L
7	总铅	1.0			

附表 4-2 第二类污染物最高允许排放浓度（1997年12月31日之前建设的单位）

单位：mg/L

序号	污染物	适用范围	一级标准	二级标准	三级标准
1	pH 值	一切排污单位	6~9	6~9	6~9
2	色度（稀释倍数）	染料工业	50	180	—
		其他排污单位	50	80	—
3	悬浮物（SS）	采矿、选矿、选煤工业	100	300	—
		脉金选矿	100	500	—
		边远地区砂金选矿	100	800	—
		城镇二级污水处理厂	20	30	—
		其他排污单位	70	200	400
4	五日生化需氧量（BOD_5）	甘蔗制糖、苎麻脱胶、湿法纤维板工业	30	100	600
		甜菜制糖、酒精、味精、皮革、化纤浆粕工业	30	150	600
		城镇二级污水处理厂	20	30	—
		其他排污单位	30	60	300
5	化学需氧量（COD）	甜菜制糖、焦化、合成脂肪酸、湿法纤维板、染料、洗毛、有机磷农药工业	100	200	1000
		味精、酒精、医药原料药、生物制药、苎麻脱胶、皮革、化纤浆粕工业	100	300	1000
		石油化工工业（包括石油炼制）	100	150	500
		城镇二级污水处理厂	60	120	—
		其他排污单位	100	150	500
6	石油类	一切排污单位	10	10	30
7	动植物油	一切排污单位	20	20	100
8	挥发酚	一切排污单位	0.5	0.5	2.0
9	总氰化合物	电影洗片（铁氰化合物）	0.5	5.0	5.0
		其他排污单位	0.5	0.5	1.0
10	硫化物	一切排污单位	1.0	1.0	2.0
11	氨氮	医药原料药、染料、石油化工工业	15	50	—
		其他排污单位	15	25	—

续表

序号	污染物	适用范围	一级标准	二级标准	三级标准
12	氟化物	黄磷工业	10	20	20
		低氟地区(水体含氟量<0.5mg/L)	10	20	30
		其他排污单位	10	10	20
13	磷酸盐(以P计)	一切排污单位	0.5	1.0	—
14	甲醛	一切排污单位	1.0	2.0	5.0
15	苯胺类	一切排污单位	1.0	2.0	5.0
16	硝基苯类	一切排污单位	2.0	3.0	5.0
17	阴离子表面活性剂(LAS)	合成洗涤剂工业	5.0	15	20
		其他排污单位	5.0	10	20
18	总铜	一切排污单位	0.5	1.0	2.0
19	总锌	一切排污单位	2.0	5.0	5.0
20	总锰	合成脂肪酸工业	2.0	5.0	5.0
		其他排污单位	2.0	2.0	5.0
21	彩色显影剂	电影洗片	2.0	3.0	5.0
22	显影剂及氧化物总量	电影洗片	3.0	6.0	6.0
23	元素磷	一切排污单位	0.1	0.3	0.3
24	有机磷农药(以P计)	一切排污单位	不得检出	0.5	0.5
25	粪大肠菌群数	医院*、兽医院及医疗机构含病原体污水	500个/L	1000个/L	5000个/L
		传染病、结核病医院污水	100个/L	500个/L	1000个/L
26	总余氯(采用氯化消毒的医院污水)	医院*、兽医院及医疗机构含病原体污水	<0.5**	≥3(接触时间≥1h)	≥2(接触时间≥1h)
		传染病、结核病医院污水	<0.5**	≥6.5(接触时间≥1.5h)	≥5(接触时间≥1.5h)

注：* 指50个床位以上的医院。** 加氯消毒后须进行脱氯处理，达到本标准。

附表4-3 第二类污染物最高允许排放浓度（1998年1月1日之后建设的单位）

单位：mg/L

序号	污染物	适用范围	一级标准	二级标准	三级标准
1	pH值	一切排污单位	6~9	6~9	6~9
2	色度(稀释倍数)	一切排污单位	50	80	—
3	悬浮物(SS)	采矿、选矿、选煤工业	70	300	—
		脉金选矿	70	400	—
		边远地区砂金选矿	70	800	—
		城镇二级污水处理厂	20	30	—
		其他排污单位	70	150	400
4	五日生化需氧量(BOD$_5$)	甘蔗制糖、苎麻脱胶、湿法纤维板、染料、洗毛工业	20	60	600
		甜菜制糖、酒精、味精、皮革、化纤浆粕工业	20	100	600
		城镇二级污水处理厂	20	30	—
		其他排污单位	20	30	300

续表

序号	污染物	适用范围	一级标准	二级标准	三级标准
5	化学需氧量（COD）	甜菜制糖、合成脂肪酸、湿法纤维板、染料、洗毛、有机磷农药工业	100	200	1000
		味精、酒精、医药原料药、生物制药、苎麻脱胶、皮革、化纤浆粕工业	100	300	1000
		石油化工工业（包括石油炼制）	60	120	—
		城镇二级污水处理厂	60	120	500
		其他排污单位	100	150	500
6	石油类	一切排污单位	5	10	20
7	动植物油	一切排污单位	10	15	100
8	挥发酚	一切排污单位	0.5	0.5	2.0
9	总氰化合物	一切排污单位	0.5	0.5	1.0
10	硫化物	一切排污单位	1.0	1.0	1.0
11	氨氮	医药原料药、染料、石油化工工业	15	50	—
		其他排污单位	15	25	—
12	氟化物	黄磷工业	10	15	20
		低氟地区（水体含氟量<0.5mg/L）	10	20	30
		其他排污单位	10	10	20
13	磷酸盐（以P计）	一切排污单位	0.5	1.0	—
14	甲醛	一切排污单位	1.0	2.0	5.0
15	苯胺类	一切排污单位	1.0	2.0	5.0
16	硝基苯类	一切排污单位	2.0	3.0	5.0
17	阴离子表面活性剂（LAS）	一切排污单位	5.0	10	20
18	总铜	一切排污单位	0.5	1.0	2.0
19	总锌	一切排污单位	2.0	5.0	5.0
20	总锰	合成脂肪酸工业	2.0	5.0	5.0
		其他排污单位	2.0	2.0	5.0
21	彩色显影剂	电影洗片	1.0	2.0	3.0
22	显影剂及氧化物总量	电影洗片	3.0	3.0	6.0
23	元素磷	一切排污单位	0.1	0.1	0.3
24	有机磷农药（以P计）	一切排污单位	不得检出	0.5	0.5
25	乐果	一切排污单位	不得检出	1.0	2.0
26	对硫磷	一切排污单位	不得检出	1.0	2.0
27	甲基对硫磷	一切排污单位	不得检出	1.0	2.0
28	马拉硫磷	一切排污单位	不得检出	5.0	10
29	五氯酚及五氯酚钠（以五氯酚计）	一切排污单位	5.0	8.0	10
30	可吸附有机卤化物（AOX）（以Cl计）	一切排污单位	1.0	5.0	8.0
31	三氯甲烷	一切排污单位	0.3	0.6	1.0
32	四氯化碳	一切排污单位	0.03	0.06	0.5

续表

序号	污染物	适用范围	一级标准	二级标准	三级标准
33	三氯乙烯	一切排污单位	0.3	0.6	1.0
34	四氯乙烯	一切排污单位	0.1	0.2	0.5
35	苯	一切排污单位	0.1	0.2	0.5
36	甲苯	一切排污单位	0.1	0.2	0.5
37	乙苯	一切排污单位	0.4	0.6	1.0
38	邻-二甲苯	一切排污单位	0.4	0.6	1.0
39	对-二甲苯	一切排污单位	0.4	0.6	1.0
40	间-二甲苯	一切排污单位	0.4	0.6	1.0
41	氯苯	一切排污单位	0.2	0.4	1.0
42	邻-二氯苯	一切排污单位	0.4	0.6	1.0
43	对-二氯苯	一切排污单位	0.4	0.6	1.0
44	对-硝基氯苯	一切排污单位	0.5	1.0	5.0
45	2,4-二硝基氯苯	一切排污单位	0.5	1.0	5.0
46	苯酚	一切排污单位	0.3	0.4	1.0
47	间-甲酚	一切排污单位	0.1	0.2	0.5
48	2,4-二氯酚	一切排污单位	0.6	0.8	1.0
49	2,4,6-三氯酚	一切排污单位	0.6	0.8	1.0
50	邻苯二甲酸二丁酯	一切排污单位	0.2	0.4	2.0
51	邻苯二甲酸二辛酯	一切排污单位	0.3	0.6	2.0
52	丙烯腈	一切排污单位	2.0	5.0	5.0
53	总硒	一切排污单位	0.1	0.2	0.5
54	粪大肠菌群数	医院*、兽医院及医疗机构含病原体污水	500个/L	1000个/L	5000个/L
		传染病、结核病医院污水	100个/L	500个/L	1000个/L
55	总余氯(采用氯化消毒的医院污水)	医院*、兽医院及医疗机构含病原体污水	<0.5**	≥3(接触时间≥1h)	≥2(接触时间≥1h)
		传染病、结核病医院污水	<0.5**	≥6.5(接触时间≥1.5h)	≥5(接触时间≥1.5h)
56	总有机碳(TOC)	合成脂肪酸工业	20	40	—
		苎麻脱胶工业	20	60	—
		其他排污单位	20	30	—

注：其他排污单位：指除在该控制项目中所列行业以外的一切排污单位。* 指50个床位以上的医院。** 加氯消毒后须进行脱氯处理，达到本标准。

附录 5
石油炼制工业污染物排放标准
（GB 13570—2015）

为贯彻《中华人民共和国环境保护法》、《中华人民共和国水污染防治法》、《中华人民共和国大气污染防治法》等法律、法规，保护环境，防治污染，促进石油炼制工业的技术进步和可持续发展，制定了《石油炼制工业污染物排放标准》（GB 13570—2015）。

本标准规定了石油炼制工业企业及其生产设施的水污染物和大气污染物排放限值、监测和监督管理要求。

石油炼制工业企业排放恶臭污染物、环境噪声适用相应的国家污染物排放标准，产生固体废物的鉴别、处理和处置适用相应的国家固体废物污染控制标准。配套的动力锅炉执行《锅炉大气污染物排放标准》或《火电厂大气污染物排放标准》。本标准为首次发布。

新建企业自2015年7月1日起，现有企业自2017年7月1日起，其水污染物和大气污染物排放控制按本标准的规定执行，不再执行《污水综合排放标准》（GB 8978—1996）、《大气污染物综合排放标准》（GB 16297—1996）和《工业炉窑大气污染物排放标准》（GB 9078—1996）中的相关规定。

附表 5-1 水污染排放限值   单位：mg/L（pH 值除外）

序号	污染物项目	限制		污染物排放监控位置
		直接排放	间接排放	
1	pH 值	6～9	—	企业废水总排放口
2	悬浮物	70	—	
3	化学需氧量	60	—	
4	五日生化需氧量	20	—	
5	氨氮	8.0	—	
6	总氮	40	—	
7	总磷	1.0	—	
8	总有机碳	20	—	
9	石油类	5.0	20	
10	硫化物	1.0	1.0	
11	挥发酚	0.5	0.5	
12	总钒	1.0	1.0	
13	苯	0.1	0.2	
14	甲苯	0.1	0.2	
15	邻二甲苯	0.4	0.6	
16	间二甲苯	0.4	0.6	
17	对二甲苯	0.4	0.6	
18	乙苯	0.4	0.6	
19	总氰化物	0.5	0.5	
20	苯并[α]芘	0.00003		车间或生产设施废水排放口
21	总铅	1.0		
22	总砷	0.5		
23	总镍	1.0		
24	总汞	0.05		
25	烷基汞	不得检出		
	加工单位原(料)油基准排放量/(m³/t 原油)	0.5		排水量计量位置与污染物排放监控位置相同

附表 5-2　大气污染物排放限值　　　　单位：mg/m³

序号	项目	工艺加热炉	催化裂化催化剂再生烟气①	重整催化剂再生烟气	酸性气回收装置	氧化沥青装置	废水处理有机废气收集处理装置	有机废气排放口②	污染物排放监控位置
1	颗粒物	20	50	—	—	—	—	—	车间或生产设施排气筒
2	镍及其化合物	—	0.5	—	—	—	—	—	
3	二氧化硫	100	100	—	400	—	—	—	
4	氮氧化物	150 180③	200	—	—	—	—	—	
5	硫酸雾	—	—	—	30④	—	—	—	
6	氯化氢	—	—	30	—	—	—	—	
7	沥青烟	—	—	—	—	20	—	—	
8	苯并[α]芘	—	—	—	—	0.0003	—	—	
9	苯	—	—	—	—	—	—	4	
10	甲苯	—	—	—	—	—	—	15	
11	二甲苯	—	—	—	—	—	—	20	
12	非甲烷总烃	—	—	60	—	—	120	去除效率≥95%	

① 催化裂化余热锅炉吹灰时再生烟气污染物浓度最大值不应超过表中限值的 2 倍，且每次持续时间不应大于 1h。
② 有机废气中若含有颗粒物、二氧化硫或氮氧化合物，执行工艺加热炉相应污染物控制要求。
③ 炉膛温度≥850℃ 的工艺加热炉执行该限值。
④ 酸性气体回收装置生产硫酸时执行该限值。

附录 6
环境空气质量标准（GB 3095—2012）

为贯彻《中华人民共和国环境保护法》和《中华人民共和国大气污染防治法》，保护和改善生活环境、生态环境，保障人体健康，制定《环境空气质量标准》（GB 3095—2012）。

本标准规定了环境空气功能区分类、标准分级、污染物项目、平均时间及浓度限值、监测方法、数据统计的有效性规定及实施与监督等内容。本标准中的污染物浓度均为质量浓度。本标准首次发布于 1982 年。1996 年第一次修订，2000 年第二次修订，2012 年为第三次修订，2016 年 1 月 1 日起全国实施。

附表 6-1　环境空气污染物基本项目浓度限值

序号	污染物项目	平均时间	浓度限值 一级	浓度限值 二级	单位
1	二氧化硫(SO_2)	年平均	20	60	$\mu g/m^3$
		24小时平均	50	150	
		1小时平均	150	500	
2	二氧化氮(NO_2)	年平均	40	40	
		24小时平均	80	80	
		1小时平均	200	200	
3	一氧化碳(CO)	24小时平均	4	4	mg/m^3
		1小时平均	10	10	
4	臭氧(O_3)	日最大8小时平均	100	160	
		1小时平均	160	200	
5	颗粒物(粒径小于等于10μm)	年平均	40	70	$\mu g/m^3$
		24小时平均	50	150	
6	颗粒物(粒径小于等于2.5μm)	年平均	15	35	
		24小时平均	37	75	

附表 6-2　环境空气污染物其他项目浓度限值

序号	污染物项目	平均时间	浓度限值 一级	浓度限值 二级	单位
1	氮氧化物(NO_x)	年平均	50	50	$\mu g/m^3$
		24小时平均	100	100	
		1小时平均	250	250	
2	总悬浮颗粒物(TSP)	年平均	80	200	
		24小时平均	120	300	
3	铅(Pb)	年平均	0.5	0.5	
		季平均	1	1	
4	苯并[α]芘	年平均	0.001	0.001	
		24小时平均	0.0025	0.0025	

附录 7
室内空气质量标准（GB/T 18883—2002）

为保护人体健康，预防和控制室内空气污染，制定了《室内空气质量标准》（GB/T 18883—2002）。本标准规定了室内空气质量参数及检验方法。本标准适用于住宅和办公建筑物，其他室内环境可参照本标准执行。

附表 7-1　室内空气质量标准

序号	参数类别	参数	单位	标准值	备注
1	物理性	温度	℃	22～28	夏季空调
				16～24	冬季采暖
2		相对湿度	%	40～80	夏季空调
				30～60	冬季采暖
3		空气流速	m/s	0.3	夏季空调
				0.2	冬季采暖
4		新风量	$m^3/(h \cdot 人)$	30①	
5	化学性	二氧化硫 SO_2	mg/m^3	0.50	1h均值
6		二氧化氮 NO_2	mg/m^3	0.24	1h均值
7		一氧化碳 CO	mg/m^3	10	1h均值
8		二氧化碳 CO_2	%	0.10	1h均值
9		氨 NH_3	mg/m^3	0.20	1h均值
10		臭氧 O_3	mg/m^3	0.16	1h均值
11		甲醛 HCHO	mg/m^3	0.10	1h均值
12		苯 C_6H_6	mg/m^3	0.11	1h均值
13		甲苯 C_7H_8	mg/m^3	0.20	1h均值
14		二甲苯 C_8H_{10}	mg/m^3	0.20	1h均值
15		苯并[α]芘	ng/m^3	1.0	1h均值
16		可吸入颗粒物 PM_{10}	mg/m^3	0.15	1h均值
17		总发挥性有机物 TVOC	mg/m^3	0.60	8h均值
18	生物性	菌落总数	cfu/m^3	2500	依据仪器定
19	放射性	氡 ^{222}Rn	Bq/m^3	400	年平均值（行动水平②）

① 新风量要求不小于标准值，除温度、相对湿度外的其他参数要求不大于标准值。
② 行动水平即达到此水平建议采取干预行动以降低室内氡浓度。

附录 8
土壤环境质量标准（GB 15618—1995）

为贯彻《中华人民共和国环境保护》防止土壤污染，保护生态环境，保障农林生产，维护人体健康，制定《土壤环境质量标准》（GB 15618—1995）。

本标准按土壤应用功能、保护目标和土壤主要性质，规定了土壤中污染物的最高允许浓度指标值及相应的监测方法。本标准适用于农田、蔬菜地、茶园、果园、牧场、林地、自然保护区等地的土壤。

附表 8-1　土壤环境质量标准值　　　　　　　　　　　　　单位：mg/kg

项目	级别 pH值	一级 自然背景	二级 <6.5	二级 6.5~7.5	二级 >7.5	三级 >6.5
镉	≤	0.20	0.30	0.60	1.0	1.0
汞	≤	0.15	0.30	0.50	1.0	1.5
砷 水田	≤	15	30	25	20	30
旱地	≤	15	40	30	25	40
铜 农田等	≤	35	50	100	100	400
果园	≤	—	150	200	200	400
铅	≤	35	250	300	350	500
铬 水田	≤	90	250	300	350	400
旱地	≤	90	150	200	250	300
锌	≤	100	200	250	300	500
镍	≤	40	40	50	60	200
六六六	≤	0.05	0.50			1.0
滴滴涕	≤	0.05	0.50			1.0

注：1. 重金属（铬主要是三价）和砷均按元素量计，适用于阳离子交换量>5cmol(+)/kg的土壤，若≤5cmol(+)/kg，其标准值为表内数值的半数。

2. 六六六为四种异构体总量，滴滴涕为四种衍生物总量。

3. 水旱轮作地的土壤环境质量标准，砷采用水田值，铬采用旱地值。

4. 一级标准为保护区域自然生态，维持自然背景的土壤环境质量的限制值；二级标准为保障农业生产，维护人体健康的土壤限制值；三级标准为保障农林业生产和植物正常生长的土壤临界值。

参考文献

[1] 奚旦立，孙裕生，刘秀英．环境监测．第3版．北京：高等教育出版社，2004．
[2] 李攻科，胡玉玲，阮贵华等．样品前处理仪器与装置．北京：化学工业出版社，2007．
[3] 孙宝盛，单金林．环境分析监测理论与技术．北京：化学工业出版社，2004．
[4] 程云燕．食品分析与检验．北京：化学工业出版社，2010．
[5] 黎源倩，杨正文．空气理化检验．北京：人民卫生出版社，2000．
[6] 崔九思，王钦源，王汉平．大气污染检测方法．第2版．北京：化学工业出版社，1997．
[7] 武汉大学．分析化学．第5版．北京：高等教育出版社，2006．
[8] 国家环境保护总局水和废水监测分析方法编委会．水和废水监测分析方法．北京：中国环境科学出版社，2002．
[9] 李斯．化学实验室常用分析测试操作技术标准应用手册．北京：万方电子数据出版社，2002．
[10] 杭州大学化学系分析教研室．分析化学手册：第一分册．第2版．北京：化学工业出版社，1997．
[11] 王迎新．新编化验员工作手册．长春：银声音像出版社，2005．
[12] 夏玉宇．化验员实用手册．北京：化学工业出版社，1999．
[13] 国家环境保护总局空气和废气监测分析方法编委会．空气和废气监测分析方法．北京：中国环境科学出版社，2003．
[14] 冯启言．环境监测．徐州：中国矿业大学出版社，2007．
[15] 黄敏文，苑星海，林穗云等．化学分析的样品处理．北京：化学工业出版社，2007．
[16] 孙乃有，甘黎明．石油产品分析．北京：化学工业出版社，2012．
[17] 王英健．环境监测．北京：化学工业出版社，2004．
[18] 陈宏．食品检验教程．北京：化学工业出版社，2010．
[19] 王立．色谱分析样品处理．北京：化学工业出版社，2006．
[20] 张小康，张正兢．工业分析．第2版．北京：化学工业出版社，2012．
[21] 朱银慧．煤化学．第2版．北京：化学工业出版社，2014．
[22] 张兰英，饶竹，刘娜等．环境样品前处理技术．北京：清华大学出版社，2008．